作ればわかる！
Android プログラミング

10の実践サンプルで学ぶAndroidアプリ開発入門

SDK5/6 | Android Studio 対応

金宏 和實 著

第4版

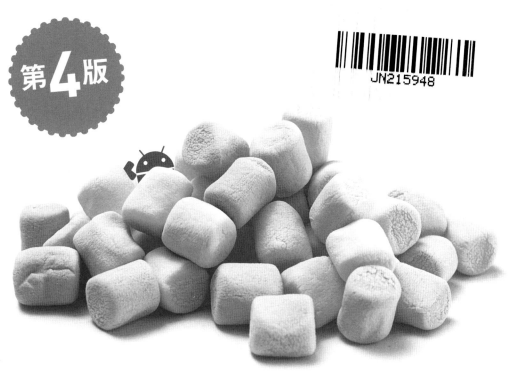

翔泳社 eco Project のご案内

株式会社 翔泳社では地球にやさしい本づくりを目指します。
制作工程において以下の基準を定め、このうち4項目以上を満たしたものをエコロジー製品と位置づけ、シンボルマークをつけています。

資材	基準	期待される効果	本書採用
装丁用紙	無塩素漂白パルプ使用紙 あるいは 再生循環資源を利用した紙	有毒な有機塩素化合物発生の軽減（無塩素漂白パルプ） 資源の再生循環促進（再生循環資源紙）	○
本文用紙	材料の一部に無塩素漂白パルプ あるいは 古紙を利用	有毒な有機塩素化合物発生の軽減（無塩素漂白パルプ） ごみ減量・資源の有効活用（再生紙）	○
製版	CTP（フィルムを介さずデータから直接プレートを作製する方法）	枯渇資源（原油）の保護、産業廃棄物排出量の減少	○
印刷インキ*	植物油を含んだインキ	枯渇資源（原油）の保護、生産可能な農業資源の有効利用	○
製本メルト	難細裂化ホットメルト	細裂化しないために再生紙生産時に不純物としての回収が容易	○
装丁加工	植物性樹脂フィルムを使用した加工 あるいは フィルム無使用加工	枯渇資源（原油）の保護、生産可能な農業資源の有効利用	

＊：パール、メタリック、蛍光インキを除く

本書内容に関するお問い合わせについて

本書に関するご質問、正誤表については、下記のWebサイトをご参照ください。

　　刊行物 Q＆A　　http://www.shoeisha.co.jp/book/qa/
　　正誤表　　　　　http://www.shoeisha.co.jp/book/errata/

インターネットをご利用でない場合は、FAXまたは郵便で、下記にお問い合わせください。

　　〒160-0006　東京都新宿区舟町5
　　（株）翔泳社 愛読者サービスセンター
　　　　FAX番号：03-5362-3818

電話でのご質問は、お受けしておりません。

※ 本書に記載されたURL等は予告なく変更される場合があります。
※ 本書の出版に当たっては正確な記述に努めましたが、著者および出版社のいずれも、本書の内容に対してなんらかの保証をするものではなく、内容やサンプルに基づくいかなる運用結果に関してもいっさいの責任を負いません。
※ 本書に掲載されているサンプルプログラムやスクリプト、および実行結果を記した画面イメージなどは、特定の設定に基づいた環境にて再現される一例です。
※ 本書に記載されている会社名、製品名はそれぞれ各社の商標および登録商標です。
※ 本書では TM、®、©は割愛させていただいております。

　　Copyright right holders of the Android robot is google.

はじめに

「習うより慣れろ」で、書名のとおり「作れば」「わかる」をコンセプトに執筆した『作ればわかる！ Androidプログラミング』も、これで第4版になります。第1版を書き始めたときの開発環境Eclipse＋ADTは不安定で、エミュレータの起動も極端に遅く、「こんなんで本当にアプリ開発ができるのかな」と不安に感じることもありました。しかし、簡単にセンサーやGPSを使うプログラムが作成できるおもしろさがその不安に勝りました。

版を重ねるごとに開発環境も安定／高速化し、エミュレータの反応も速くなりました。特にAndroid Studioの便利さは、有料の製品に勝るとも劣りません。

現在、悩ましいのはAndroid SDKやAndroid Studioのバージョンアップの速さです。昨日まで一般的だった方法が今日には非推奨になり、新しい方法が推奨されます。

せっかく買っていただいた本の内容が陳腐化しないようにウェブサイトでフォローしていきたいと思いますが、変化の速い分野がもっともおもしろい分野であることに間違いはありません。ぜひ、本書を片手に作りながらAndroidアプリの開発について学んでください。

さて、筆者も常に新しい言語や開発環境を書籍やウェブの記事を参考に勉強するように心掛けていますが、手順が省かれていたり、書いてある通りに動かなかったりすると、新しい環境では「なにがあたり前」として省略されているかに気付くのに時間がかかることがあります。本版では、そんな省略がないように気をつけました。

また、Androidアプリ、iPhoneアプリ、Windows Phoneアプリ、今後どれから勉強していけばよいのかと、迷われる方もいるかもしれませんが、いろいろかじってみてわかるのは、方向としてはどれも似ているということです。あるターゲット向けに学んだことは別のターゲットにも応用が利くので、迷わず本書で、アプリを作ってみてください。

金宏 和實

本書を読む前に

読者対象と前提知識

本書は、Android SDKを使用して、

- とにかくなにか作りたい
- Androidアプリケーションを作りたいけど、なにから始めればいいのかよくわからない
- アプリケーションを作りながらプログラミングのコツを覚えたい

という方を対象としています。

アプリケーションの作成を通じて、Android SDKでよく使われる機能の使い方を身につけていく構成になっているため、次に示す技術の基礎的な知識があるとスムーズに読み進めることができます。

- Java
- Android Studioの使い方

ただし、Java初心者の方にも読んでいただけるように、理解のポイントとなるJavaなどの基礎的な事柄についてもできるだけ解説するよう心がけました。

本書の構成

第1章は、Androidアプリケーションを作るために必要な基礎知識を得るための章となっています。Androidの概要やAndroid 5/6の特徴、Androidプログラミング／開発の基礎知識、Android Studioで開発を行なうための環境の準備方法について説明しています。

第2章以降は、Android Studioを使用して、1章につき1つのAndroidアプリケーションを作成していきます。

各章のおおまかな構成は次のとおりです。

- 作成するアプリケーションの概要
- アプリケーションを作成するために必要な機能と知識の解説
- アプリケーションの作成

各章では、アプリケーションを開発するにあたって必要な知識をまず簡単なサンプルで解説し、のちに実際のアプリケーションを作成する構成にしました。アクティビティやインテントなど基本的なものから章をスタートさせ、新しくなったノーティフィケーション（Notifications）を利用した度忘れ防止アラーム、そして、センサーについて詳しく解説したうえで、Android端末を振ると音楽を奏

でるアプリ、加速度センサーを利用したゲーム、撮影写真をクラウドにアップするカメラアプリを作成します。それから、ジョギングの走行経路や時間、速度を記録するアプリ、Android端末をマインドストームEV3リモコンに変えるアプリなど、特徴的な10のサンプルプログラムをAndroid Studioで開発します。

アクティビティやインテント、UI部品、イベントリスナーの使い方といったAndroidアプリ開発の基礎に加えて、RecyclerView/CardViewの使い方やNotificationsによる通知、SharedPreferencesによる情報の記録、センサー／カメラ／SQLiteデータベース／Bluetooth通信の活用といった実践的なプログラミングがサンプルを作りながら学べます。

また、第4版ではAndroid SDK 6の新機能であるRuntime Permissionにも対応し、指紋認証のサンプルも掲載しました。

JavaやAndroid Studioによる開発経験の少ない方は、まず第1章でアプリケーション作成の基本的な流れや作業を身につけてください。そして、第2章でAndroidプログラミングの独自な部分を理解してください。

サンプルプログラムのダウンロード

本書のサンプルプログラムのソースコードは、次のWebサイトからダウンロードできます。

http://www.shoeisha.co.jp/book/download/9784798145808

開発環境と動作確認環境

サンプルプログラムの開発環境、動作確認環境を次に示します。

- ● 開発環境
  - ▶ OS/JDK
    - ・Windows 10
    - ・Mac OS X El Capitan 10.11.3
    - ・JDK7
  - ▶ Android Studio/SDK 関連
    - ・Android Studio 2.0
    - ・Android SDK 6.0

- ● 動作確認環境

デバイス名称	モデル番号	Androidバージョン
Nexus 6P	−	6.0.1
Galaxy S6	SC-05G	5.0.2

Contents

目次

第1章 アプリを作るための準備 ①

1-1 Androidの概要 2
Androidの特徴 2

1-2 Android 6.0 Marshmallowの特徴 4
1. 指紋認証 4
2. Runtime Permission 4
3. Doze and App Standby 5

1-3 マテリアルデザイン 6
マテリアルデザインの原則 6
マテリアルデザインを支えるDesign Support library 7

1-4 アプリ開発に必要なもの 15
Android Studioとは 15

1-5 開発環境を整える ── Windowsの場合 17
Windows 10にJDKをインストールする 17
環境変数JAVA_HOMEの設定 19
Windows 10にAndroid Studioをインストールする 20
Android SDKの確認 23

1-6 開発環境を整える ── Macの場合 27

1-7 プロジェクトを作成する 31
プロジェクトの新規作成 31

1-8 エミュレータでの実行 35
AVD Managerの起動 35

1-9 マテリアルテーマを使う 39
Android Studioの画面 39
スタイルの編集 40
マテリアルテーマのカスタマイズ 43

1-10 ファイルの構成と役割 46
activity_main.xml ── 画面の定義 46
strings.xml ── 文字列の定義 47
MainActivity ── メインアクティビティ 48
AndroidManifest.xml ── アプリの定義情報 50

1-11 build.gradle ── ビルドツールgradle 51

第2章 ツータッチ楽々メール
――ラクにメールを送信しよう

53

2-1　作成するAndroidアプリ ……………………………………… 54

2-2　アクティビティとインテント ………………………………… 55
アクティビティ ………………………………………………………… 55
アクティビティのライフサイクル …………………………………… 56
インテント ……………………………………………………………… 57

2-3　明示的なインテント …………………………………………… 58
サンプルプロジェクトの作成 ………………………………………… 58
画面レイアウトの編集 ………………………………………………… 58
FirstActivityの編集 …………………………………………………… 59
イベントリスナー ……………………………………………………… 60
SecondActivityの作成 ―― アクティビティの追加 ……………… 62

2-4　暗黙的なインテント …………………………………………… 66

2-5　ツータッチ楽々メールを作ろう …………………………… 67
プロジェクトの作成 …………………………………………………… 67
AppCompatライブラリによるマテリアルデザイン ……………… 69
アクティビティの追加 ………………………………………………… 71
文字列の登録 …………………………………………………………… 71
アプリ起動時に実行されるアクティビティの画面 ………………… 71
PickUpActivityの画面と処理 ……………………………………… 74
NoDinnerActivityの画面と処理
　　―― ボタンを押すと発生するイベント ………………………… 78

第3章 魅惑のあんばやしルーレット
――お祭りでよく見るルーレットに挑戦！

83

3-1　作成するAndroidアプリ ……………………………………… 84

3-2　RecyclerViewとCardView …………………………………… 85

3-3　魅惑のあんばやしルーレットを作ろう …………………… 86
プロジェクトの作成 …………………………………………………… 86
クラスの作成 …………………………………………………………… 86
画像ファイルの追加 …………………………………………………… 88
Javaのクラスの基礎 …………………………………………………… 91
抽象メソッドの利用 …………………………………………………… 98

vii

Contents

第4章 ○時になったよ！
——カンタン便利なお知らせアラーム
103

4-1	作成するAndroidアプリ	104
4-2	BroadcastReceiverの使い方	105
	電池の状態をウォッチする	105
4-3	ノーティフィケーション	112
	ノーティフィケーション優先度とベースレイアウト	112
4-4	○時になったよ！を作ろう	114
	プロジェクトの作成	114
	アプリの動作	114
	画面レイアウト	115
	ソフトキーボードを非表示にする	117
	ノーティフィケーションの通知	122

第5章 これ覚えておきたいねん
——忘れると困ることは記録しよう！
127

5-1	作成するAndroidアプリ	128
5-2	Androidのデータ記憶	129
5-3	フラグメントを使う	130
	1つのアプリでスマートフォンとタブレット機に対応する	130
	RecyclerViewに一覧を表示する	139
	フラグメントとアクティビティ	142
5-4	これ覚えておきたいねんを作ろう	148
	プリファレンス	148
	プロジェクトの作成	149
	ひな形コードの確認	150
	修正の概要	157
	フラグメントの追加	159
	フラグメントの処理	160
	MainActivityクラスの修正	166

第 6 章 振って、ゆらして琉球音階
—— センサーとサウンドを活用しよう

169

6-1	作成するAndroidアプリ	170
6-2	Android端末のセンサーを調べる	171
	プロジェクトの作成と画面レイアウト	171
	センサー一覧の取得	173
6-3	センサーの基本的な使い方	176
	加速度センサーを使う	176
	地磁気センサーを使う	180
6-4	方位センサーを使う	183
	プロジェクトの作成と画面レイアウト	183
	方位センサーによる3軸の角度の取得	184
6-5	振って、ゆらして琉球音階を作ろう	189
	プロジェクトの作成	189
	サウンドファイルの準備	189
	画面レイアウト	192
	方位角、傾斜角の数値によって音を鳴らす	192

第 7 章 チキチキ障害物レース
—— センサーとSurfaceViewでゲームを作ろう！

203

7-1	作成するAndroidアプリ	204
7-2	SurfaceViewとスレッド	205
7-3	チキチキ障害物レースを作ろう	206
	プロジェクトとクラスの作成	206
	傾斜角と回転角の取得	207
	ゲーム要素の描画	209

第 8 章 パッと撮ってビャッ
—— 写真はクラウドに残そう！

227

8-1	作成するAndroidアプリ	228

ix

Contents

8-2　クラウドの利用 ··· 230
クラウド関連の API ·· 230
Dropbox API ··· 230
Dropbox に app を作る ··· 232

8-3　パッと撮ってビャッを作ろう ······················· 235
プロジェクトの作成とライブラリの準備 ·················· 235
画面の定義 ·· 236
ユーザー認証の設定 ·· 237
Dropbox へのログインとカメラ撮影 ························· 239
端末投げ上げの感知 ·· 244
画像ファイルのアップロード —— UploadPicture.java ········· 247
Runtime Permission ·· 254

第9章　いつでもどこでも避難所マップ　259
—— 地図&オープンデータの活用

9-1　作成する Android アプリ ···························· 260

9-2　Google Maps Android API の使い方 ··········· 261
❶ Android SDK Manager で Google Play Services をインストールする ······· 261
❷ Google Maps API キーを取得する ························· 262
❸ Android Studio で MapTest プロジェクトを作成する ······· 266
マップの設定 ··· 268
Runtime Permission への対応と現在地の表示 ············· 272

9-3　オープンデータの活用 ······························· 276
オープンデータの入手 ·· 276
CSV の読み込み ··· 277
XML データの読み込み ·· 280

9-4　いつでもどこでも避難所マップを作ろう ····· 287
作成する避難所マップの仕様 ···································· 287
プロジェクトの作成 ·· 290
Google Maps API キーの準備 ···································· 290
画面の定義 ·· 292
避難所情報の保持 ·· 293
避難所マップの描画と操作 ······································ 294

第10章 ジョギングの友
―― ドロイド君と走ろう 301

10-1 作成するAndroidアプリ 302

10-2 SQLiteデータベースの基礎 303
Androidで利用するSQLiteのクラス 304

10-3 ジョギングの友を作ろう 305
プロジェクトの作成 305
画面の定義 306
クラスの構成 308
ローダAPI 309
マップの表示とジョギング情報の記録 310
SQLiteデータベースをコンテンツプロバイダとして公開する 330
コンテンツプロバイダからCursorLoaderで非同期にデータを取得する 335

第11章 マインドストームEV3リモコン
―― Android端末でロボットを操作しよう 341

11-1 作成するAndroidアプリ 342

11-2 マインドストームEV3リモコンを作ろう 343
プロジェクトの作成 345
クラスの構成 345

11-3 EV3とのBluetooth通信 347
Bluetooth通信の利用設定 347
Bluetoothの確認と有効化 348
接続可能なデバイスの検出と一覧表示 358

11-4 EV3にダイレクトコマンドを送信する 370
スレッドによるEV3との通信 381
ダイレクトコマンドの組み立て 382
ソケット接続を閉じる 386
オプションメニューの更新 386
EV3をリモコン操作する 389
接続できないときのエラーダイアログ 396

Contents

Apache v2ライセンス	2
アフォーダンス	6
Platform and Plugin Updatesの表示	25
インストールしたJDKやAndroid SDKがAndroid Studioで正しく使われているか確認する方法	26
サクッとJava入門	29
継承	40
XMLのコメント行の書き方	40
Android Studioもダークなほうがカッコイイ!?	42
Android Studioのステキなところ——色見本の表示	44
単位dp	47
国際化対応	48
オーバーライド	49
スレッド	56
import文の作成	60
Android Studioのステキなところ —— 文字列の定義元	65
URI	66
サポートライブラリのバージョン指定	70
レイアウトXMLの編集	72
Rクラスについて	81
例外処理とは	92
レイアウトはLinearLayoutだけじゃない！	102
オーバーライドするメソッドを追加する方法	108
プログラミング上達のコツは"ログ出力"	110
final修飾子	111
実機でアプリを実行できるようにする	124
Androidアプリ開発で使えるXMLのTool属性	134
ジェネリクス（Generics）	174
StringクラスとStringBuilderクラス	175
指紋認証	197
Canvas	216
ダブルバッファリング	220
Instant Run	224
OneDrive API	230
メンバ変数が初期化されてしまうことへの対処	244
DropboxのSDKサンプルの修正点	251
可変長引数	253
camera2 API	258
SHA-1 fingerprint	264
Macでのkeytoolコマンドの実行	265
コールバック	269
XMLの基礎知識	280
大圏コース	289
getterとsetter	294
ContentProviderとCursorLoader	303
地図上に現在地表示で使うクラス	305
Geocoder	309
private変数mAskedの値の保存	320
データベースの削除	330
マインドストームEV3	342
ペアリング	342
Android 6.0（SDK23）で削除されたApache HTTP Client	346
android:visibilityの"gone"	361
OUI	366
ソケット	368
文字列の改行	369
PIN（Passkey）の入力	369
シフト演算子	385
リトルエンディアンとビックエンディアン	385
AndroidStudioのTODO機能を活用しよう	387
スレッドとハンドラ	395

第 1 章

アプリを作るための準備

読者のみなさんは早くAndroidアプリが作りたくてたまらないかもしれませんが、まずはアプリ作成に最低限必要な基礎知識を身につけることから始めましょう。
本章では、Androidの概要とアプリを作成するための環境構築の方法について学びます。

第1章　アプリを作るための準備

1-1　Androidの概要

Androidは、スマートフォンやタブレットPCなどの携帯情報端末を主なターゲットとして開発された
ソフトウェアプラットフォームです。アプリケーション（以下、アプリ）を作るためのソフトウェア開発
キットAndroid SDK、Linuxベースのオペレーティングシステム、SQLiteデータベースなどのミドルウェ
ア、電話やブラウザ、カメラに代表される標準アプリ、これらのソフトウェアの集合体がAndroidです。

Androidの特徴

Androidの特徴は、まずオープンソースであることです。

Androidは米Google社（Google Inc.）が、モバイル向けプラットフォームとして発表した無償で誰に
でも提供可能なオープンソースです。主要なモジュールの多くは、Apache v2ライセンスで配布されて
います。

> **Memo　Apache v2ライセンス**
>
> Apache Licenseは、Apacheソフトウェア財団（ASF：Apache Software Foundation）によるソフ
> トウェア向けライセンス規定です。Apache License 2.0は、2004年1月にASFが承認したもので、
> ASF以外のプロジェクトとのライセンス上の共存を容易にするため、フリーソフトウェアライセンスの
> GNU GPL（General Public License）との互換性を改善しています。全ファイルへのライセンス表示は必
> 要なく、リファレンスのみでよくなっています。原文は次のページを参照してください。
>
> ▼ **Apache License, Version 2.0**
> http://www.apache.org/licenses/LICENSE-2.0

また、Google社は、携帯電話通信業者や携帯電話メーカー、ソフトウェア企業、半導体メーカーなど
と共同で携帯電話の共通ソフトウェア基盤の開発と普及を促進する団体Open Handset Alliance（OHA）
を立ち上げ、Androidプラットフォームの開発、普及に努めています。

OHA（http://www.openhandsetalliance.com/）には、日本から、NTTドコモ、KDDI、ソフトバン
クモバイルや多くの携帯電話メーカーが参加しています。

このような経緯から、多くのメーカーからさまざまなハードウェアが発売されています。携帯電話に限
らず、独自にOSを開発し、バージョンアップしていくことはとても手間がかかるからです。

Androidは、表1-1のようにとても速いスピードでバージョンアップを繰り返しているので、各社の
Android端末に搭載されるOSのバージョンはまちまちです。Android端末の販売競争という面では仕方
のないところですが、開発者を少し悩ます点ではあります。

2

表1-1　Android OSのバージョンとAPIレベル

バージョン	コードネーム	SDKリリース日	APIレベル
1.0	―	2008/9/23	1
1.1	―	2009/2/9	2
1.5	Cupcake	2009/4/30	3
1.6	Donut	2009/9/15	4
2.0	Eclair	2009/10/26	5
2.0.1	Eclair	2009/12/3	6
2.1	Eclair	2010/1/12	7
2.2	Froyo (Frozen Yogurt)	2010/5/21	8
2.3	Gingerbread	2010/12/6	9
2.3.1	Gingerbread	2011/1/26	9
2.3.3	Gingerbread	2011/2/9	10
3.0	Honeycomb	2011/2/22	11
3.1	Honeycomb	2011/5/10	12
3.2	Honeycomb	2011/7/15	13
4.0	Ice Cream Sandwich	2011/10/18	14
4.0.3	Ice Cream Sandwich	2011/12/16	15
4.1	Jelly Bean	2012/6/27	16
4.2	Jelly Bean	2012/11/13	17
4.3	Jelly Bean	2013/7/24	18
4.4	KitKat	2013/10/31	19
4.4w	KitKat-wear	2014/7/21	20
5.0	Lollipop	2014/11/3	21
5.0.1	Lollipop	2014/12/2	21
5.0.2	Lollipop	2014/12/20	21
5.1	Lollipop	2015/3/10	21
6.0	Marshmallow	2015/10/6	23

　また、当然ですが、AndroidではGoogle社が提供するGoogleマップやGmailなどが最初から利用できるので、これらのサービスを利用するアプリが簡単に作成できます。

　Androidのすばらしいところは、OHA公式サイトの次のページにある「All applications are created equal」という言葉に代表されます。

http://www.openhandsetalliance.com/android_overview.html

　"アプリはみんな同じ"なのです。つまり、電話アプリを標準のアプリから、サードパーティ製のアプリに置き換えてもかまいませんし、Gmailをやり取りするメールクライアントアプリを自作のアプリに置き換えても良いのです。なんとも開発者を刺激するセンテンスですね。

1-2 Android 6.0 Marshmallowの特徴

　Android 6.0（コードネームMarshmallow）は2015年10月にリリースされました。Android 6.0はより便利に、より効率の良い動作をするようにアップデートされています。まず、主要な新機能を説明します。

1. 指紋認証

　新しいAPIによって対応端末上で指紋を使ったユーザー認証ができるようになりました。

　指紋を使ったユーザー認証を行なうためには、新しいFingerprintManagerクラスのauthenticate()メソッドを呼び出します。指紋認証には対応した端末が必要です。

　指紋認証を行なうためのUIを実装するときには、標準のAndroid指紋アイコン（図1-1）をUI上で使用します。

図1-1　Android指紋認証アイコン

2. Runtime Permission

　インターネットアクセスやカメラ機能を使うとき、ManifestにPermission（パーミッション）を記述する必要があります。Android 6.0以前では、アプリのインストール時に一括して、パーミッションの許可を求めます。許可しない場合はインストールできません。あるアプリを使いたいときに、要求されたパーミッションすべてを許可しなければ使用できないのです。

　このようなAll or Nothingの選択しかなかったわけですが、Android 6.0からは外部ストレージへの書き込みや詳細な位置の取得といった危険性の高いパーミッションについては、インストール時ではなく、実行時に個別に許可をとるようになりました。アプリの利用者はインストール後であっても、個別にパーミッションの許可を選択できるようになったわけです。

3. Doze and App Standby

DozeとApp Standbyは新しい省電力モードです。

Doze

電源に接続していない状態で一定間隔のスクリーンオフが続くと、システムはDoze（居眠り）モードに入ります。

App Standby

App Standbyは、しばらく使っていないアプリを待機状態だと判断します。電源に接続していない状態では、待機状態のアプリに対してネットワークアクセスを無効にし、同期やジョブを休止します。

DozeやApp Standbyなどの省電力モードに対応したアプリを作るべきですが、これらの省電力モードの影響を受けないように設定することもできます。

1-3 マテリアルデザイン

　Android 5.0（コードネームLollipop）で導入されたマテリアルデザインは、Android 6.0では、より適用しやすくなっています。

　マテリアルデザイン（Material Design）とは、現実世界の素材をメタファーとすることで、ユーザーにとってわかりやすさを追求したデザインです（図1-2）。

　https://developer.android.com/intl/ja/design/material/index.html

　マテリアルデザインは紙のようにフラットなデザインです。アニメーションとエフェクトにより操作に対する反応がわかりやすく、ユーザーが自然に感じるUIの切り替えが可能です。

図1-2
Android Developersのマテリアルデザイン

マテリアルデザインの原則

　マテリアルデザインには3つの原則があります。

Material is the metaphor —— 素材は比喩である

　UI（ユーザーインターフェイス）やUX（ユーザーエクスペリエンス：ユーザーの経験）を紙やインクといった素材との関係性で考えることにより、アフォーダンスを生み出し、ユーザーにとってわかりやすいデザインを目指しています。

> **アフォーダンス**
> 　人とものの関係において、ものが使い方を語りかけて来ることを意味します。たとえば、「引き戸」は引いて開けることを人に示唆します。

Bold, graphic, intentional —— 力強い活字、グラフィックを意図的に

マテリアルデザインでは、UIやUXの要素を印刷ベースのデザインと同様に考えます。具体的には、タイポグラフィ（活字）、グリッド（格子）、スペース、色、画像の使い方などです。

Motion provides meaning —— モーションは意味を提供する

マテリアルデザインでは、オブジェクトのモーション（動き）を重要視しています。たとえば、UI部品をタップしたときの動きが、以前のバージョンよりはっきりとわかりやすくなりました。

マテリアルデザインを支えるDesign Support library

マテリアルデザインを実現するDesign Support libraryは、Android 5.1（SDK22）でリリースされ、Android 6.0（SDK23）でも改良が加えられてます。Design Support libraryを使うと、Android 2.1以上の端末でマテリアルデザインを実現できます。

1. TextInputLayout

EditTextだけでも入力のヒントを表示することができますが、最初の文字を入力したあとはヒントテキストが非表示になります。EditTextをTextInputLayoutで囲むことで、ヒントテキストがEditTextの上に表示されるフローティングラベルになります（リスト1-1）。

リスト1-1　TextInputLayoutの使用例

```
<android.support.design.widget.TextInputLayout
    android:id="@+id/text_input_layout1"
    android:layout_width="match_parent"
    android:layout_height="wrap_content">

    <EditText
        android:id="@+id/edit_text1"
        android:layout_width="match_parent"
        android:layout_height="wrap_content"
        android:hint="半角英数字10文字以内"
        android:inputType="text" />

</android.support.design.widget.TextInputLayout>

<android.support.design.widget.TextInputLayout
    android:id="@+id/text_input_layout2"
    android:layout_width="match_parent"
    android:layout_height="wrap_content"
    android:layout_below="@id/text_input_layout1">

    <EditText
        android:id="@+id/edit_text2"
        android:layout_width="match_parent"
        android:layout_height="wrap_content"
```

```
        android:hint="半角英数字8文字以上"
        android:inputType="text" />

</android.support.design.widget.TextInputLayout>
```

　入力を開始すると、EditTextのhint属性に指定したヒントがEditTextの上部に表示されます（図1-3）。また、ヒントに加えて、setError()を呼び出すことで、EditTextの下にエラーメッセージを表示させることも可能です（リスト1-2）。

リスト1-2　TextInputLayoutにエラーメッセージを表示する

```
TextInputLayout textInputLayout1 = (TextInputLayout) findViewById(R.id.text_input_layout1);
// エラー表示欄を確保
textInputLayout1.setErrorEnabled(true);
// エラーメッセージを表示
textInputLayout1.setError("入力は必須です");
```

　入力内容をチェックする処理を実行したあと、EditTextの下にエラーメッセージを表示する使い方が一般的でしょう。setErrorEnabledメソッドの引数にtrueを指定するとエラーメッセージを表示する欄を確保できます（図1-4）。setErrorメソッドでエラーを表示します。

図1-3　ヒントテキストがフローティングラベルになる

図1-4　TextInputLayoutにエラーメッセージを表示した

2. FloatingActionButton

　フローティングアクションボタン（FAB：FloatingActionButton）は、常時表示される主要なアクションを示す丸いボタンです（図1-5）。miniとnormalの2つのサイズを選択できて、背景色はデフォルトでアクセントカラーが使用されます（リスト1-3）。

リスト1-3　app:fabSize="normal"

```
<android.support.design.widget.FloatingActionButton
    android:id="@+id/fab"
    android:layout_width="wrap_content"
    android:layout_height="wrap_content"
    android:layout_gravity="bottom|end"
    android:layout_margin="@dimen/fab_margin"
    android:src="@android:drawable/ic_dialog_email"
    app:fabSize="normal"
    />
```

　フローティングアクションボタンのサイズはapp:fabSize属性で指定します。app:fabSizeに"mini"を指定すればminiサイズのボタンになります（図1-6）。

図1-5　normalサイズのフローティングアクションボタン

図1-6　miniサイズのフローティングアクションボタン

3. Snackbar

これまでユーザーにちょっとした通知をしたいときには、トースト（Toast）表示を使うことが多かったですが、Snackbarはより便利です。Snackbarは画面下部にテキストを表示するだけでなく、アクションを設定できます。

リスト1-4では、FloatingActionButtonをクリックしたら、Snackbarを表示するようにonClickリスナーにSnackbar.makeメソッドを記述しています（図1-7）。

図1-7 Snackbarのアクションクリックでトースト表示

リスト1-4　フローティングアクションボタンをクリックしたら、Snackbarを表示する

```
FloatingActionButton fab = (FloatingActionButton) findViewById(R.id.fab);
fab.setOnClickListener(new View.OnClickListener() {
    @Override
    public void onClick(View view) {
        final Snackbar snackbar = Snackbar.make(view, "TOASTクリックでトースト表示", Snackbar.LENGTH_LONG);
        snackbar.setAction("toast", new View.OnClickListener() {
            @Override
            public void onClick(View v) {
                Toast.makeText(MainActivity.this, "トースト表示", Toast.LENGTH_LONG).show();
            }
        });
        snackbar.show();
    }
});
```

Snackbarの表示時間は、表1-2のように指定できます。

表1-2　Snackbarの表示時間

指定する定数と値	意味
Snackbar.LENGTH_SHORT	短く
Snackbar.LENGTH_LONG	長く
Snackbar.LENGTH_INDEFINITE	無期限に
数値を指定	ミリ秒

Snackbarにはアクションを1つ設定することができます。SnackbarのsetActionメソッドで、右側のTOASTがクリックされたら、トースト表示をするようにしています（図1-8）。

　このようにトースト表示に比べて、アクションを設定できるところが優れていますね。

図1-8　トースト表示されて、Snackbarが消えた

4. TabLayout

　タブレイアウトは以前から、Androidで利用されることが多かったUIですが、Design Support libraryでは、ViewPagerとともに使うと効果的です（図1-9）。

図1-9　TabLayoutとViewPagerを一緒に使う

第1章 アプリを作るための準備

5. NavigationView

NavigationViewは、DrawerLayoutのドロワーコンテンツビューとして使用します。Drawer（ドロワー）は引き出しですから、DrawerLayoutはひっぱったら出てくるレイアウトです（リスト1-5、図1-10）。

NavigationViewのapp:headerLayout属性には、ヘッダーに使用されるレイアウトを指定します。app:menu属性には、ドロワー内のメニュー要素となるメニューファイルを指定します。

そして、ここでは省略しますが、アクティビティのonNavigationItemSelectedメソッドにドロワー内のメニューを選択したときの処理を記述します。

図1-10 NavigationViewにメニュー項目が表示されている

リスト1-5 activity_main_drawer.xml

```xml
<?xml version="1.0" encoding="utf-8"?>
<android.support.v4.widget.DrawerLayout xmlns:android="http://schemas.android.com/apk/res/android"
    xmlns:app="http://schemas.android.com/apk/res-auto"
    xmlns:tools="http://schemas.android.com/tools"
    android:id="@+id/drawer_layout"
    android:layout_width="match_parent"
    android:layout_height="match_parent"
    android:fitsSystemWindows="true"
    tools:openDrawer="start">

    <include
        layout="@layout/app_bar_main"
        android:layout_width="match_parent"
        android:layout_height="match_parent" />

    <android.support.design.widget.NavigationView
        android:id="@+id/nav_view"
        android:layout_width="wrap_content"
        android:layout_height="match_parent"
        android:layout_gravity="start"
        android:fitsSystemWindows="true"
        app:headerLayout="@layout/nav_header_main"
        app:menu="@menu/activity_main_drawer" />

</android.support.v4.widget.DrawerLayout>
```

6. CoordinatorLayout

CoordinatorLayoutを使うと、子ビュー間のタッチイベントを高度にコントロールできます。

簡単な例としては、これまでみてきたフローティングアクションボタンとSnackbarの関係があります（リスト1-6）。フローティングアクションボタンをタップすると、フローティングアクションボタンが下段にメッセージを表示しますが、そのときフローティングアクションボタンは上側に移動し、メッセージと重なることはありません。Snackbarの表示が終わると、フローティングアクションボタンは元の位置に戻ります。

リスト1-6　CoordinatorLayoutの中にフローティングアクションボタン（FloatingActionButton）がある

```xml
<?xml version="1.0" encoding="utf-8"?>
<android.support.design.widget.CoordinatorLayout xmlns:android="http://schemas.android.com/apk/res/
android"
    xmlns:app="http://schemas.android.com/apk/res-auto"
    xmlns:tools="http://schemas.android.com/tools"
    android:layout_width="match_parent"
    android:layout_height="match_parent"
    android:fitsSystemWindows="true"
    tools:context="com.example.kanehiro.designsample.MainActivity">

    <android.support.design.widget.AppBarLayout
        android:layout_width="match_parent"
        android:layout_height="wrap_content"
        android:theme="@style/AppTheme.AppBarOverlay">

        <android.support.v7.widget.Toolbar
            android:id="@+id/toolbar"
            android:layout_width="match_parent"
            android:layout_height="?attr/actionBarSize"
            android:background="?attr/colorPrimary"
            app:popupTheme="@style/AppTheme.PopupOverlay" />

    </android.support.design.widget.AppBarLayout>

    <include layout="@layout/content_main" />

    <android.support.design.widget.FloatingActionButton
        android:id="@+id/fab"
        android:layout_width="wrap_content"
        android:layout_height="wrap_content"
        android:layout_gravity="bottom|end"
        android:layout_margin="@dimen/fab_margin"
        android:src="@android:drawable/ic_dialog_email"
        app:fabSize="mini"
        />

</android.support.design.widget.CoordinatorLayout>
```

7. CoordinatorLayoutとAppBarLayout、CollapsingToolbarLayout

　CoordinatorLayoutをAppBarLayout、そして、CollapsingToolbarLayoutと一緒に使うと、Recycler ViewやNestedScrollViewで表示している内容をスクロールする操作に応じて、ツールバーを消したり、伸縮させることができます（リスト1-6、図1-11）。

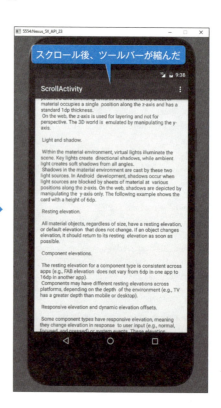

図1-11　ツールバーの伸縮

1-4 アプリ開発に必要なもの

　Androidアプリの開発には、以前はEclipseとADT（Android Development Tools）という開発環境を使うことが多かったのですが、現在の主流は「Android Studio」です。Android Studioは、バージョン2.0にアップデートされ、より高機能になり快適に開発が進められるようになりました。本書では、Android Studio 2.0を使います。

Android Studioとは

　Android Studioは、Googleが提供するAndroidプラットフォームに対応する統合開発環境です。Android Studioは、チェコのJetBrains社が開発したIntelliJ IDEAをベースにAndroid開発に最適化されており、Windows、Mac OS Xだけでなく、Linux向けまでが無償で提供されています。

　特徴としては、WYSIWYGエディタ（図1-12）を使用したリアルタイムなレンダリングとGradleベースのビルドのサポートが挙げられます。

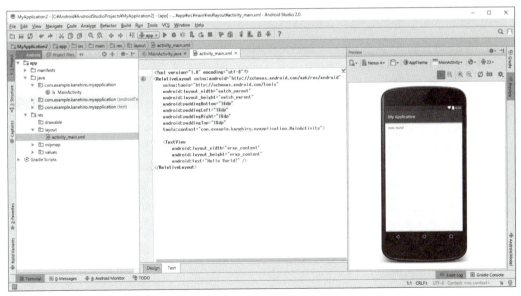

図1-12　WYSIWYGエディタ

第1章　アプリを作るための準備

　レイアウトXMLファイル（図1-13）を変更するとリアルタイムにプレビュー画面に反映されるので、レイアウトの作成作業がスムーズに行なえます。

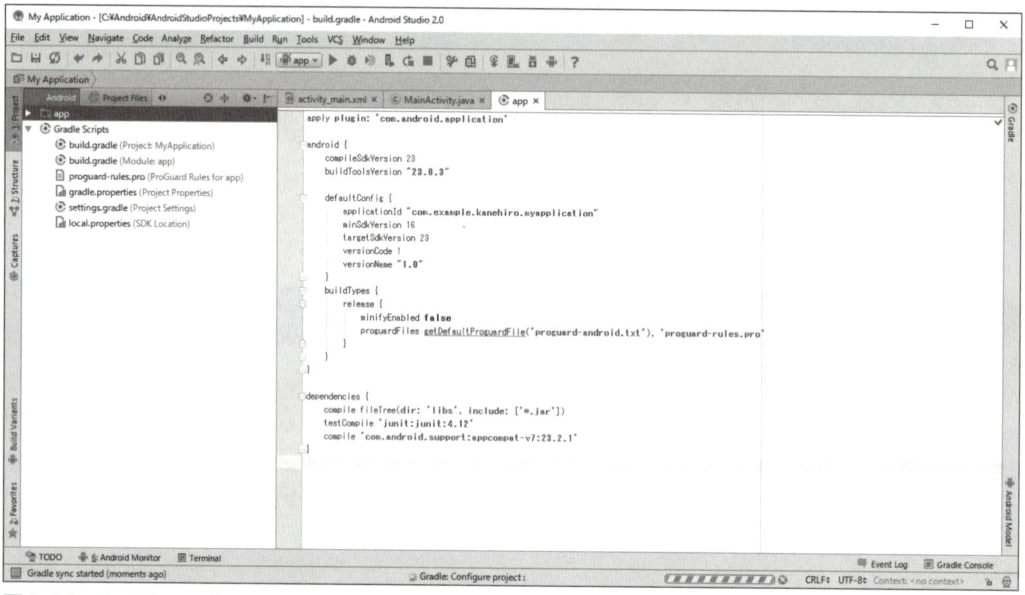

図1-13　build.gradleファイル

　また、Gradleベースのビルドのサポートにより、ライブラリの管理が簡単になりました。使用したいライブラリをbuild.gradleファイルのdependenciesに記述するだけでそのライブラリが使用可能になります。

　Android Studioは2013年にv0.1がリリースされて以来、Beta版としてバージョンアップを繰り返してきましたが、2014年12月にとうとうAndroid Studio 1.0正式版がリリースされました。そして、執筆時点ではAndroid Studio 2.0が正式なリリースを迎えました。

　以降では、Windows 10とMac OS Xでの開発環境の構築方法を説明しますが、Androidのプログラムはjava言語で作成するため、JDK（Java Development Kit：Java開発キット）が必要です。また、Androidアプリを作るためには、Android SDK（Software Development Kit：ソフトウェア開発キット）が必要ですが、これはAndroid Studioにバンドル（同梱）されているため、別途インストールする必要はありません。つまり、アプリを開発する際に必要なものは次の2つです。

- JDK
- Android Studio

1-5 開発環境を整える ——Windowsの場合

それでは、Windows 10の環境構築から説明しましょう。

Windows 10にJDKをインストールする

Android StudioでAndroidアプリを作成するためには、まず、JDK（Java Development Kit：Java開発キット）が必要になります。

次のURLにアクセスしてJDKの種類を確認しましょう（図1-14）。

http://www.oracle.com/technetwork/java/javase/downloads/index.html

Java SE（Standard Edition）のダウンロードには数種類のファイルがあります。それらは、JDK（Java Development Kit：Java開発キット）とJRE (Java Runtime Environment：Java実行環境）に大別されます。

図1-14　OracleのJava SEのダウンロードページ

一般にJava言語で作成したソフトウェアやアプリを実行するには、JREが必要です。アプリを実行するだけなら、実行環境があれば十分ですが、Java言語でアプリを開発するためには、JDKが必要です。執筆時点でのJava SEの最新バージョンは8u71/8u72です。この数字は、Java 8、アップデート 71,72というバージョンを意味します。

しかし、Android StudioのSystem Requirements（システム要件）にはJava Development Kit (JDK) 7と指定されているので、JDK7のダウンロードページに移動します。JDK7はアーカ

図1-15　JDK7のダウンロードのページ

イブからダウンロードすることができます（http://www.oracle.com/technetwork/java/javase/downloads/jdk7-downloads-1880260.html）。

Java SE Development Kit 7のダウンロードページ（図1-15）が表示されますが、このページも少し下

第1章 アプリを作るための準備

に進めます。

Java SE Development Kit 7u79（図1-16）をダウンロードします。

Windows用のJDKは32ビット版のx86と、64ビット版のx64の2種類がダウンロードできます。お使いのOSに合わせて選択してください。筆者のWindows 10は64ビット版なので、jdk-7u79-windows-x64.exeをダウンロードします。

［Accept License Agreement］にチェックを付けるとダウンロードできるようになります。

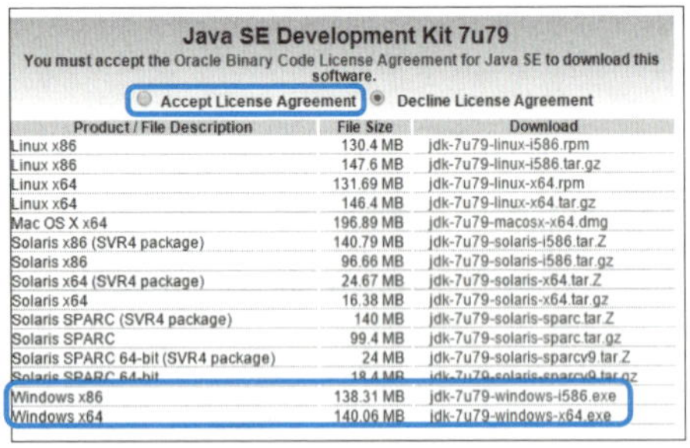

図1-16　Java SE Development Kit 7uXXのダウンロード

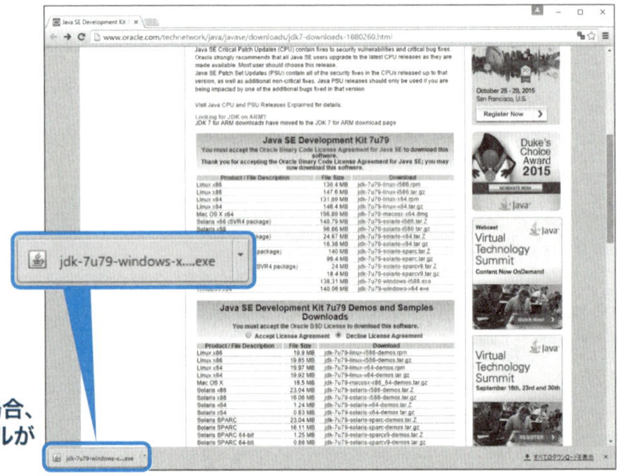

図1-17　Google Chromeの場合、ダウンロードしたファイルが左下に表示されている

ダウンロードが終わったら、ダウンロードしたファイルをクリックして開き、インストールを開始します。ユーザーアカウント制御の警告が出たら、［はい(Y)］をクリックします。

ようこその表示（図1-18）が出たら、［次(N) >］ボタンをクリックして進めます。

次の画面（図1-19）で、インストールするオプション機能とインストール先のフォルダを変更することができます。特に変更する必要はないため、［次(N) >］ボタンで進めます。

図1-18　ようこその表示

図1-19　インストールオプションとインストール先の変更画面

18

1-5 開発環境を整える──Windowsの場合

注意 インストール先フォルダはWindows OSのビット数やSDKバージョンによって異なります（XXはJDKのアップデート番号）。
・64ビットの場合⇒C:¥Program Files¥Java¥jdk1.7.0_XX¥
・32ビットの場合⇒C:¥Program Files(x86)¥Java¥jdk1.7.0_XX¥

インストールの準備が始まります。
完了（図1-20）が表示されたら、［閉じる(C)］をクリックしてインストールを終わります。

図1-20 完了画面

環境変数JAVA_HOMEの設定

次にいまインストールしたJDKのパスを環境変数に追加します。
コントロールパネルを開き、「システムとセキュリティ」（図1-21）→「システム」（図1-22）の順でクリックします。

図1-21　コントロールパネル

図1-22　コントロールパネル > システムとセキュリティ

次に左上にある「システムの詳細設定」をクリックします（図1-23）。
システムのプロパティ（図1-24）が開くので、「詳細設定」タブで［環境変数(N)...］をクリックします。
環境変数（図1-25）には、ユーザーごとに適用されるユーザー環境変数とシステム共通のシステム環境変数があります。ここでは、ログインしたユーザーすべてに適用されるようにシステム環境変数にJAVA_HOMEを追加します。

19

第1章 アプリを作るための準備

図1-23　コントロールパネル > システムとセキュリティ > システム

図1-24　システムのプロパティ

　画面下部の［新規(W)...］ボタンをクリックします。表示された新しいシステム変数の変数名(N)に「JAVA_HOME」を、変数値(V)にJDKのインストール先を入力します（図1-26）。64ビットだったら、変数値(V)に「C:¥Program Files¥Java¥jdk1.7.0_XX」と入力します（XXはダウンロードしたJDKのアップデート番号）。

　このように入力したら、［OK］ボタンをクリックします。その後も、順に［OK］→［OK］とボタンをクリックしてウィンドウを閉じていきます。

図1-25　環境変数

図1-26　新しいシステム変数

JAVA_HOMEが正しく設定されているかは、コマンドプロンプトで

`java -version`

を実行することでも確認できます。

 ## Windows 10にAndroid Studioをインストールする

　次のサイト（図1-27）から、Android Studioをダウンロードします。

　　https://developer.android.com/intl/ja/sdk/index.html

利用規約に同意するページが表示されたら、［上記の利用規約を読み、同意します。］のチェックボックスにチェックを付けて、ライセンス条項に同意すると、［Download Android Studio for Windows］ボタンがクリック可能になります。クリックしてダウンロードを始めましょう。

図1-27　Android Studioダウンロードサイト

ダウンロードしたファイルは実行形式なので、クリックして実行します。ユーザーアカウント制御の画面が出たら、［はい(Y)］をクリックしてください。

Setup画面（図1-28）が表示されたら、［Next >］ボタンで進めます。

インストールするコンポーネントの選択画面（図1-29）が表示されます。すべてにチェックが付いている状態で［Next >］をクリックします。

図1-28　セットアップ開始

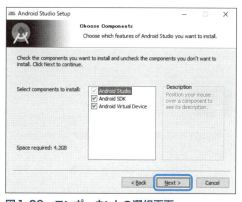

図1-29　コンポーネントの選択画面

License Agreementの画面（図1-30）が表示されるので、［I Agree］ボタンをクリックして、同意します。複数回、同意が必要になる場合もあります。

第1章 アプリを作るための準備

　Android StudioとAndroid SDKのインストール先が表示されます（図1-31）。それぞれ、C:¥Program Files¥Android¥Android Studio、C:¥Users¥ユーザー名¥AppData¥Local¥Android¥sdkと表示されますが、単純なディレクトリに変更します。Android Studioはそのままですが、Android SDKは「C:¥Android¥sdk」にインストールすることにします。

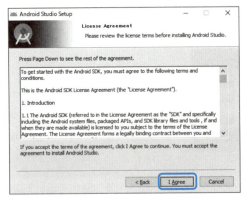

図1-30　License Agreementの画面

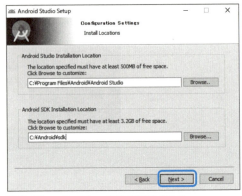

図1-31　インストール先が表示される

　スタートメニューフォルダの選択画面（図1-32）が表示されます。そのまま、[Install]ボタンをクリックします。

　インストールが始まります。Installation Completeの画面（図1-33）が表示されたら、[Next >]をクリックします。

　セットアップ完了の画面（図1-34）が表示されたら[Finish]をクリックして、インストールを終わります。

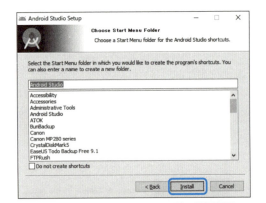

図1-32　スタートメニューフォルダの選択画面

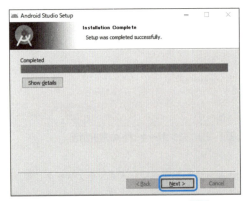

図1-33　Installation Completeの画面

図1-34　完了の画面

インストールが終わったら、Welcome to Android Studioの画面（図1-35）が表示されます。これがAndroid Studioの開始画面です。

図1-35　Welcome to Android Studio

Android SDKの確認

次の手順でSDK Managerを起動して、Android SDK（Software Development Kit：ソフトウェア開発キット）のインストールを確認します。

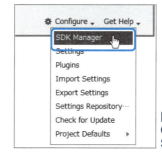

図1-36
ConfigureからSDK Managerを選択

1. Welcome to Android Studioの画面（図1-35）で、「Configure」をクリックします。
2. Configure（図1-36）から、「SDK Manager」をクリックして起動します。

起動したSDK Managerを確認しましょう（図1-37）。Android 6.0の行にチェックが付いており、Statusが「Installed」になっています。Android 6.0（API 23）だけがインストールされた状態です。

Android 6.xのアプリを製作するだけなら、このままの状態でアプリの作成を始めることもでき

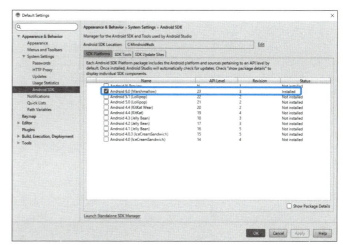

図1-37　Android SDK Managerの画面

すが、これらにプラスして、使いたいものを追加していきます。

> ⚠ 注意
> ベータ版などでは、どのバージョンもインストールされない場合がありました。そのようなときはAndroid 6.0（API 23）をまず、選択してください。

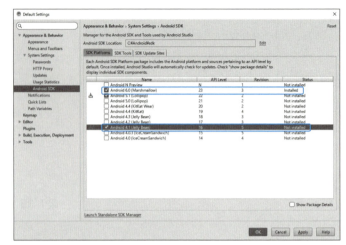

図1-38　追加してインストールする

たとえば、特定のバージョン向けのアプリを作りたいとか、以前に作成したアプリを参考にしたいような場合です。

ここでは、Android 5.1（API 22）とAndroid 4.1（API 16）の行にチェックを付け、［OK］ボタンで進めます（図1-38）。

確認画面（図1-39）が表示されるので、ライセンス同意の画面（図1-40）が表示されます。［Accept］をチェックして、［Next］ボタンをクリックしてください。

図1-39　確認画面

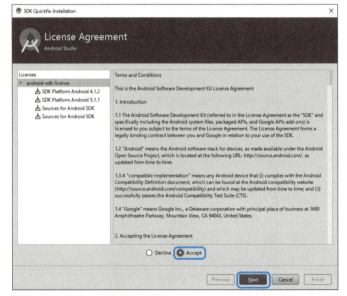

図1-40　ライセンス同意の画面

1-5 開発環境を整える――Windowsの場合

SDKのインストールが終わったら、もう一度、ConfigureからSDK Managerを選択してください。

SDK Toolsの追加インストールをしたいので、「SDK Tools」タブを選びます（図1-41）。

Android端末と接続するために、Google USB Driverにチェックを付けます。エミュレータを高速化するHAXM installerがインストールされていない場合は、HAXM installerにもチェックを付けてください（図1-42）。

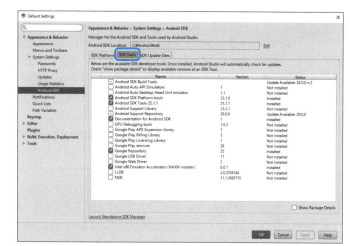

図1-41　「SDK Tools」タブを選ぶ

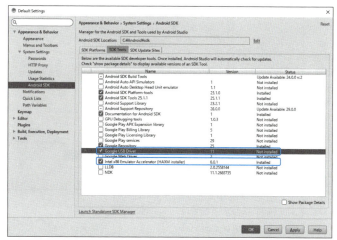

図1-42　Google USB DriverとHAXM installerを確認する

Memo Platform and Plugin Updatesの表示

Android Studio起動時に、「Platform and Plugin Updates」（図A）が表示されたら、「update」のリンクをクリックして、Updatesの内容（図B）を確認してインストールします。

Android StudioのデフォルトではStableな（安定した）アップデートが通知されます。

図A　Platform and Plugin Updatesの表示

図B　Updatesの内容の表示

25

**インストールしたJDKやAndroid SDKが
Android Studioで正しく使われているか確認する方法**

　JDKが複数インストールされている場合や、過去にAndroid SDKをインストールしたことがある場合は、Android Studioが意図したJDKやSDKを使っているか確認することができます。

　それには、Welcome to Android Studioの画面から、「Configure」をクリックします（図A）。

 Welcome to Android Studioの画面が表示されない場合は、Android Studioの［File］メニューから［Close Project］を選択してください。

Configureから、「Project Defaults」を選びます（図B）。
Project Defaultsから、「Project Structure」を選びます（図C）。

図A　Welcome to Android Studioの画面

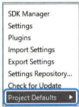

図B　Configureの画面

図C　Project Defaultの画面

　Project Structureの画面（図D）を確認すると、Android SDKのLocationとJDK Locationにパスが設定されています。Android StudioとJDKのインストール時に指定したパスと同じならOKです。そうでない場合は、右端にある［...］のボタンをクリックして正しいパスを選択し直しましょう。

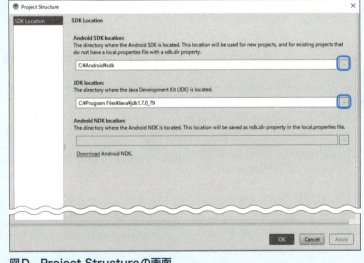

図D　Project Structureの画面

1-6 開発環境を整える――Macの場合

　Mac OS Xへインストールする手順もWindowsと同様に、JDK7のインストール、Android Studioのインストールの順で進めます。

　Java SE Development Kit 7u79から Mac OS X x64用のjdk-7u79-macosx-x64.dmgをダウンロードします（図1-43）。ダウンロード時にサインインを求められることがあります（図1-44）。Oracleプロファイルが未作成の場合は作成して、サインインしてください。

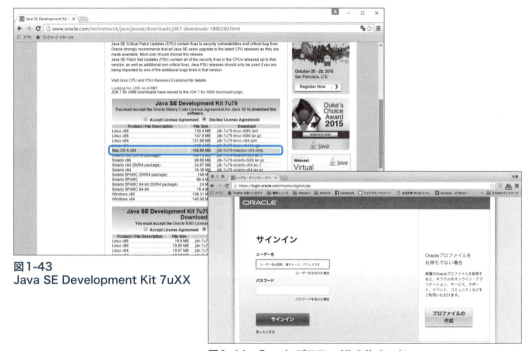

図1-43
Java SE Development Kit 7uXX

図1-44　Oracleプロファイルのサインイン

　ダウンロードしたdmgファイルをダブルクリックして起動します。

　次に表示された画面（図1-45）のアイコンをダブルクリックしてインストールを開始します。この後は、インストーラの指示にしたがって進めてください。

　次にAndroid Studio for Macをダウンロードします（図1-46）。ダウンロードしたdmgファイルをダブルク

図1-45　アイコンをダブルクリック

第1章 アプリを作るための準備

リックして起動します。

　　https://developer.android.com/intl/ja/sdk/index.html

図1-46　Android Studioダウンロードサイト

　ダウンロードしたdmgファイルを開いて、Android StudioをApplicationsにドラッグ＆ドロップします（図1-47）。

　そして、アプリケーションからAndroid Studioを起動します。

　Macの場合は、図1-48のようにAndroid SDKとJDKのLocationが設定されていればOKです。

図1-47　Android Studioをドラッグ＆ドロップする

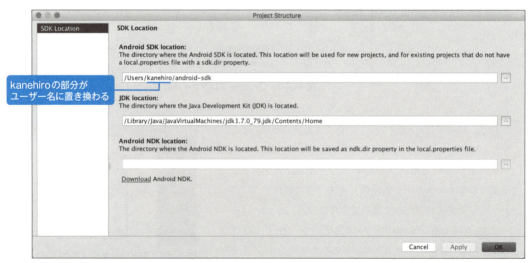

図1-48　Project Structure画面

サクッとJava入門

この後、Androidのサンプルプログラムが出てきますが、Java言語やオブジェクト指向が初めてという方でも、読み進めていけるように、Javaの基本をさっと解説しておきましょう。

Javaのプログラムはクラスで構成されます（図A）。クラスには、フィールドという変数とメソッドを追加することができます（図B）。メソッドは引数（パラメータ）を受け取り、戻り値を返すプログラムの1つの処理を実行する単位です。C言語などで関数と呼んでいるものに近いです。クラスは、複数のメソッドで構成されることが多いのですが、フィールドを使うことで、メソッド間でのデータの共有が可能になります。

図A　クラス

```
package パッケージ名;                    ← packageは複数のクラスを1つのパッケージにまとめる
import パッケージ名.クラス名;            ← 別のパッケージに属するクラスをパッケージ名を省略して呼
                                           び出せるように、パッケージをimport（インポート）する
public class クラス名 extends スーパークラス名   ← クラスの宣言。extendsで他
       implements インターフェイス名1, インターフェイス名2 {      のクラスを継承、implements
    private int フィールド名;                                     でインターフェイスをインプ
    private String フィールド名;          ← フィールドの定義      リメント（実装）することが
                                                                  できる
    private void メソッド名 (int 引数) {
        処理
    }                                     ← メソッドの定義        ← クラスの定義
    public int メソッド名 () {
        処理
    }
}
```

図B　プログラムの構造

packageは複数のクラスを1つのパッケージにまとめます（図C）。よく似た機能を持つクラスや同じ目的のクラスを1つにまとめます。クラスを分類することで、利用しやすくなります。また、たくさんクラスを作ると、クラス名の衝突という問題が起こりがちですが、パッケージに分類することで、パッケージ名でクラス名を修飾できるので、名前の衝突を避けることができます。たとえば、dogというクラスを作成したいと思った場合、dog（犬）はどこにでもいるため、クラス名が重複してしまう可能性があります。しかし"トムのdog"や"サリーのdog"のように、dogをパッケージ名（この例では、トムやサリーがパッケージ名です）で修飾すれば、クラス名の衝突を回避できます。

図C　パッケージ

同様にみなさんが、これから作成するAndroidアプリも複数のクラスで構成されることが多いでしょう（図D）。また、クラスの中にクラスを記述することもあります。この仕組みを内部クラス（インナークラス）と呼びます（図E）。

図E　内部クラス

図D　Androidアプリ

　クラスを作成するときは、作成済みのクラスをextendsで継承して土台として使うことができます。このときに新規で作成するクラスをサブクラス（子クラス）、継承元のクラスをスーパークラス（親クラス）と呼びます。サブクラスの中では、スーパークラスのメソッドを呼び出すだけなく、スーパークラスのメソッドをオーバーライドして、メソッドの機能を変更することができます。継承は1つのクラスしかできません。つまり、スーパークラスは1つしか持つことができないわけです。それに対し、インターフェイスは複数のインターフェイスをimplements（実装）できます。インターフェイスのメソッドはメソッド定義だけで、実際の処理は記述されていません。ですから、インターフェイスを実装したクラスでメソッドの内容を記述する必要があります。

　フィールドやメソッド名の前にあるprivateやpublicはアクセス修飾子で、フィールドやメソッドのスコープ（有効範囲）を示します（表A）。

表A　Javaのアクセス修飾子

アクセス修飾子	説明
private	クラス内からしか呼び出せない
なし	パッケージ内からしか呼び出せない
protected	同じパッケージのクラスと継承したサブクラスからしか呼び出せない
public	どこからでも呼び出せる

　メソッドの場合、アクセス修飾子の次にあるのが戻り値の型です。voidはそのメソッドが値を返さないことを示します。値を返す場合、int（整数）、double（浮動小数点数）、boolean（真偽値：true/false）をはじめとするデータ型を指定します。

　忘れてはいけないのは、クラスは設計図であり、インスタンス化して、実体（インスタンス）を作成して利用するということです。

1-7 プロジェクトを作成する

Androidアプリを開発するには、Android Studioでプロジェクトを作成します。

プロジェクトの新規作成

Welcome to Android Studio画面（図1-49）の「Start a new Android Studio project」をクリックして新規プロジェクトをウィザードで作成することができます。

Configure your new project画面（図1-50）では、Application name（アプリ名）、Company Domain（組織のドメイン）、Project Location（プロジェクトの保存）を設定します。

Application nameは実機にインストールしたときに表示されるアプリの名前です。ここでは、「Hello Android6」と入力します。

Company Domainには所属する組織のドメイン名を入力することが考えられます。筆者の場合、所属する会社のドメインは「easier.co.jp」なので、それを入力することが考えられます。Company Domainを逆順にして、Application nameと連結したものがPackage name（パッケージ名＝Id）になります。この例の場合、「jp.co.easier.HelloAndroid6」となります。

Google Playストアに公開すると

図1-49　Welcome to Android Studio画面

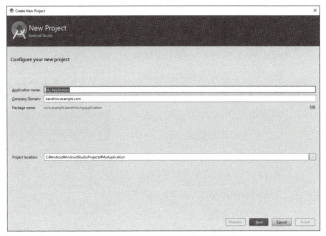

図1-50　Configure your new project画面

きにはパッケージ名はストア全体で他と重複しないユニークなものでなくてはいけません。しかし、利用可能なドメインがない場合もあります。エミュレータや自分の持っているAndroid端末でテストするだけ

なら、デフォルトで画面に表示されている「ユーザー名.example.com」でもかまいません（図1-51）。

Project Locationは特に必要なければ、デフォルトのままでかまいません

図1-51はApplication nameに「HelloAndroid6」と入力したところです。［Next］ボタンをクリックして次の画面に進みます。

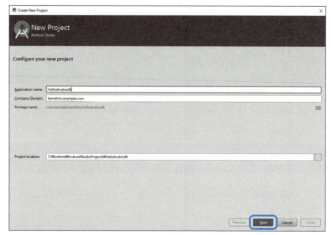

図1-51　Application nameに「HelloAndroid6」と入力したところ

次はターゲットとするデバイスとMinimum SDKの指定です（図1-52）。デバイスとしては、チェックボックスにチェックを付けて「Phone and Tablet」を選びます。

Minimum SDKにはサポートする最低限のAPIのバージョンを指定します。これから作成するアプリは、ここで指定したバージョンより古いバージョンのエミュレータや実機上では動かないことになります。ここでは、「API 23: Android 6.0 (Marshmallow)」を指定しますが、そうするとAndroid 5.xや4.xなどのバージョンでは動作しないアプリになります。

Minimum SDKのドロップダウンリストを開くと、指定できるAPIのバージョンが一覧表示されます（図1-53）。「API 23: Android 6.0(Marshmallow)」を選択した状態で、［Next］ボタンで進めます。

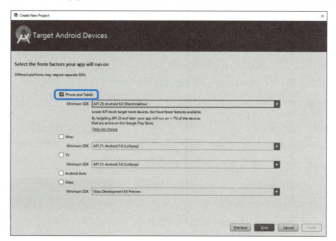

図1-52　ターゲットとするデバイスとMinimum SDKの指定画面

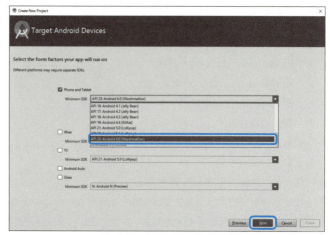

図1-53　Minimum SDKのドロップダウンリストを開いたところ

次に、作成するアクティビティ（画面）を選択することができます（図1-54）。ここでは、「Empty Activity」を選びます。[Next] ボタンで進めましょう。

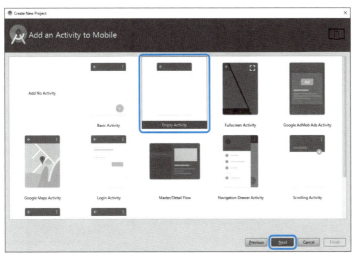

図1-54　アクティビティの選択画面

続いて、Activity Name（アクティビティクラスの名前）、Layout Name（レイアウトファイルの名前）を指定します（図1-55）。ここではデフォルトのまま、[Finish] ボタンをクリックします。

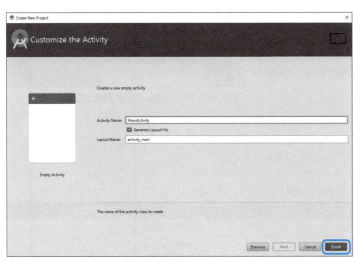

図1-55　アクティビティの名前指定画面

HelloAndroid6プロジェクトが作成されました（図1-56）。このように、Android Studioでは、ウィザードが自動的に作成してくれた各ファイルをベースとして、UI部品を追加し、必要な機能をコードとして追加してアプリを作っていきます。

第1章 アプリを作るための準備

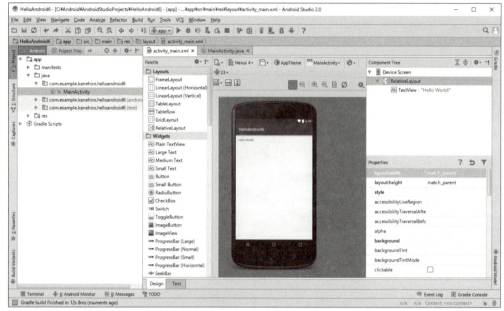

図1-56　HelloAndroid6プロジェクトが作成された

> **注意**
> （Android N Previewをインストールしたときなど）AndroidのバージョンがNの場合は画面がレンダリングされないため、画面表示部の上部にあるレンダリングバージョン（SDK）の選択メニューから「23」を選択してください（図A）。
> また、テーマのドロップダウンで「AppTheme」が選ばれていない場合は「AppTheme」を選択してください。

図A　テーマ、SDKなどの選択メニュー

最後に、新規プロジェクトの作成時に指定した項目をまとめておきましょう。新規プロジェクトの作成時には表1-3の項目を指定する必要があります。

表1-3　プロジェクト作成時に指定する項目

指定した項目	説明	指定した値
Application Name	アプリ名	HelloAndroid6
Company Domain	組織のドメイン	kanehiro.example.com
Package Name	パッケージ名（※自動表示される）	com.example.kanehiro.helloandroid6
Project location	プロジェクトの保存場所	C:¥Android¥AndroidStudioProjects¥HelloAndroid6
Minimum SDK	最小SDK	API 23: Android 6.0(Marshmallow)
Add an activity to Mobile	アクティビティの種類	Empty Activity
Activity Name	アクティビティ名	MainActivity
Layout Name	レイアウト名	activity_main

1-8 エミュレータでの実行

　あるOS上で別のOSの動作を模倣して、別のOS向けのソフトウェアやアプリを動かすソフトウェアをエミュレータと呼びます。本書では、WindowsやMac OS X上で、Android OSをエミュレートして、アプリを動かしてみるわけですね。

　もちろん、各種センサーやカメラなどPCにないハードウェア機能については、テストに実機が必要になりますが、デザインやUI部品を使うプログラムの動作確認はエミュレータで可能です。

　エミュレータを使うには、AVD（Android Virtual Device）を作成する必要があります。

AVD Managerの起動

　AVD Managerを起動しましょう。それには、[Tools] メニューから [Android] → [AVD Manager] をクリックします（図1-57）。

　AVDが1つも作成されていない状態でAVD Managerを起動すると、AVDを作成するためのダイアログが開きます（図1-58）。ここで、[Create Virtual Device...] ボタンをクリックします。

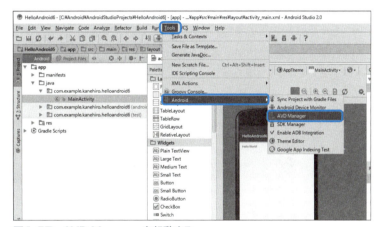

図1-57　AVD Managerを起動する

図1-58　Your Virtual Devices（AVD）

まず、エミュレートするハードウェアを選んで（この例ではNexus 5X）、［Next］をクリックします（図1-59）。

System Imageの選択画面では「Marshmallow」を選びますが、ダウンロードされているx86のままで、［Next］をクリックします（図1-60）。64bit用のx86_64の場合はダウンロードする必要があります。

HAXMがインストールされていない場合は、「HAXM is not installed」と表示されます。その下の「Install Haxm」をクリックしてインストールしましょう。

終了したら［Finish］ボタンをクリックします（図1-61）。

図1-59　ハードウェアの選択

図1-60　System Imageの選択

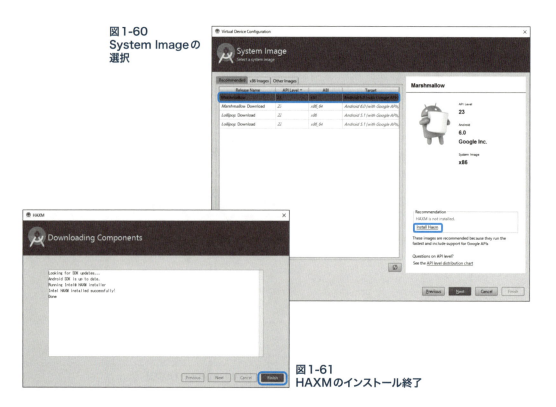

図1-61　HAXMのインストール終了

エミュレータの設定画面（図1-62）が表示されます。RAMの容量が2GBになっています。このまま［Next］ボタンで進めましょう。

設定確認の画面が表示されます（図1-63）。［Finish］ボタンをクリックすると、AVDが作成されます。

図1-64の画面が表示されるので、［X］をクリックしてAVD Managerを閉じましょう。

アプリを実行するもっとも簡単な方法は、ツールバーの緑の三角ボタン ▶ をクリックすることです（図1-65）。

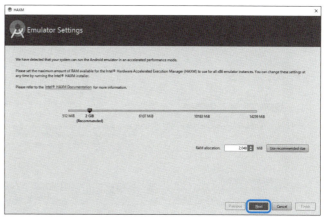

図1-62　エミュレータの設定

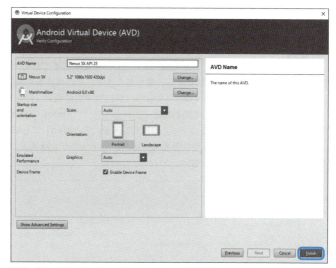

図1-63　Verify Configurationの画面

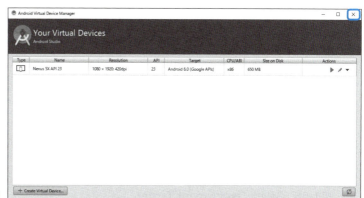

図1-64
Your Virtual Devices

第1章 アプリを作るための準備

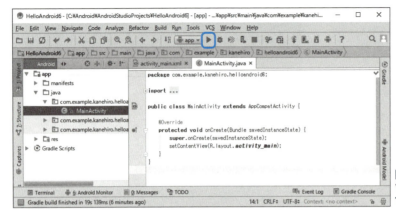

図1-65
ツールバーの三角のボタン
でアプリを起動する

　Select Deployment Target（図1-66）が表示されるので、いま作成したAVDが選択されていることを確認し、［OK］をクリックします。
　しばらく待つと、HelloAndroid6が起動しました（図1-67）。

> **注意** お使いのPC機種によっては、エミュレータを起動するために、PCのBIOS設定からCPUの仮想化支援機能（Intel VT-x）を有効にする必要があります。この機能を有効にするには、PCのBIOS画面を表示します。たとえば、多くのPCでは、Windowsが起動中の画面で［F2］キーまたは［Delete］キーを押すと、BIOS画面が表示されます。この画面に［仮想化技術］や［Intel Virtual Technology］［Virtualization Technology］といった項目があるので、この項目を有効（Enabled）にします。
> BIOS画面の表示方法や画面項目はPCのメーカーや機種により異なるため、詳しくはお使いのPCのマニュアルを参照してください。

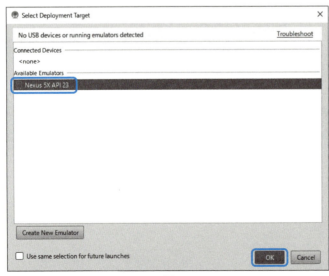

図1-66　Select Deployment Target

図1-67　HelloAndroid6が起動した

38

1-9 マテリアルテーマを使う

マテリアルデザインを実現するには、マテリアルテーマ（Material Theme）をStyleに適用します。

いま作成したHelloAndroid6でも、アプリのスタイルを定義するstyles.xmlにマテリアルテーマが使われています。

Android Studioの画面

マテリアルテーマの解説の前に、Android Studioの画面について少し説明しましょう（図1-68）。

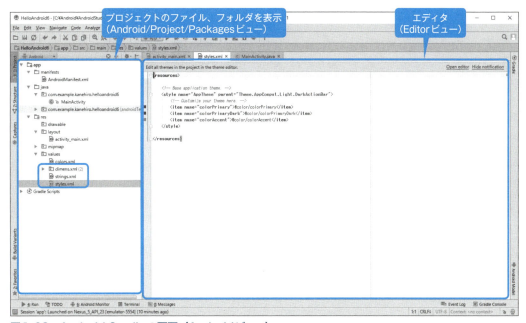

図1-68　Android Studioの画面（Androidビュー）

　画面の左側の領域は作成したプロジェクトに含まれるフォルダやファイルを表示する部分です。表示はAndroid、Project、Packagesをはじめとする数種類のビューに切り替えることができます。それぞれ、構成するファイルの見せ方や外部からファイルを追加する方法が異なりますが、Androidビューだと編集すべきファイルがまとまって表示されるので作業がしやすいです。また、Projectビューでは、ドラッグ＆ドロップで画像ファイルなどを追加することができます。本書では主にAndroidビューを使います。

　右側の領域は、左側の領域で選んだファイルを編集するEditorビューです。たとえば、Androidビューで「styles.xml」をダブルクリックすると、プロジェクト作成時に自動的に作成されたstyles.xmlの内容が図1-68のように右側のEditorビューに表示されて、styles.xmlの内容を編集することができます。

第 1 章 アプリを作るための準備

スタイルの編集

styles.xmlの詳細を見ていきましょう（リスト1-7）。

リスト1-7　styles.xml

```
<resources>

    <!-- Base application theme. -->                                          ─A
    <style name="AppTheme" parent="Theme.AppCompat.Light.DarkActionBar">      ─❶
        <!-- Customize your theme here. -->                                   ─B
        <item name="colorPrimary">@color/colorPrimary</item>
        <item name="colorPrimaryDark">@color/colorPrimaryDark</item>
        <item name="colorAccent">@color/colorAccent</item>
    </style>

</resources>
```

　スタイルファイルではstyleタグにstyleの内容を記述します（❶）。まず、name ="AppTheme"として、AppThemeというThemeを定義します。parent属性にTheme.AppCompat.Light.DarkActionBarを指定しています。これがマテリアルテーマです。Theme.AppCompat.Light.DarkActionBarをparent（親）属性に指定して継承することで、マテリアルテーマの一部を変更するカスタマイズが可能になります。

　Android Studioでは、プロジェクトを新規作成するとv7サポートライブラリが使用されます。v7サポートライブラリを使うと、Android 2.1からマテリアルデザインに対応することができます。

　具体的には、support-v7-appcompatライブラリがインポートされるので、テーマとしてAppCompatのTheme.AppCompat.Light.DarkActionBarが指定されます。

 継承

　オブジェクト指向プログラミングの用語で、継承とは既存のクラスを基にして、新しいクラスを作ることです。Javaでは、基になるクラスを「スーパークラス」、継承して作成したクラスを「サブクラス」と呼びます。サブクラスはスーパークラスの機能（メソッド）を引き継ぎます。

　同様にスタイルを定義するXMLファイルでも親のスタイルを引き継ぎ、一部の項目を変更することができます。

Memo XMLのコメント行の書き方

　リスト1-7のA Bの2行はコメント（プログラムコードの注釈）です。このようにXMLのコメントは<!--で始まり、-->で終わります。

　マテリアルテーマには表1-4の3種類があります。

　support-v7-appcompatライブラリの場合は、それぞれTheme.AppCompat、Theme.AppCompat.

Light、Theme.AppCompat.Light.DarkActionBarとなります。

Theme.AppCompat.Light.DarkActionBar以外のテーマも試してみましょう。

styles.xmlの「parent="Theme.AppCompat.Light.DarkActionBar"」を「parent="Theme.AppCompat"」に変更します。

表1-4 マテリアルテーマ

テーマ	説明
Theme.Material	ダークバージョン
Theme.Material.Light	ライトバージョン
Theme.Material.Light.DarkActionBar	アクションバーがダーク

```
<style name="AppTheme" parent="Theme.AppCompat">
```

ダークな画面になりました（図1-69）。

次に、「Theme.AppCompat.Light」も試してみます。「parent="Theme.AppCompat.Light"」に変更します（図1-70）。

```
<style name="AppTheme" parent="Theme.AppCompat.Light">
```

図1-68と比べると、アクションバー（ActionBar）とステータスバー（StatusBar）がダークになったことがわかります。

図1-69 Theme.AppCompat

図1-70 Theme.AppCompat.Light

第1章 アプリを作るための準備

 Android Studioもダークなほうがカッコイイ!?

　Android Studioのテーマもダークに変更することができます。
　それにはまず、[File] メニューから [Settings...] を選び、Setting画面を表示します。そして、Setting画面左側から「Appearance」を選択し、画面右側で「Theme」のドロップダウンリストを開き、「IntelliJ」から「Darcula」に変更します（図A）。

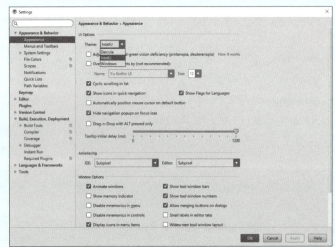

図A
SettingsからAppearanceを選ぶ

　画面に表示される指示にしたがって再起動すると、図Bのようにテーマがダークに変わります。

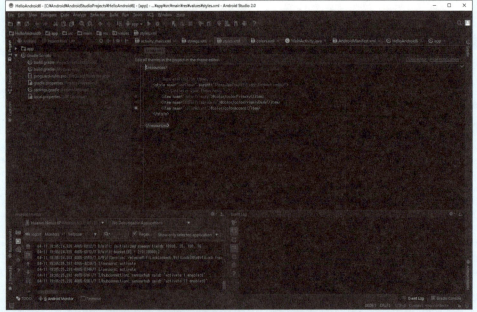

図B　AppearanceのThemeをSettingsからDarculaに変更した

マテリアルテーマのカスタマイズ

parent属性に指定したマテリアルテーマをカスタマイズすることができます。それにはItemタグを使います。Itemタグでstyleタグのparentで指定したテーマが持っている属性に対しての変更値を指定します。

図1-71の属性をカスタマイズすることができます。属性をカスタマイズするにはname属性に変更したい属性名を、タグの中身に変更値を記述します。

ここで再び、styles.xmlのコードを見てみましょう（リスト1-8）。❶の行で item name="colorPrimary" のようにアクションバーのカラーであるcolorPrimaryをname属性に指定し、@color/colorPrimaryのように色の値を指定しています。

次の行（❷）では、ステータスバーのカラーであるcolorPrimaryDarkに@colorPrimaryDarkを指定しています。

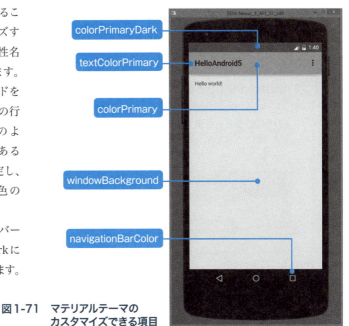

図1-71　マテリアルテーマのカスタマイズできる項目

リスト1-8　マテリアルテーマのカスタマイズ（styles.xml再掲）

```xml
<resources>

    <!-- Base application theme. -->
    <style name="AppTheme" parent="Theme.AppCompat.Light.DarkActionBar">
        <!-- Customize your theme here. -->
        <item name="colorPrimary">@color/colorPrimary</item>                ——❶
        <item name="colorPrimaryDark">@color/colorPrimaryDark</item>        ——❷
        <item name="colorAccent">@color/colorAccent</item>
    </style>

</resources>
```

colors.xmlの作成

色の値が@color/colorPrimaryなどとなっていますが、このように記述するとcolors.xmlファイルに「colorPrimary」という名前で定義した色を参照します。直接、styles.xmlに#315FB5と色の値を記述することもできますが、色の定義はcolors.xmlにまとめて記述します（リスト1-9）。

第1章 アプリを作るための準備

リスト1-9　colors.xml

```xml
<?xml version="1.0" encoding="utf-8"?>
<resources>
    <color name="colorPrimary">#3F51B5</color>
    <color name="colorPrimaryDark">#303F9F</color>
    <color name="colorAccent">#FF4081</color>
</resources>
```

これらの色の値を変えることで、見栄えがかなり変わります。

> **Memo** Android Studioのステキなところ——色見本の表示
>
> Android Studioでは、colors.xmlの編集時に左端に小さなボックスで色見本が表示されているので、#315FB5がどんな色なのかわかります（図A）。styles.xmlでcolors.xmlに定義した色を使うときにも、小さなボックスで色見本が表示されるので、わかりやすいですね（図B）。

図A　colors.xmlの編集画面

図B　styles.xmlの編集画面

マテリアルデザインのガイドライン

Android 5をリリースするにあたって、Google社はマテリアルデザインの詳細なガイドラインを発表しています。

以下のイントロダクション（図1-72）から始まる膨大なガイドラインです。

https://www.google.com/design/spec/material-design/introduction.html

その中のStyleにはColorについて規定があり、アプリで使うべき色が示されています（図1-73）。

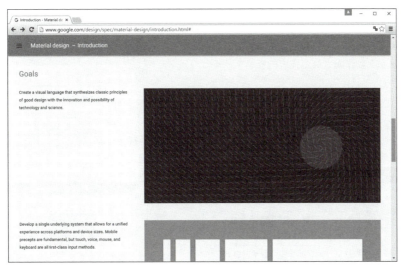

図1-72　マテリアルデザインガイドラインのイントロダクション

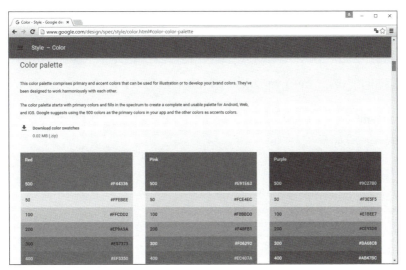

図1-73　マテリアルデザインガイドラインのStyle > Color

　今回、アクションバーに使った色はIndigo 500であり、ステータスバーに使った色はIndigo 700です。これはColorについてのページの下方に掲載されているサンプル画面のデザインにならいました。

　デザインガイドラインには、この他にも、ボタンやダイアログなどのUI部品のサイズや余白のとり方、影の付け方、そして、角丸めは2dpなど細い規定があります。

1-10 ファイルの構成と役割

styles.xmlとcolors.xmlについて説明しましたが、この他にAndroidプロジェクトに作成される代表的なファイルについても説明しましょう。

Androidビュー（図1-74）に表示されるファイル（表1-5）のうち、特に重要なファイルから見ていきます。

表1-5　ファイルの構成

ファイル	説明
AndroidManifest.xml	マニフェストファイル。Androidアプリの定義情報を記述する
MainActivity	Javaのソースファイル。画面を生成する
activity_main.xml	画面レイアウトファイル
strings.xml	文字列リソースファイル。レイアウトファイルやJavaのソースファイルで使用する文字列を定義する

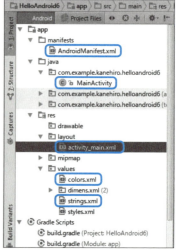

図1-74　Androidビュー

activity_main.xml ── 画面の定義

res/layoutにあるactivity_main.xmlが画面の定義ファイルです（リスト1-10）。

リスト1-10　activity_main.xml

```
<?xml version="1.0" encoding="utf-8"?>
<RelativeLayout xmlns:android="http://schemas.android.com/apk/res/android"
    xmlns:tools="http://schemas.android.com/tools"
    android:layout_width="match_parent"
    android:layout_height="match_parent"
    android:paddingBottom="@dimen/activity_vertical_margin"
    android:paddingLeft="@dimen/activity_horizontal_margin"
    android:paddingRight="@dimen/activity_horizontal_margin"
    android:paddingTop="@dimen/activity_vertical_margin"
    tools:context="com.example.kanehiro.helloandroid6.MainActivity">

    <TextView
        android:layout_width="wrap_content"
        android:layout_height="wrap_content"
        android:layout_height="wrap_content" />

</RelativeLayout>
```

❶

❷

最初にRelativeLayoutタグがあります（**❶**）。RelativeLayoutは、UI部品を相対的に配置するためのレイアウトです。RelativeLayoutでは、部品Bは部品Aの右横、部品Cは部品Aの下といったような相対位置の指定でUIを構築していきます。

Androidで利用可能なレイアウトは表1-6のとおりです。RelativeLayoutの他には、LinearLayoutを使うことが多いでしょう。

paddingRightやpaddingTopは内側に余白を作ります。

表1-6　6つのレイアウト

レイアウトの種類	説明
LinearLayout	縦、または横の直線上に部品を配置
RelativeLayout	部品同士をお互いの相対的位置に配置
TableLayout	部品をマス目上に配置。HTMLのテーブルタグのようなイメージ
GridLayout	部品をマス目上に配置。行、列を指定して直接的に配置できる
FrameLayout	部品を常に左上に配置。ビュー部品を重ねて配置する

Memo　単位dp

単位px（ピクセル）は、画面の実際のピクセル数を指定します。機種によって、1インチあたりのピクセル数（表示密度）が異なる可能性があるため、実際に表示されるサイズが変わります。それに対し、dp（density-independent pixels：密度非依存ピクセル。dipとも表記）は、160dpiの画面と対応しており、160dpiの画面で1dp＝1pxになります。dp-pixel比は画面の解像度に応じて計算されるので、表示密度が違っても、同じようなサイズを維持できます（ただし、正比例するわけではありません）。

他にも、dpに似た単位ですが、ユーザーが設定したフォントサイズによって自動でスケールされるsp（Scaled Pixel：倍率非依存ピクセル。sipとも表記）やpt（ポイント。1/72インチ単位）、in（インチ）、mm（ミリメーター）などが指定できます。

次にTextViewがあります（**❷**）。TextViewは文字列を表示するUI部品です。表示する文字列はandroid:textで指定します。

部品の大きさを決める属性がlayout_width（幅）とlayout_height（高さ）です。

wrap_contentを指定すると、表示する内容に応じたサイズになります。RelativeLayoutのようにmatch_parentを指定すると、親のサイズ（自分が載っている部品）の一杯に広がります。また、100dpのように数値でサイズを指定することもできます。

strings.xml —— 文字列の定義

strings.xmlには、画面レイアウトファイルやJavaのソースコード上で使う文字列を定義します。もちろん、画面レイアウトファイルやJavaのソースコードに直接文字列を記述することもできますが、国際化対応のためにもstrings.xmlに記述すると良いでしょう。

試しに、Hello World!の文字列を「hello_world」という名前でstrings.xmlに定義してみましょう（リスト1-11）。

第1章 アプリを作るための準備

リスト1-11 strings.xml

```xml
<resources>
    <string name="app_name">HelloAndroid6</string>
    <string name="hello_world">Hello World!</string>
</resources>
```

そして、activity_main.xmlのTextViewのandroid:text属性に指定します（リスト1-12）。

リスト1-12 activity_main.xml

```xml
<?xml version="1.0" encoding="utf-8"?>
<RelativeLayout xmlns:android="http://schemas.android.com/apk/res/android"
    xmlns:tools="http://schemas.android.com/tools"
    android:layout_width="match_parent"
    android:layout_height="match_parent"
    android:paddingBottom="@dimen/activity_vertical_margin"
    android:paddingLeft="@dimen/activity_horizontal_margin"
    android:paddingRight="@dimen/activity_horizontal_margin"
    android:paddingTop="@dimen/activity_vertical_margin"
    tools:context="com.example.kanehiro.helloandroid6.MainActivity">

    <TextView
        android:layout_width="wrap_content"
        android:layout_height="wrap_content"
        android:text="@string/hello_world" />
</RelativeLayout>
```

実行結果は、activity_main.xmlに直接文字列を入力した場合（図1-67）と同じなので割愛します。

> **Memo 国際化対応**
>
> res/values/strings.xmlに英語の文字列を用意して、それに対応する日本語の文字列をres/values-ja/strings.xmlに用意します。このようにすることで、Android端末のロケールが英語なら英語の文字列を、日本語なら日本語の文字列を表示できるようになります。

MainActivity —— メインアクティビティ

リスト1-13のMainActivityがこのプロジェクトの起点であり、処理の中心です。画面レイアウトファイルactivity_main.xmlから画面を作ります。

48

1-10 ファイルの構成と役割

リスト1-13 MainActivity.java

```
package com.example.kanehiro.helloandroid6;                                    ❶

import android.support.v7.app.AppCompatActivity;                               ❷
import android.os.Bundle;

public class MainActivity extends AppCompatActivity {                          ❸

    @Override                                                                  ❹
    protected void onCreate(Bundle savedInstanceState) {                       ❺
        super.onCreate(savedInstanceState);
        setContentView(R.layout.activity_main);
    }
}
```

　順に見ていきましょう。まず、package文でパッケージ名を付けています（❶）。次に、android. support.v7.app.AppCompatActivityクラスとandroid.os.Bundleクラスをインポート（import）しています（❷）。インポートすることで、プログラム中で、AppCompatActivityやBundleクラスを「android.os.Bundle」というように完全修飾して指定しなくてもよくなります。短いコードで利用できるようになるのですね。

　MainActivityクラスはAppCompatActivityクラスをextends（継承）しています（❸）。class宣言の前のpublicはアクセス修飾子です。アクセス修飾子は自クラスに他のクラスやパッケージがアクセスできるかどうかをコントロールします。

　継承したActivityクラスには、いくつもメソッドがあります。アクティビティが起動されたときに呼び出されるonCreate()メソッドがその1つです。MainActivityクラスには、onCreate()メソッドが作成されています（❺）。

　その前の行（❹）に@Overrideと指定されているように、MainActivityクラスのonCreate()メソッドはスーパークラスのonCreate()メソッドをオーバーライドしています。つまり、スーパークラスに同名のメソッドがあるわけです。オーバーライドすると、スーパークラスのメソッドにサブクラス特有の機能を追加していくことができます。

✎ **Memo オーバーライド**

> オーバーライドとは、スーパークラスのメソッドをサブクラスで再定義することです。独自の機能を追加したいときなどに使用します。

---

　onCreate()メソッドでは、super.onCreate()でスーパークラスのonCreate()メソッドを実行しています。引数には、BundleクラスのオブジェクトsavedInstanceStateを渡しています。

　setContentView()メソッドは、画面に表示するビューを設定します。ここで指定しているR.layout. activity_mainという定数は、activity_main.xmlから生成された値です。

　このようにアクティビティ（Activity）はユーザーインターフェイスを提供し、イベント処理などユー

ザーの操作に応じた処理を持つオブジェクトです。自動生成されたアクティビティはMainActivity1つのみですが、アプリは複数のアクティビティを持つことができます。

AndroidManifest.xml —— アプリの定義情報

　マニフェストファイル（AndroidManifest.xml）にはアプリの定義情報を記述します（リスト1-14）。アプリのテーマとしてstyles.xmlに定義したAppThemeを使うことも定義されています（❶）。
　また、アプリに含まれるアクティビティもAndroidManifestで管理します。MainActivityが自動的に追加されています（❷）。

リスト1-14　AndroidManifest.xml

```xml
<?xml version="1.0" encoding="utf-8"?>
<manifest xmlns:android="http://schemas.android.com/apk/res/android"
    package="com.example.kanehiro.helloandroid6">

    <application
        android:allowBackup="true"
        android:icon="@mipmap/ic_launcher"
        android:label="@string/app_name"
        android:supportsRtl="true"
        android:theme="@style/AppTheme">                           ──❶
        <activity android:name=".MainActivity">                    ──❷
            <intent-filter>
                <action android:name="android.intent.action.MAIN" />

                <category android:name="android.intent.category.LAUNCHER" />
            </intent-filter>
        </activity>
    </application>

</manifest>
```

1-11 build.gradle ——ビルドツールgradle

Android Studioは、ビルドにビルドツールGradleを使用します。ビルドとは、ソースコードのコンパイルやライブラリのリンクなどを行ない、実行可能なファイルを作成することです。

Gradleでは、ビルドの記述をXMLのような構造ではなく、Groovyライクなスクリプトとして記述できます。Android Studioには、Gradleが同梱されているため、インストールしてすぐに利用することができます。

Android Studioでは新規にプロジェクトを作成すると、Projectレベルのスクリプトファイルbuild.gradleとModuleレベルのbuild.gradleの2つが作成されます。

リスト1-15がプロジェクトレベルのbuild.gradleです。プロジェクト全体の設定を記述します。dependenciesのclasspathはAndroid Studioのバージョンによって変化します。

allprojectsのrepositoriesには、Moduleレベルのbuild.gradleでdependenciesに指定したライブラリをどこから取得するかを指定します。このファイルはあまり変更することはありません。

リスト1-15 build.gradle（Project:HelloAndroid6）

```
// Top-level build file where you can add configuration options common to all sub-projects/modules.

buildscript {
    repositories {
        jcenter()
    }
    dependencies {
        classpath 'com.android.tools.build:gradle:2.0.0'

        // NOTE: Do not place your application dependencies here; they belong
        // in the individual module build.gradle files
    }
}

allprojects {
    repositories {
        jcenter()
    }
}

task clean(type: Delete) {
    delete rootProject.buildDir
}
```

第1章 アプリを作るための準備

　Androidプログラマがより頻繁にさわるのは、Moduleレベルのbuild.gradleです（リスト1-17）。

リスト1-17　build.gradle（Module:app）

```
apply plugin: 'com.android.application'

android {
    compileSdkVersion 23
    buildToolsVersion "23.0.3"

    defaultConfig {
        applicationId "com.example.kanehiro.helloandroid6"
        minSdkVersion 23
        targetSdkVersion 23
        versionCode 1
        versionName "1.0"
    }
    buildTypes {
        release {
            minifyEnabled false
            proguardFiles getDefaultProguardFile('proguard-android.txt'), 'proguard-rules.pro'
        }
    }
}

dependencies {
    compile fileTree(dir: 'libs', include: ['*.jar'])
    testCompile 'junit:junit:4.12'
    compile 'com.android.support:appcompat-v7:23.2.1'
}
```

　表1-7にbuild.gradleに指定するバージョンを示します。

表1-7　build.gradleに指定するバージョン

項目	意味
compileSdkVersion	コンパイルに使うSDKのバージョン
buildToolsVersion	ビルドツールのバージョン（aapt、dex、jarsignerなどのコンパイラのバージョン）
minSdkVersion	ここに指定したバージョン以上のシステムでアプリが動作する
targetSdkVersion	動作を保証するバージョン
versionCode	Google Playにリリースする際に、ユニークに付けるコード
versionName	ユーザーから見えるバージョン

　Android 6.0（SDK23）でコンパイルする場合は、compileSdkVersionに「23」を指定します。HelloAndroid6プロジェクトはMinimum SDKを「23」に指定して作成したので、minSdkVersionが「23」になっています。つまり、このプロジェクトはAndroid 6.0以上でしか動きません。たとえば、Android 4.1（SDK 16）以降の端末で動かしたいときには、Minimum SDKを「16」にします。

　dependenciesには、使用するライブラリを記述します。

第2章

ツータッチ楽々メール
──ラクにメールを送信しよう

第2章では、Androidの基礎でありキモであるアクティビティとインテントについて学び、メール送信アプリを作ります。

2-1 作成するAndroidアプリ

　子どもが母親に送るメールや夫が妻に送るメールの内容は意外に限定されています。
　たとえば、子どもが母親に日常的に送ることが多いメールは「学校や駅にむかえにきて」、子どもが大きくなってくると「遅くなるからごはんいらない」ですよね。
　また、夫が妻に送るメールも同様です。「駅やいつもの場所にむかえにきて」、あるいは「飲みに行くのでめしいらない」に決まっています。悲しいことですが、母や妻へのメールは"ツータッチ"で作成できてしまうのです。
　決まった相手に簡単に文章を組み立て、メールを送信する「ツータッチ楽々メール」を作りましょう（図2-1）。

 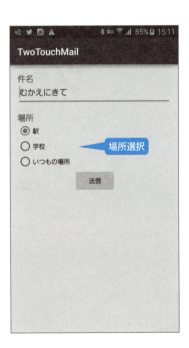

図2-1 「ツータッチ楽々メール」完成イメージ

この章で説明すること
☑ アクティビティ（Activity）　☑ インテント（Intent）　☑ UI部品の使い方
☑ イベントリスナー

54

2-2 アクティビティとインテント

Androidプログラミングのキモは、アクティビティとインテントです。インテントによってAndroidではアプリ同士が連携しやすくなっています。

アクティビティ

アクティビティはユーザーインターフェイスを提供し、ユーザーの操作に応答するオブジェクトです（図2-2）。Androidアプリは一般的に複数のアクティビティで構成されます。アクティビティがインテントを使って、他のアクティビティを呼び出すことでアプリの処理が進んでいきます。

インテントを使って呼び出すことができるのは、同じアプリ内のアクティビティだけではありません。他のアプリのアクティビティを呼び出すこともできます。

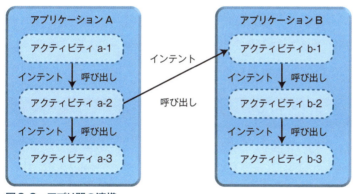

図2-2　アプリ間の連携

アクティビティは全画面です。大きな画面のAndroidタブレットの場合、Fragment（フラグメント）を使って画面を部分的に更新しますが、スマートフォンの場合、アクティビティ単位（全画面単位）で画面を切り替える方法が基本です。この全画面のアクティビティがスタック方式で管理されます。

アクティビティをトランプの札だと思ってください（図2-3）。一番最後に起動した、つまり、一番最後にトランプの山の上に置いたアクティビティがフォアグラウンド（前面）で、ユーザーのタップなどの操作はすべてフォアグラウンドのアクティビティが受け取ります。フォアグラウンド以外のアクティビティはバックグラウンド（背面）です。一番上のアクティビティを閉じると、その下のアクティビティが、今度はフォアグラウンドになります。

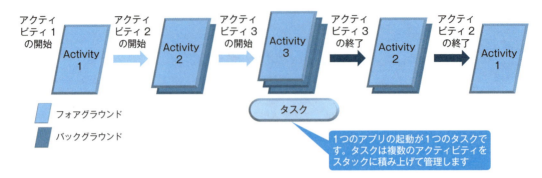

図2-3　アクティビティはスタック方式で管理される

　1つのアプリが複数のアクティビティを持ちます。通常、同じアプリのアクティビティは1つのプロセス（アプリの処理）内で動作します。ユーザーは複数のアプリを起動します。電話がかかってくることもあれば、メールを受信することもあります。

　しかし一般にAndroid端末は、PCに比べて搭載しているメモリが少ないです。このような要因で、Android OSでは、WindowsやPC用のLinux OSとは異なる動作が発生します。メモリの空き容量が少なくなると、システムが終了させても良いと判断したプロセスが強制的に終了します。フォアグラウンドなアクティビティを持たないプロセスは、終了候補になります。

　このようなOSの仕様に対応したアプリを作成するには、アクティビティのライフサイクルについて知っておく必要があります。

アクティビティのライフサイクル

　アクティビティの状態は図2-4のように遷移します。
　アクティビティの状態が変化したときに呼び出されるメソッドがライフサイクルメソッドです（表2-1）。ライフサイクルメソッドをオーバーライドして、状態の変化に合わせた処理を記述します。
　onCreate()メソッドではデータの初期化やスレッドの生成など必要なリソースの確保を行ない、onDestroy()メソッドでリソースを解放します。

 スレッド

　　スレッド（Thread）とは、マルチスレッドに対応したOSでのプログラムの実行単位のことです。

　onStop()メソッドやonPause()メソッドが呼び出されると、OSによってプロセスが終了させられる可能性があるので、onStop()メソッドより先に呼び出されるonPause()メソッドでデータの保存など、状態の退避を行ないます。

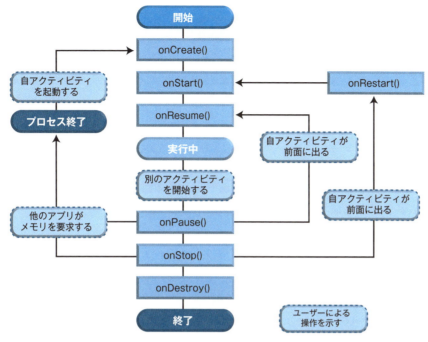

図2-4 アクティビティのライフサイクル

表2-1 ライフサイクルメソッド

メソッド	説明
onCreate()	アクティビティの生成時に呼び出される。通常、ここでアクティビティの初期化を行なう
onStart()	アクティビティが表示状態になるときに呼び出される
onRestart()	バックグラウンドから、再びフォアグラウンドになる前に呼び出される
onResume()	アクティビティがフォアグラウンドになるときに呼び出される
onPause()	アクティビティがフォアグラウンドでなくなるときに呼び出される。通常、ここで状態の退避を行なう
onStop()	アクティビティが非表示になるときに呼び出される
onDestroy()	アクティビティが破棄されたときに呼び出される

※フォアグラウンドでない可視状態とは、アクティビティの一部が見えている状態です。フォアグラウンドのアクティビティが部分的に透明、もしくは半透明になっているとき、あるいは、ダイアログが表示されているとき、その下のアクティビティは非フォアグラウンドの可視状態にあります。

インテント

インテントは他のアクティビティを呼び出す仕組みです。インテントには、明示的なインテント（Explicit Intents）と暗黙的なインテント（Implicit Intents）があります。Explicit Intentsは実行するアクティビティクラスを指定する方法であり、Implicit Intentsは指定しないでAndroid OSにまかせる方法です。

第2章 ツータッチ楽々メール ── ラクにメールを送信しよう

2-3 明示的なインテント

では、サンプルプロジェクトを作成して明示的なインテント（Explicit Intents）から見ていきましょう。アプリ内でアクティビティから、他のアクティビティを呼び出すときには、明示的なインテントを使います。

サンプルプロジェクトの作成

表2-2のように明示的なインテントを試すためのプロジェクトを作成します。

参照 プロジェクトの作成手順➡1-7節：31ページ

表2-2　明示的なインテントを試すプロジェクト

指定した項目	指定した値
Application Name（プロジェクト名）	MultiActivity
Company Domain（組織のドメイン）	kanehiro.example.com
Package Name（パッケージ名）※1	com.example.kanehiro.multiactivity
Project location（プロジェクトの保存場所）	C:¥Android¥AndroidStudioProjects¥MultiActivity
Minimum SDK（最小SDK）	API 23: Android 6.0(Marshmallow)
アクティビティの種類	Empty Activity
Activity Name（アクティビティ名）	FirstActivity
Layout Name（レイアウト名）	activity_first

※1　パッケージ名は自動で表示される。

画面レイアウトの編集

activity_first.xml（リスト2-1）を編集します。

ウィザードが自動的に作成したTextViewを削除して、代わりにボタンbutton1を追加します。このボタンをクリックしたら、次のアクティビティを開くようにします。プログラムコードから、レイアウトファイルに配置したUI部品を使いたいときは、❶のようにidを付けます。

リスト2-1　activity_first.xml

```xml
<?xml version="1.0" encoding="utf-8"?>
<RelativeLayout xmlns:android="http://schemas.android.com/apk/res/android"
    xmlns:tools="http://schemas.android.com/tools" android:layout_width="match_parent"
    android:layout_height="match_parent" android:paddingLeft="@dimen/activity_horizontal_margin"
    android:paddingRight="@dimen/activity_horizontal_margin"
    android:paddingTop="@dimen/activity_vertical_margin"
    android:paddingBottom="@dimen/activity_vertical_margin"
    tools:context="com.example.kanehiro.multiactivity.FirstActivity">
```

```xml
<Button
    android:id="@+id/button1"
    android:layout_width="wrap_content"
    android:layout_height="wrap_content"
    android:layout_alignParentLeft="true"
    android:layout_alignParentTop="true"
    android:text="@string/next" />

</RelativeLayout>
```
❶

リスト2-2のようにstrings.xmlにボタン（次の画面へ）に表示する文字列（❶）と、次の画面のTextViewに表示する文字列（❷）を追加します。

リスト2-2　strings.xml

```xml
<resources>
    <string name="app_name">MultiActivity</string>
    <string name="next">次の画面へ</string>
    <string name="second">SecondActivityです</string>
</resources>
```
❶
❷

FirstActivityの編集

アプリを起動すると表示されるアクティビティはFirstActivityクラスです。

FirstActivityのボタンが押されたら、次の画面（SecondActivity）に移動するように、ボタンが押されたときに実行するメソッドを記述したイベントリスナーOnClickListenerを仕掛けます。

リスト2-3のようにFirstActivityのonCreate()メソッドを編集します。

> ⚠ 注意　自動的にimport文が作成されない場合、以下を追加してください。
>
> ```
> import android.widget.Button;
> ```
>
> 参照 import文の作成 ➡60ページ

リスト2-3　FirstActivityのonCreate()メソッド

```java
@Override
public void onCreate(Bundle savedInstanceState) {
    super.onCreate(savedInstanceState);
    setContentView(R.layout.activity_first);
    Button btnNext = (Button) this.findViewById(R.id.button1);
    btnNext.setOnClickListener(new OnClickListener(){
        @Override
        public void onClick(View v) {
            Intent intent = new Intent(FirstActivity.this, SecondActivity.class);
            startActivity(intent);
        }
    });
}
```
❶
❷

第2章 ツータッチ楽々メール──ラクにメールを送信しよう

 イベントリスナー

イベントリスナーについて説明しておきましょう（図2-5）。

アクティビティ上ではいろいろなUIイベントが発生します。ボタンを押した、画面の上で指をはらうような（フリック）動作をした、キー入力をしたといった利用者の操作がイベントを起こします。

ボタンなどのUI部品にイベントリスナーを仕掛けておくと、その部品に発生したイベントを検出することができます。イベントリスナーはイベントハンドラメソッドを実行して、イベントに応じた処理を実行します。

この例では、ボタンbtnNextがクリックされたら、リスト2-3-❶の

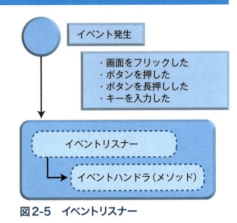

図2-5　イベントリスナー

```
Intent intent = new Intent(FirstActivity.this, SecondActivity.class);
```

で、明示的なIntentオブジェクトを生成し、❷のstartActivity(intent)メソッドで画面を遷移します。

このようにidを付けたUI部品はfindViewById()メソッドでオブジェクトとして、取得することができます。

書式 明示的なインテント

```
Intent(Context packageContext, Class cls)
```

明示的なインテント（Explicit Intents）では、上記の書式のようにpackageContextには「FirstActivity.this」というように遷移元を指定し、clsには「SecondActivity.class」というように遷移先のクラスを指定します。この遷移先のクラスの指定が「明示的」なのです。

Memo import文の作成

クラスをインポートするimport文の作成はなかなかわずらわしいものですが、Android Studioの場合、たとえば「Button」と入力すると、「android.widget.Button ?」のようにインポートするクラスをたずねてくれます（図A）。そして、[Alt] + [Enter]キーを押すと、

```
import android.widget.Button;
```

図A　importするクラスの候補が表示される

のようにimport文を挿入してくれます。
　また、いちいち［Alt］＋［Enter］キーを押すのは面倒という場合は、自動的にimport文を挿入するように設定することもできます。
　それには、［File］メニューから［Settings］を選びます（図B）。そして、左ツリーから「Editor」→「General」→「Auto Import」を選び、［Optimize imports on the fly］と［Add unambiguous import on the fly］にチェックを付けます（図C）。［Optimize imports on the fly］はいつでもimport文を最適化することを意味し、［Add unambiguous import on the fly］は不明確な場合でも、ユーザーに確認をとらずにimport文を作成することを意味します。

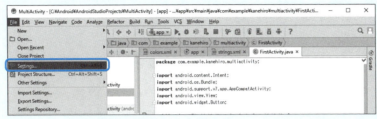

図B
［File］メニューから
［Settings］を選ぶ

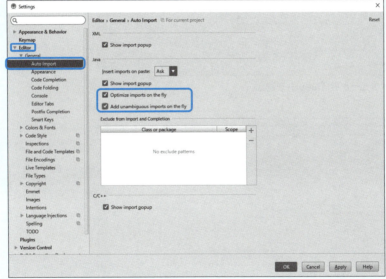

図C
「Editor」→
「General」→
「Auto Import」
を選ぶ

FirstActivityには、以下の5行のインポート文が必要です。自動的に作成されない場合は、手入力してください。

```
import android.content.Intent;
import android.os.Bundle;
import android.support.v7.app.AppCompatActivity;
import android.view.View;
import android.widget.Button;
```

第2章 ツータッチ楽々メール —— ラクにメールを送信しよう

SecondActivityの作成 —— アクティビティの追加

今度は、遷移先のアクティビティSecondActivityを作成します。

Android Studioでアクティビティを追加するには、[File] メニューから [New] を選びます（図2-6）。

追加できるものの一覧が表示されるので、[Activity] から [Empty Activity] を選びます（図2-7）。

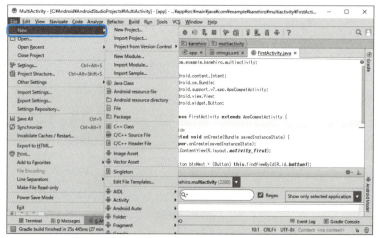

図2-6　[File] メニューから [New] を選ぶ

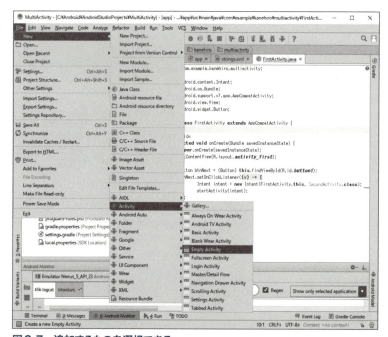

図2-7　追加するものを選択できる

62

Activity Nameに「SecondActivity」と入力して、[Finish] ボタンをクリックします（図2-8）。

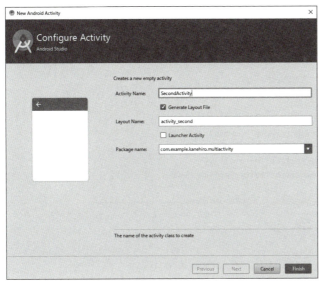

**図2-8
Activity Nameを入力する**

図2-9左側のAndroidビューに注目してください。SecondActivityを作成すると、自動的にレイアウトファイルactivity_second.xmlも作成されます。

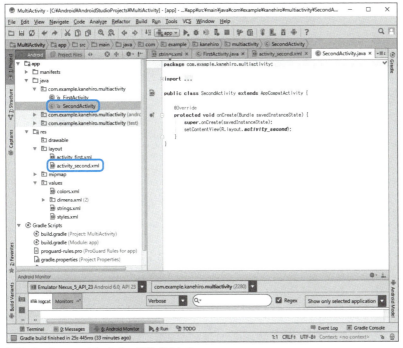

図2-9　SecondActivityが作成された

第2章 ツータッチ楽々メール ── ラクにメールを送信しよう

activity_second.xmlにTextViewを追加して、「SecondActivityです」と表示するように@string/secondをandroid:textに設定します（リスト2-4❶）。

リスト2-4　activity_second.xml

```
<?xml version="1.0" encoding="utf-8"?>
<RelativeLayout xmlns:android="http://schemas.android.com/apk/res/android"
    xmlns:tools="http://schemas.android.com/tools"
    android:layout_width="match_parent"
    android:layout_height="match_parent"
    android:paddingBottom="@dimen/activity_vertical_margin"
    android:paddingLeft="@dimen/activity_horizontal_margin"
    android:paddingRight="@dimen/activity_horizontal_margin"
    android:paddingTop="@dimen/activity_vertical_margin"
    tools:context="com.example.kanehiro.multiactivity.SecondActivity">

    <TextView android:text="@string/second" ─────────────────────────────── ❶
        android:layout_width="wrap_content"
        android:layout_height="wrap_content" />

</RelativeLayout>
```

また、Androidアプリに含まれるアクティビティはAndroidManifest.xml（リスト2-5）に宣言しないといけませんが、Android Studioではその宣言を自動的に追加してくれます（❷）。

では、アプリに複数のアクティビティが存在するときに、アプリを起動したら最初に表示するアクティビティはどれになるのでしょう。それは、<intent-filter>要素に❶のように指定されているアクティビティが起動時に表示されるアクティビティになります。

リスト2-5　AndroidManifest.xml

```
<?xml version="1.0" encoding="utf-8"?>
<manifest xmlns:android="http://schemas.android.com/apk/res/android"
    package="com.example.kanehiro.multiactivity">

    <application
        android:allowBackup="true"
        android:icon="@mipmap/ic_launcher"
        android:label="@string/app_name"
        android:supportsRtl="true"
        android:theme="@style/AppTheme">
        <activity android:name=".FirstActivity">
            <intent-filter>
                <action android:name="android.intent.action.MAIN" /> ───────── ❶

                <category android:name="android.intent.category.LAUNCHER" />
            </intent-filter>
        </activity>
        <activity android:name=".SecondActivity"></activity> ───────────────── ❷
    </application>
```

64

```
</manifest>
```

※android:supportsRtl="true"はRTLLayout（右から左のレイアウト）をサポートするか否かの設定です。

それではエミュレータで実行してみましょう。

FirstActivityが表示されるので、［次の画面へ］ボタンをクリックします（図2-10）。

すると、SecondActivityが表示されます（図2-11）。SecondActivityからFirstActivityに戻るボタンは用意していませんが、エミュレータでは三角の戻るボタン ◁ をクリックすればFirstActivityに戻ります。

図2-10　FirstActivityが表示された

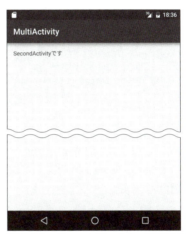

図2-11　SecondActivityが表示された

> **Memo** Android Studioのステキなところ ── 文字列の定義元
>
> レイアウトファイルやマニフェストファイルを編集しているときに、図AのButtonのtext="次の画面へ"のように、本当はstrings.xmlに定義している文字列なのに、文字列そのものを表示してくれます。
>
> 他の開発環境に慣れていると、「あれっ、直接文字列を書き込んだかな？」と迷うこともあるのですが、クリックすると参照先を表示してくれます（図B）。
>
>
>
> 図A　"次の画面へ"と表示されている　　図B　@string/nextと表示された

2-4 暗黙的なインテント

次に、暗黙的なインテント（Implicit Intents）とはなにかを説明しましょう。暗黙的なインテントでは、明示的に起動するアクティビティを指定せずに、インテントの引数に起動するアクティビティを推測できるような情報を入れておきます。たとえば、リスト2-6はブラウザを開いて、www.bing.co.jpのページを表示するコードです（図2-12）。

リスト2-6　暗黙的なインテント

```
public void onClick(View v) {
    Uri uri = Uri.parse("http://www.bing.co.jp");
    Intent intent = new Intent(Intent.ACTION_VIEW, uri);
    startActivity(intent);
}
```

図2-12　ブラウザ上にBingが表示されている

暗黙的なインテントのコンストラクタはIntent(string action, Uri uri)なので、uriパラメータに"http://www.bing.co.jp"を渡して、actionに「Intent.ACTION_VIEW」を指定しているだけです。

どこにもブラウザを起動しろとは記述していませんが、「Bingのページを表示して」という意図を汲んで、Android OSが最適なAndroidアプリのアクティビティを通知してくれるわけです。Intentは日本語にすると「意図」です。この疎結合と呼ばれる仕様がAndroidの自由度を広げてくれます。

インテントの代表的なActionとUriは表2-3のとおりです。

表2-3　インテントの代表的なActionとUri

Action	Uri	説明
ACTION_VIEW	http://アドレス	Webブラウザで指定のURLを表示する ※AndroidManifest.xmlにインターネットアクセスをするための権限が必要
ACTION_VIEW	geo:latitude,longitude	指定したlatitude（緯度）、longitude（経度）の地図を表示する ※AndroidManifest.xmlにインターネットアクセスをするための権限とロケーションサービスを使用するための権限が必要
ACTION_VIEW	content://contacts/people/1	アドレス帳の1番目の人の情報を表示する
ACTION_DIAL	tel:電話番号	指定した番号のダイヤルウィンドウを開く
ACTION_CALL	tel:電話番号	指定した番号に電話をかける ※AndroidManifest.xmlに電話をかけるための権限が必要
ACTION_SENDTO	mailto:アドレス	メールを送信する

 URI

URI（Uniform Resource Identifier）は、インターネット上に存在する情報資源の場所を指し示す記述方式です。Webサイトのアドレスを示すURL（Uniform Resource Locator）はURIの一部です。

2-5 ツータッチ楽々メールを作ろう

　アクティビティとインテントがわかったところで、ツータッチ楽々メールを作っていきましょう。ツータッチ楽々メールは、いかに簡単にメールを送るかをテーマとしたアプリです。

　UI部品としてはこれまで使ってきたボタンやTextViewに加えて、EditText（エディットテキスト）、RadioButton（ラジオボタン）、RadioGroup（ラジオグループ）を使います。

　ツータッチメールアプリの概要を説明します（図2-13）。最初のアクティビティには、「むかえにきて」メールを送るボタンと「めしいらない」メールを送るボタンを配置します。これらのボタンが押されたら、明示的なインテントを発行してアプリ内のメール文章を組み立てるアクティビティに遷移します。

　たとえば、むかえにきてメールだとラジオボタンで場所を指定できるようにします。それからイベントリスナーを使って送信ボタンが単に押されたときと、長押しされたときでメールの文章を変えるようにします。

　そして、Intent.ACTION_SENDTOとuriパラメータを指定して暗黙的なインテントを発行します。

図2-13　ツータッチメール

プロジェクトの作成

　表2-4の設定でプロジェクトを作成します。プロジェクトの設定でこれまでと違う部分は、Minimum SDKを「API 16 Android 4.1」としたところです。Android 5.0以降の新機能を使うには、Minimum SDKにAPI 21 Android 5.0以降を指定しなくてはいけませんが、今回のプロジェクトのように特に

第2章 ツータッチ楽々メール ── ラクにメールを送信しよう

Android 5や6の新機能を使わない場合はMinimum SDKを古いバージョンにしたほうが、対応するAndroid端末を多くすることができます。

参照 プロジェクトの作成手順➡1-7節：31ページ

表2-4　ツータッチ楽々メールプロジェクト

指定した項目	指定した値
Application Name（プロジェクト名）	TwoTouchMail
Company Domain（組織のドメイン）	kanehiro.example.com
Package Name（パッケージ名）[※1]	com.example.kanehiro.twotouchmail
Project location（プロジェクトの保存場所）	C:\Android\AndroidStudioProjects\TwoTouchMail
Minimum SDK（最小SDK）	API 16 Android 4.1
アクティビティの種類	Empty Activity
Activity Name（アクティビティ名）	MainActivity
Layout Name（レイアウト名）	activity_main

※1　パッケージ名は自動で表示される。

「API 16」を選択したところ、「92.8% of the devices that are active…」と表示されています（図2-14）。その次の行の「Help me choose」というリンクをクリックします。

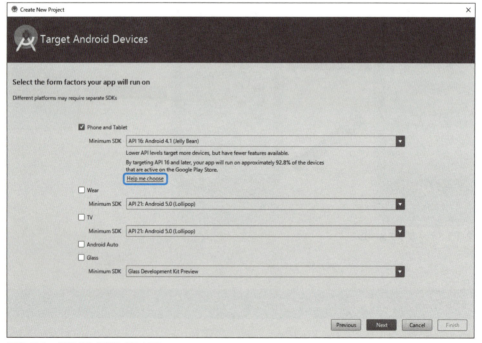

図2-14　API 16を選んだところ

68

どのAPIレベルを選ぶと、どれぐらいの実機で動くかという目安のパーセンテージが表示されます（図2-15）。

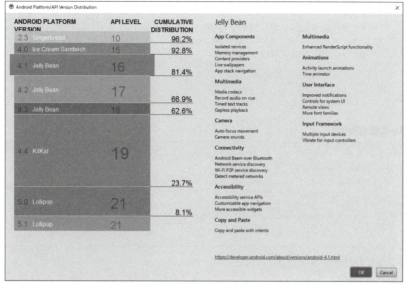

図2-15　APIレベルとカバー率

AppCompatライブラリによるマテリアルデザイン

Android SDKのAPI22.1から、ActionBarActivityがDeprecated（非推奨）になり、代わりにAppCompatActivityが推奨されました。そのため、Minimum SDKにAPI23（Android 6）を指定した場合、API16を指定した場合のいずれも同様に、styles.xmlが1つだけ作成されてAppCompatのテーマを使うように設定されています（リスト2-7）。

そして、build.gradleのdependencies（依存関係）にsupport:appcompat-v7:23の行が追加されます（リスト2-8）。

当然、MainActivityはActivityではなく、AppCompatActivityクラスを継承します（リスト2-9）。

図2-16
AppCompatライブラリを使う

リスト2-7　styles.xml

```
<resources>
    <!-- Base application theme. -->
    <style name="AppTheme" parent="Theme.AppCompat.Light.DarkActionBar">
        <!-- Customize your theme here. -->
        <item name="colorPrimary">@color/colorPrimary</item>
        <item name="colorPrimaryDark">@color/colorPrimaryDark</item>
        <item name="colorAccent">@color/colorAccent</item>
    </style>

</resources>
```

リスト2-8　build.gradleの依存関係

```
dependencies {
    compile fileTree(dir: 'libs', include: ['*.jar'])
    testCompile 'junit:junit:4.12'
    compile 'com.android.support:appcompat-v7:23.+'
}
```

 サポートライブラリのバージョン指定

新規にプロジェクトを作成した場合、

```
compile 'com.android.support:appcompat-v7:23.2.1'
```

のように詳細なバージョン番号が指定されています。
　ただし、サポートライブラリは頻繁に更新されるため、

```
compile 'com.android.support:appcompat-v7:23.+'
```

のように記述することもできます。この場合は23.0以上の指定になります。

リスト2-9　MainActivityの一部

```
package com.example.kanehiro.twotouchmail;

import android.support.v7.app.AppCompatActivity;
import android.os.Bundle;

public class MainActivity extends AppCompatActivity {

    @Override
    protected void onCreate(Bundle savedInstanceState) {
        super.onCreate(savedInstanceState);
        setContentView(R.layout.activity_main);
    }
}
```

アクティビティの追加

それでは、アクティビティを2つ追加しましょう。「むかえにきて」メールを送るPickUpActivityと「めしいらない」メールを送るNoDinnerActivityを追加します。

手順は「SecondActivityの作成」と同じです。[File] メニューから [New] を選択後、追加一覧から [Activity] → [Empty Activity] を選び、以下2つのアクティビティを追加してください。

	指定した項目	指定した値
①「むかえにきて」メールを送るアクティビティ	Activity Name	PickUpActivity
②「めしいらない」メールを送るアクティビティ	Activity Name	NoDinnerActivity

文字列の登録

次に、strings.xmlに必要となる文字列を登録します（リスト2-10）。ButtonやRadioButtonに表示する文字列を記述します。

リスト2-10　strings.xml

```xml
<resources>

    <string name="app_name">TwoTouchMail</string>
    <string name="button_pickup">むかえにきて</string>
    <string name="button_no_dinner">めしいらない</string>
    <string name="button_send">送信</string>
    <string name="subject">件名</string>
    <string name="place">場所</string>
    <string name="station">駅</string>
    <string name="school">学校</string>
    <string name="always">いつもの場所</string>
    <string name="mail_to">kanehiro@gmail.com</string>

</resources>
```

アプリ起動時に実行されるアクティビティの画面

activity_main.xmlはアプリ起動時に実行されるアクティビティの画面レイアウトです（リスト2-11）。

第2章 ツータッチ楽々メール ── ラクにメールを送信しよう

リスト2-11　activity_main.xml

```xml
<?xml version="1.0" encoding="utf-8"?>
<RelativeLayout xmlns:android="http://schemas.android.com/apk/res/android"
    xmlns:tools="http://schemas.android.com/tools"
    android:layout_width="match_parent"
    android:layout_height="match_parent"
    android:paddingBottom="@dimen/activity_vertical_margin"
    android:paddingLeft="@dimen/activity_horizontal_margin"
    android:paddingRight="@dimen/activity_horizontal_margin"
    android:paddingTop="@dimen/activity_vertical_margin"
    tools:context="com.example.kanehiro.twotouchmail.MainActivity">

    <Button
        android:layout_width="wrap_content"
        android:layout_height="wrap_content"
        android:text="@string/button_pickup"                    ──❶
        android:id="@+id/button1"
        android:layout_alignParentTop="true"                    ──❷
        android:layout_centerHorizontal="true" />               ──❸

    <Button
        android:layout_width="wrap_content"
        android:layout_height="wrap_content"
        android:text="@string/button_no_dinner"                 ──❶
        android:id="@+id/button2"
        android:layout_below="@+id/button1"                     ──❹
        android:layout_centerHorizontal="true"
        android:layout_marginTop="20dp" />                      ──❺
</RelativeLayout>
```

　ボタンを2つ配置します。text属性には、strings.xmlに登録した文字列を@string/で指定します（❶）。layout_alignParentTopはRelativeLayoutの属性です（❷）。親レイアウトの上側に配置します。layout_centerHorizontalがtrueなので、ボタンは水平方向の真ん中に配置されます（❸）。

　2つ目のボタンに設定されているlayout_belowもRelativeLayoutらしい属性です（❹）。指定したidを持つ部品の下に配置されます。ボタンの間はlayout_marginTopで20dpのマージン（余白）をとっています（❺）。

> **Memo　レイアウトXMLの編集**
>
> 　画面レイアウトの作成では、TextビューですべてのUI部品を記述していくよりも、Designビューでおおよその位置にUI部品をドラッグ＆ドロップで配置したのちに（図A）、Textビューに切り替えて細かい調整をしていくほうが早く画面レイアウトを作成できるかもしれません。UI部品の配置に関する属性はたくさんあるので、なかなか覚えるのは大変ですから。
>
>
> 注意　Android N Previewがインストールされている場合、レンダリングバージョン（SDK）の選択メニュー 🤖 で「N preview」が選ばれているとエラーになりレンダリングされないため、「N preview」以外を選択してください。

2-5 ツータッチ楽々メールを作ろう

図A　Designビューで部品を配置

　activity_main.xmlを使うMainActivityクラスでは、onCreate()メソッドを実装し2つのボタンにsetOnClickListener()メソッドでリスナーを登録します（リスト2-12）。

リスト2-12　MainActivity.java

```java
package com.example.kanehiro.twotouchmail;

import android.content.Intent;
import android.support.v7.app.AppCompatActivity;
import android.os.Bundle;
import android.view.View;
import android.widget.Button;

public class MainActivity extends AppCompatActivity {

    @Override
    protected void onCreate(Bundle savedInstanceState) {
        super.onCreate(savedInstanceState);
        setContentView(R.layout.activity_main);
        Button btnPickUp = (Button) this.findViewById(R.id.button1);
        btnPickUp.setOnClickListener(new View.OnClickListener() {         ❶
            public void onClick(View v) {                                  ❷
                @Override
                Intent intent = new Intent(MainActivity.this, PickUpActivity.class);
                startActivity(intent);
```

第2章 ツータッチ楽々メール — ラクにメールを送信しよう

```
        }
    });
    Button btnNoDinner = (Button) this.findViewById(R.id.button2);
    btnNoDinner.setOnClickListener(new View.OnClickListener() { ————————————————❶
        @Override
        public void onClick(View v) { ————————————————————————————❷
            Intent intent = new Intent(MainActivity.this, NoDinnerActivity.class);
            startActivity(intent);
        }
    });

    }
}
```

new View.OnClickListener()で匿名（無名）の内部クラスからインスタンスを生成し、リスナーに登録します（❶）。

onClick()メソッドでは、明示的なインテントを発行して、PickUpActivityやNoDinnerActivityに移動します（❷）。

PickUpActivityの画面と処理

PickUpActivityの画面レイアウト定義activity_pick_up.xmlから見ていきましょう（リスト2-13）。

新しいUI部品としては、EditTextとRadioButtonを使用しています（図2-17）。EditTextは文字列を入力、編集するための部品です。RadioButtonは複数の選択項目の中から、チェックを付けて1つを選ぶためのボタンです。複数の選択肢の中から1つだけにチェックを付けられるようにするには、複数のRadioButtonをRadioGroupでまとめてやる必要があります。

リスト2-13 activity_pick_up.xml

```
<?xml version="1.0" encoding="utf-8"?>
<RelativeLayout xmlns:android="http://schemas.android.com/apk/res/android"
    xmlns:tools="http://schemas.android.com/tools" android:layout_width="match_parent"
    android:layout_height="match_parent" android:paddingLeft="@dimen/activity_horizontal_margin"
    android:paddingRight="@dimen/activity_horizontal_margin"
    android:paddingTop="@dimen/activity_vertical_margin"
    android:paddingBottom="@dimen/activity_vertical_margin"
    tools:context="com.example.kanehiro.twotouchmail.PickUpActivity">

    <TextView android:text="@string/subject"
        android:layout_width="wrap_content"
        android:layout_height="wrap_content"
        android:textSize="18sp" ————————————————————————————————————————❶
        android:id="@+id/textView" />

    <EditText
        android:layout_width="match_parent"
        android:layout_height="wrap_content"
        android:id="@+id/editText"
```

74

2-5 ツータッチ楽々メールを作ろう

```xml
        android:layout_below="@+id/textView"
        android:layout_alignParentLeft="true"
        android:layout_alignParentStart="true"
        android:text="@string/button_pickup" />

    <TextView
        android:layout_width="wrap_content"
        android:layout_height="wrap_content"
        android:textAppearance="?android:attr/textAppearanceMedium"  ──────── ❷
        android:text="@string/place"
        android:id="@+id/textView3"
        android:layout_below="@+id/editText"
        android:layout_alignParentLeft="true"
        android:layout_alignParentStart="true"
        android:layout_marginTop="16dp" />

    <RadioGroup
        android:id="@+id/rg_place"
        android:layout_width="fill_parent"
        android:layout_height="wrap_content"
        android:layout_below="@+id/textView3"
        android:layout_alignParentLeft="true"
        android:layout_alignParentStart="true">

        <RadioButton
            android:layout_width="wrap_content"
            android:layout_height="wrap_content"
            android:text="@string/station"
            android:checked="true"  ─────────────────────────── ❸
            android:id="@+id/radioButton1" />

        <RadioButton
            android:layout_width="wrap_content"
            android:layout_height="wrap_content"
            android:text="@string/school"
            android:id="@+id/radioButton2" />

        <RadioButton
            android:layout_width="wrap_content"
            android:layout_height="wrap_content"
            android:text="@string/always"
            android:id="@+id/radioButton3" />
    </RadioGroup>

    <Button
        android:layout_width="wrap_content"
        android:layout_height="wrap_content"
        android:text="@string/button_send"
        android:id="@+id/button"
        android:layout_below="@+id/rg_place"
        android:layout_centerHorizontal="true" />

</RelativeLayout>
```

第2章 ツータッチ楽々メール —— ラクにメールを送信しよう

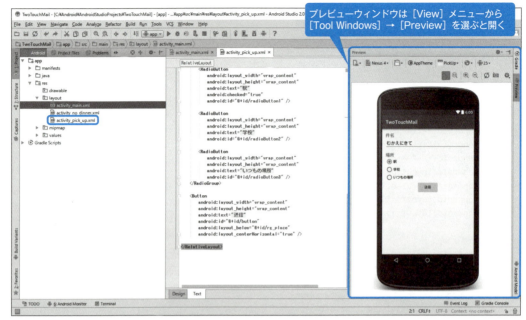

図2-17 activity_pick_up.xmlとプレビュー

　次に文字の大きさの指定を見ていきましょう。件名と表示するTextViewでは、textSize="18sp"のように文字の大きさを直接指定しています（❶）。

　一方、場所と表示するTextViewでは、スタイルで文字の大きさを指定しています。textAppearanceに?android:attr/textAppearanceMediumを指定しているので、文字の大きさがMediumサイズになっています（❷）。

　また、デフォルトでRadioButtonの1つが選択されている状態を作るには、checked属性をtrueにします（❸）。

　textAppearanceには、他にSmallサイズとLargeサイズが指定できます（表2-5）。

表2-5　textAppearanceに指定する値

android:textAppearance 属性に指定する値	内容	sp
?android:attr/textAppearanceSmall	小さいサイズで表示	14
?android:attr/textAppearanceMedium	普通サイズで表示	18
?android:attr/textAppearanceLarge	大きなサイズで表示	22

　activity_pick_up.xmlを使うPickUpActivityクラスでは、送信ボタンがクリックされたら、Intent.ACTION_SENDTOと宛先のメールアドレスをuriパラメータにセットして暗黙的なインテントを発行します（リスト2-14）。

　イベントハンドラであるOnClick()メソッドのコードを順に見ていきましょう。

　RadioGroupのgetCheckedRadioButtonId()メソッドはチェックが付いているRadioButtonのIDを

返します（❶）。そして、次行でそのRadioButtonのtextを取得します。これでむかえにきてほしい場所が取得できます。

　edit01.getText()で件名を取得します（❷）。件名は編集できるので、「むかえにきて」から他の文字列に変わっているかもしれないからです。

　ResourcesクラスのgetString()メソッドで、strings.xmlに記述したメールアドレスを取得し、mailto:と連結して、uriを作成します（❸）。

 ここで使っているメールアドレスは筆者のメールアドレスなので、実際にメールを送るときは他のアドレスに変更してくださいね。

　そして、Intent.ACTION_SENDTOとuriパラメータを指定してIntentを作成します（❹）。

　次に、putExtra()メソッドでタイトル、本文を設定します（❺）。putExtra()を使うと、起動するActivityに値を渡すことができます。第1引数はキー名で、第2引数が値です。

　準備ができたら、startActivity(intent)でインテントを発行します（❻）。

リスト2-14　PickUpActivity.java

```java
package com.example.kanehiro.twotouchmail;

import android.content.Intent;
import android.content.res.Resources;
import android.net.Uri;
import android.support.v7.app.AppCompatActivity;
import android.os.Bundle;
import android.util.Log;
import android.view.View;
import android.widget.Button;
import android.widget.EditText;
import android.widget.RadioButton;
import android.widget.RadioGroup;

public class PickUpActivity extends AppCompatActivity {

    @Override
    protected void onCreate(Bundle savedInstanceState) {
        super.onCreate(savedInstanceState);
        setContentView(R.layout.activity_pick_up);
        Button btnSend = (Button) this.findViewById(R.id.button);

        btnSend.setOnClickListener(new View.OnClickListener() {
            @Override
            public void onClick(View v) {
                RadioGroup rgPlace = (RadioGroup) findViewById(R.id.rg_place);
                int checkedId = rgPlace.getCheckedRadioButtonId();                        ──❶
                String strPlace = ((RadioButton) findViewById(checkedId)).getText().toString();
                EditText edit01 = (EditText) findViewById(R.id.editText);
                String title = edit01.getText().toString();                               ──❷
```

```
            Resources res = getResources();
            Uri uri = Uri.parse("mailto:" + res.getString(R.string.mail_to).toString());  ── ❸

            Intent intent = new Intent(Intent.ACTION_SENDTO, uri);  ── ❹
            intent.putExtra(Intent.EXTRA_SUBJECT, title);  ─┐
            intent.putExtra(Intent.EXTRA_TEXT, strPlace + "に迎えにきて");  ─┴─ ❺
            startActivity(intent);  ── ❻

        }
    });

  }
}
```

　図2-18は実際に、Android端末で実行した画像です。送信するボタンをタップすると、対応するアプリが複数ある場合、アプリを選択するダイアログが表示されます。

　図2-19はGmailを選んだところです。右上にある矢印のような形をした送信ボタン▶をタップすると、メールが送信されます。

　AndroidではOSレベルでアプリを連携させる仕組みが用意されているので、自分の作成するアプリと、すでに存在する高度なアプリの機能を組み合わせて、目的の処理を簡単に作成することができるのです。

図2-18　対応するアプリが複数ある場合

図2-19　Gmailを選んだところ

NoDinnerActivityの画面と処理 ── ボタンを押すと発生するイベント

　さて、次に作成する「めしいらない」メールでは、ボタンの押し方によってメールの本文を変えたいと思います。

　まず、ボタンを押したときにどんなイベントが発生するのかを説明しましょう（図2-20）。

　ボタンを押すと、まず、OnTouchイベントが発生します。長押しした場合、次にOnLongClickイベントが発生します。ボタンを放したら、またOnTouchイベントが発生します。最初のOnTouchイベントと2回目のOnTouchイベントはアクションで区別できます。最初のOnTouchイベントが発生したときは、MotionEvent.ACTION_DOWNが取得できます。ボタンを放したときは、MotionEvent.ACTION_UPが取得できます。OnClickイベントは最後に発生します。

　OnTouchイベントを扱いたい場合は、OnTouchListenerを登録します。タッチした、離したという2つのアクションによってそれぞれ違う処理を実行したい場合には、タッチイベントが役に立つでしょう。

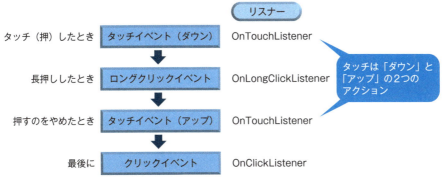

図2-20　ボタンを押して発生するイベントの発生順

　NoDinnerActivityの画面レイアウトactivity_no_dinner.xmlはシンプルです（リスト2-15）。件名のEditTextと送信ボタンがあるだけです。この送信ボタンが長押しされたときと、普通にクリックされたときとで、送信するメールの文章を変えます。

リスト2-15　activity_no_dinner.xml

```xml
<?xml version="1.0" encoding="utf-8"?>
<RelativeLayout xmlns:android="http://schemas.android.com/apk/res/android"
    xmlns:tools="http://schemas.android.com/tools"
    android:layout_width="match_parent"
    android:layout_height="match_parent" android:paddingLeft="@dimen/activity_horizontal_margin"
    android:paddingRight="@dimen/activity_horizontal_margin"
    android:paddingTop="@dimen/activity_vertical_margin"
    android:paddingBottom="@dimen/activity_vertical_margin"
    tools:context="com.example.kanehiro.twotouchmail.NoDinnerActivity">

    <TextView android:text="@string/subject"
        android:layout_width="wrap_content"
        android:layout_height="wrap_content"
        android:textSize="18sp"
        android:id="@+id/textView" />

    <EditText
        android:layout_width="match_parent"
        android:layout_height="wrap_content"
        android:id="@+id/editText"
        android:layout_below="@+id/textView"
        android:layout_alignParentLeft="true"
        android:layout_alignParentStart="true"
        android:text="@string/button_no_dinner" />

    <Button
        android:layout_width="wrap_content"
        android:layout_height="wrap_content"
        android:text="@string/button_send"
```

第2章 ツータッチ楽々メール ── ラクにメールを送信しよう

```
        android:id="@+id/button"
        android:layout_below="@+id/editText"
        android:layout_centerHorizontal="true"
        android:layout_marginTop="28dp" />

</RelativeLayout>
```

これまでは、匿名の内部クラスからインスタンスを生成してリスナーに登録していましたが、OnClick ListenerやOnLongClickListenerはインターフェイスなので、implementsで実装することができます。

Javaの場合、クラスがextendsで継承できる親クラスは1つだけですが、implementsで複数のインターフェイスをインプリメント（実装）することができます。

NoDinnerActivityクラスはimplements View.OnClickListener,View.OnLongClickListenerのように2つのインターフェイスをインプリメントしています（リスト2-15）。

リスト2-15　NoDinnerActivity.java

```
package com.example.kanehiro.twotouchmail;

import android.content.Intent;
import android.content.res.Resources;
import android.net.Uri;
import android.support.v7.app.AppCompatActivity;
import android.os.Bundle;
import android.view.View;
import android.widget.Button;
import android.widget.EditText;

public class NoDinnerActivity extends AppCompatActivity
        implements View.OnClickListener,View.OnLongClickListener {

    @Override
    protected void onCreate(Bundle savedInstanceState) {
        super.onCreate(savedInstanceState);
        setContentView(R.layout.activity_no_dinner);
        Button btnSend = (Button) this.findViewById(R.id.button);
        btnSend.setOnClickListener(this);                               ──❶
        btnSend.setOnLongClickListener(this);                          ──❷
    }
    @Override
    public void onClick(View v) {
        EditText edit01 = (EditText)findViewById(R.id.editText);
        String title = edit01.getText().toString();
        Resources res = getResources();
        Uri uri = Uri.parse("mailto:" + res.getString(R.string.mail_to).toString());
        Intent intent=new Intent(Intent.ACTION_SENDTO, uri);
        intent.putExtra(Intent.EXTRA_SUBJECT, title);
        intent.putExtra(Intent.EXTRA_TEXT, "遅くなるのでめしいらない");
        startActivity(intent);
    }
```

```
@Override
public boolean onLongClick(View v) {
    EditText edit01 = (EditText)findViewById(R.id.editText);
    String title = edit01.getText().toString();
    Resources res = getResources();
    Uri uri = Uri.parse("mailto:" + res.getString(R.string.mail_to).toString());
    Intent intent=new Intent(Intent.ACTION_SENDTO, uri);
    intent.putExtra(Intent.EXTRA_SUBJECT, title);
    intent.putExtra(Intent.EXTRA_TEXT, "遅くなるので食事いりません。" +
            "連絡が遅くなってごめんなさい。" +
            "いつもありがとう");
    startActivity(intent);
    return true;―――――――――――――――――――――❸
}
}
```

インターフェイスとクラスの違いは中身があるかないかです。インターフェイスは中身のない、クラスの定義部分だけであるということができます。そして、中身がないので、implementsで実装するのです。

つまり、クラスを継承した場合、親クラスに存在するメソッドをそのまま使うだけならば、そのメソッドをオーバーライドする必要はありませんが、インターフェイスではオーバーライドすることが義務付けされるわけです。

インプリメントした場合はsetOnClickListener()にthis（自分自身）を登録します（❶❷）。

onClick()メソッドの処理は特に解説する必要もないでしょう。「遅くなるのでめしいらない」というそっけない本文を付加した暗黙的なインテントを発行します。

長押ししたときに実行されるonLongClick()メソッドでは、「遅くなるので食事いりません。連絡が遅くなってごめんなさい。いつもありがとう」と少し丁寧な本文を作成するだけでなく、最後に、returnでtrueを返しています（❸）。

ボタンを押すと、onTouch()→onLongClick()→onTouch()→onClick()の順でイベントが発生しますが、先に処理をしたメソッドでtrueを返すと以降のメソッドは呼び出されません。ここでは、onLongClick()メソッドを実行した後に、onClick()メソッドが呼び出されることを避けるためにtrueを返しています。

逆にonLongClick()の後に、onClick()でも処理をしたいときはfalseを返すようにします。

Memo　Rクラスについて

Rクラス（R.Java）はXMLで宣言した各種リソースのIDを管理します。

左側のビューをAndroidビューから、Projectビューに切り替えてみましょう。図AのようにProjectビューを選択できます。

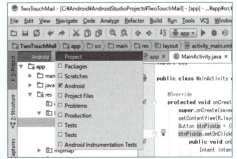

図A　Projectビューに切り替える

app¥build¥…とフォルダを深くたどったところにRクラスはあります（図B）。一番上の帯に英文で「buildフォルダにあるファイルは自動的に作成されるので、編集してはいけない」という意味の注意書きが書かれているように、レイアウトファイルactivity_main.xmlに記述したButtonに付けたidは、Rクラスの内部クラスidクラスにbutton1=0x7f…と宣言されています。

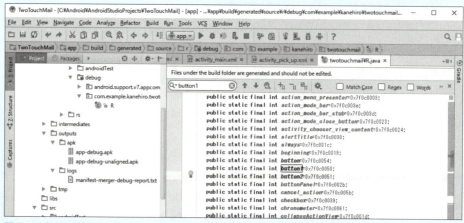

図B　Rクラスがある

　また、strings.xmlに宣言したplaceやschoolで示される文字列はstring内部クラスに宣言されています（図C）。0x値で始まる16進数の値で、各リソースは管理されます。これらの値を変更してはいけません。
　自分が記述するJavaのコードでfindViewById(R.id.button1)やgetString(R.string.mail_to)などのようにR.id.xxxxxやR.string.xxxxxでリソースにアクセスできるのは、このようにRクラスが自動的に生成されるからです。

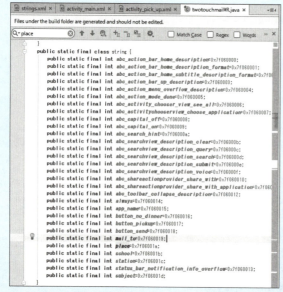

図C
strings.xmlに宣言した文字列はstring内部クラスに宣言されている

第3章

魅惑の
あんばやしルーレット
──お祭りでよく見る ルーレットに挑戦！

Android 5.0ではRecyclerViewとCardViewというUI部品が追加されました。RecyclerViewはこれまで一覧表示に使用していたListViewの改良版で、CardViewはカード形状で構造化されたデータを表示します。
本章では、RecyclerViewとCardViewを使ってルーレットアプリを作成します。

第3章 魅惑のあんばやしルーレット ── お祭りでよく見るルーレットに挑戦！

3-1 作成するAndroidアプリ

　あんばやしルーレットを見たことがありますか。

　「あんばやし」とは富山県の呉東と呼ばれる東部、とりわけ、富山市でよく使われる方言で、みそこんにゃくのことです。三角に薄く切ったこんにゃくを串に刺して茹で、甘く味付けしたみそを付けて供します。お祭りの露天では、本数を決めるルーレットを回して出た本数だけあんばやしをもらえるので、いまでも子どもたちに人気があります。

　大人にとっては水飴やスマートボール同様に郷愁を誘うお祭りの名脇役なのです。

　本章ではAndroid5.0の新しいUIウィジェットであるRecyclerViewとCardViewを使って、このあんばやしルーレットを作ってみます。本物のあんばやしルーレット（図3-1）は木製の盤の上で矢印を回しますが、このアプリ（図3-2）ではRecyclerViewの上でCardViewを指でスクロールさせます。

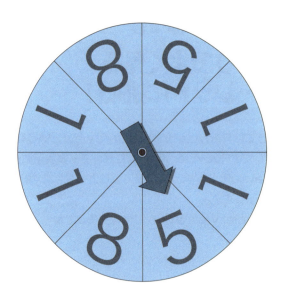

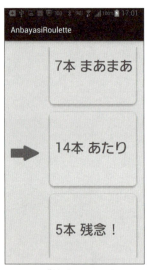

図3-2 「魅惑のあんばやしルーレット」完成イメージ

図3-1 あんばやしルーレット

この章で説明すること
☑ RecyclerView　　☑ CardView　　☑ Javaのクラスの基礎　　☑ 画像の利用

84

3-2 RecyclerViewとCardView

RecyclerViewはこれまで一覧表示に使用していたListViewの改良版です。ListViewよりも先進的で柔軟にリストを表示します。

RecyclerViewの特徴はその名前が示すように、Viewをリサイクルして使い回すことで、大きなデータセットを効率的にスクロールして表示できることです。

また、プログラムを作る立場からいうと、RecyclerViewクラス自体ではあまり多くの処理をせず、役割ごとにサブクラスにまかせているため、どこでなにをしているかがListViewよりわかりやすくなっています。代表的なサブクラスはRecyclerViewのレイアウトを決めるLayoutManagerクラスであり、RecyclerViewに表示するデータソースを管理するAdapterクラスです（図3-3）。ViewHolderクラスはRecyclerViewに表示する個々のビュー（View）を管理します。

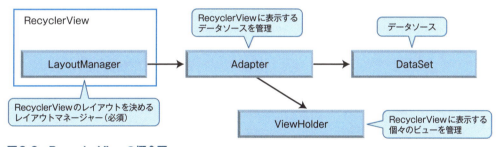

図3-3 RecyclerViewの概念図

本章のサンプルアプリでは、個々のビューとしてCardViewをRecyclerViewに表示します。

CardViewはマテリアルデザインらしく、影を付けて立体的に表示することができます。また、角丸めも簡単にできます。

CardViewにはTextViewやImageViewを載せて、文字や画像を統一的なカード形式で表示することができます。

本章のサンプルアプリでは、あんばやしの本数と「あたり」「残念！」などのコメントをCardViewにそれぞれ配置します（図3-4）。

それから、CardViewをタップしたら、おまけの本数を表示できるようにします。

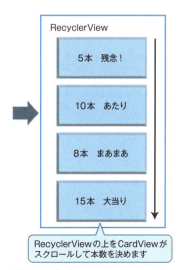

図3-4 作成するあんばやしルーレット

3-3 魅惑のあんばやしルーレットを作ろう

プロジェクトの作成

それではさっそく、表3-1の設定で新規プロジェクトを作成します。

RecyclerViewとCardViewはAPI 21 Android 5.0で追加されましたが、v7 Support Libraryとして提供されているので、Android 5.0以前の機種でも利用できます。ですから、Minimum SDKを「API 16 Android 4.1」にします。

参照 プロジェクトの作成手順➡1-7節：31ページ

表3-1 あんばやしルーレットプロジェクト

指定した項目	指定した値
Application Name（プロジェクト名）	AnbayasiRoulette
Company Domain（組織のドメイン）	kanehiro.example.com
Package Name（パッケージ名）※1	com.example.kanehiro.anbayasiroulette
Project location（プロジェクトの保存場所）	C:¥Android¥AndroidStudioProjects¥AnbayasiRoulette
Minimum SDK（最小SDK）	API 16 Android 4.1
アクティビティの種類	Empty Activity
Activity Name（アクティビティ名）	MainActivity
Layout Name（レイアウト名）	activity_main

※1 パッケージ名は自動で表示される。

プロジェクトを作成したら、このアプリで利用するクラスと、ルーレットの表示で使う赤い矢印画像をプロジェクトに追加します。

クラスの作成

まずはプロジェクトにクラスを追加しましょう。
AnbayasiRouletteプロジェクトは、表3-2の5つのクラスで構成します。

表3-2 作成するクラス

クラス名	スーパークラス	備考	
MainActivity	AppCompatActivity	プロジェクトの起点（メインアクティビティ）	プロジェクトウィザードで生成
AnbayasiAdapter	RecyclerView.Adapter	ビューの生成とデータバインド	クラスを新規作成
AnbayasiViewHolder	RecyclerView.ViewHolder	ビューを保持	
AnbayasiData	—	Javaのプレーンなクラス	
MyData	—	データ配列のみ	

　新規にクラスを作成するには、パッケージ名（androidTestと表示されていないほう）を右クリックして、[New] → [Java Class] を選択します（図3-5）。

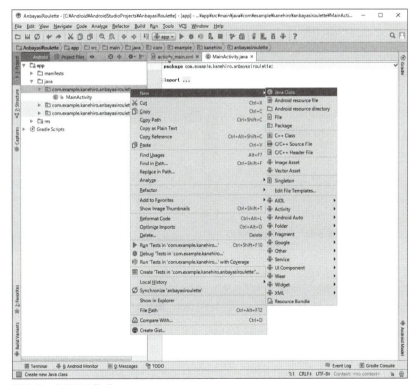

図3-5　クラスの作成

　クラス名の入力が求められるので、「AnbayasiData」のようにクラス名を入力し、[OK] ボタンをクリックします（図3-6）。

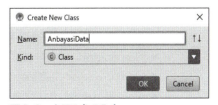

図3-6　クラス名の入力

空のクラスが作成されるので（図3-7）、ここにコードを入力していきます。

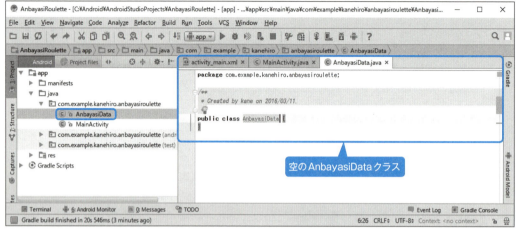

図3-7　空のクラスが作成された

このようにして、MainActivity以外の4つのクラスを作成していくわけです（図3-8）。

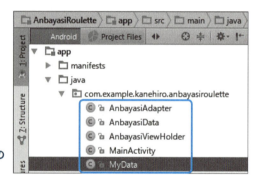

図3-8　クラス追加後のプロジェクト

画像ファイルの追加

次に画像ファイルをプロジェクトに配置する方法を説明します。ここでは、ルーレットの表示で使う赤い矢印画像をプロジェクトに追加します。

左側のビューをAndroidビューから、Projectビューに切り替えます（図3-9）。

Projectビューに切り替えたら、app→src→main→res→mipmap-xxxxとフォルダを開いていきましょう（図3-10）。以下のフォルダにそれぞれic_launcher.png（ドロイド君の画像）があります。

- mipmap-mdpi（中解像度用）
- mipmap-hdpi（高解像度用）
- mipmap-xhdpi（超高解像度用）
- mipmap-xxhdpi（超超高解像度用）
- mipmap-xxxhdpi（超超超高解像度）

3-3 魅惑のあんばやしルーレットを作ろう

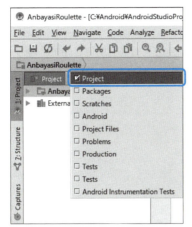

図3-9　左側のビューを切り替える（Projectを選択）

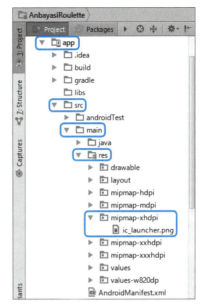

図3-10　mipmap-xxxxに画像（png）ファイルが存在する

　Android端末の機種によって、画面の解像度は当然、異なります（表3-3）。画像をきれいに表示するためには各解像度に対応する画像ファイルを作成して、各解像度のフォルダに配置します（ただし、すべてのフォルダに画像ファイルを用意しなくても、適宜、拡大／縮小してくれます）。
　それほどこだわらなくても良い場合は、drawableフォルダに配置します。drawableフォルダに配置した画像はどの解像度でも利用されます。

表3-3　解像度とサイズ

dpiはDot Per Inch（ドット／インチ）＝1インチの幅あたりのドット数

	mdpi （中解像度）	hdpi （高解像度）	xhdpi （超高解像度）	xxhdpi （超超高解像度）	xxxhdpi （超超超高解像度）
画面密度（dpi値）	160	240	320	480	640
ピクセル/dip（dp）	1px/dip（dp）	1.5px/dip（dp）	2px/dip（dp）	3px/dip（dp）	4px/dip（dp）
基準画面サイズ	360×640px	540×960px	720×1280px	1080×1920px	1440×2560px
ランチャーアイコン （ドロイド君）のサイズ	48×48px	72×72px	96×96px	144×144px	192×192px

dip（dp）はDensity Indipendent Pixels（画面非依存ピクセル）＝画面密度に依存しない抽象的なピクセル
・160dpi（mdpi）の画面を基準とするので、160dpiのとき、1dp＝1pxになります
　　　　　　　　　　　　　　320dpi（xhdpi）のときは1dp＝2px
・dip（dp）でサイズ指定をすると、画面密度が異なるAndroid端末でも物理サイズが同じになります
　文字のフォントサイズを指定するsip（sp）もdipと同様の単位です

89

drawableフォルダに画像を配置するには、Android StudioのProjectビューに、作成した画像ファイル（arrow.png）をドラッグ＆ドロップします。

ここではProjectビューのres/drawableにドラッグ＆ドロップしました（図3-11）。[OK]をクリックするとコピーされます。

図3-11　drawableにarrow.pngをドラッグ＆ドロップした

 図3-11は、[Ctrl]キーを押しながら画像ファイルをドラッグ＆ドロップしたので、タイトルにCopy（ファイルのコピー）と表示されています。[Ctrl]キーを押さないとタイトルはMove（ファイルの移動）になります

以上の操作でarrow.pngが表示されました（図3-12）。

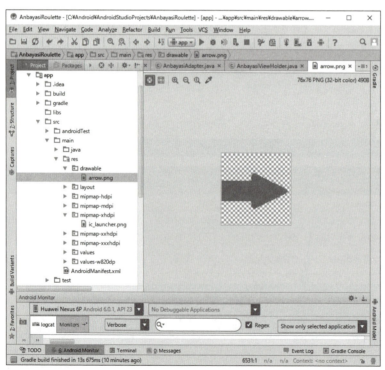

図3-12　arrow.pngが表示された

Javaのクラスの基礎

では、順にコードを見ていきましょう。

AnbayasiDataクラス

Javaのプレーンなクラスです（リスト3-1）。class命令で、AnbayasiDataクラスを宣言しています（❶）。クラスは定義ですから、クラスをインスタンス化（実体化）して使うわけですが、AnbayasiDataクラスをインスタンス化したオブジェクトが1つのCardViewに対応します。

リスト3-1　AnbayasiData.java

```java
package com.example.kanehiro.anbayasiroulette;

public class AnbayasiData {                                    ——❶
    private int number;                                        ┐
    private int addition;                                      ├—❷
    private String comment;                                    ┘
    // Constructor
    public AnbayasiData(int number, int addition, String comment) {  ——❸
        this.number = number;
        this.addition = addition;
        this.comment = comment;
    }

    public int getNumber() {                                   ┐
        return number;                                         │
    }                                                          │
                                                               │
    public int getAddition() {                                 │
        return addition;                                       ├—❹
    }                                                          │
                                                               │
    public String getComment() {                               │
        return comment;                                        │
    }                                                          ┘
}
```

アクセス修飾子privateを付けて宣言しているnumber、addition、commentがこのクラスのフィールド（メンバ変数）です（❷）。numberがあんばやしの本数です。commentは「残念」「まあまあ」「あたり」といった文字列です。additionはおまけの本数です。これらのフィールドがこのクラスの属性になります。

フィールドに続いて、メソッドがあります（❸）。クラスと同名のAnbayasiDataメソッドはコンストラクタと呼ばれる特殊なメソッドです。コンストラクタは、new演算子でクラスをインスタンス化してオブジェクトを生成するときに実行されるメソッドです。引数として渡されるnumberやadditionをフィールドにセットしています。thisキーワードは現在のオブジェクトを指します。

その後に、getNumber()、getAddition()、getComment()と各フィールドの値を返すメソッドを作成し、アクセス修飾子publicで公開しています（❹）。

このようにフィールドにはprivate修飾子を付け、外部から直接アクセスできないようにして、フィールド値をセットするgetterメソッドで公開します。

getterメソッドはsetterメソッドとともにアクセサメソッドと呼ばれ、以下の書式で記述します。

書式 getterメソッド

```
public データ型 getフィールド名() {
    return フィールド名;
}
```

書式 setterメソッド

```
public void setフィールド名(データ型 仮引数) {
    this.フィールド名 = 引数;
}
```

AnbayasiDataクラスでは、コンストラクタでセットした値を変更する必要はないのでsetterメソッドを使用していませんが、setterメソッドを用意するメリットは**引数として渡される値をチェックしたうえで、フィールドに値をセットできる**点です。実際には、上の構文の「this.フィールド名 = 引数」の前に引数をチェックする処理を記述したり、例外処理を記述します。

Memo 例外処理とは

プログラムの実行時に発生する予期せぬ事態を例外と呼びます。具体的には、整数を0で除算するとjava.lang.ArithmeticException: divide by zeroという例外が発生します。ArithmeticException（算術例外）が発生したのです。

例外処理をしてないと、例外が発生したらメッセージを出力して、プログラムは停止してしまいます。0で除算するプログラムを意図的に作成することはありませんが、入力値に対して、なにかの計算や処理をした結果、除数が0になることは考えられます。

こんなときにプログラムが突然終了しないように例外処理をします。具体的には、例外が発生する可能性のある処理をtry 〜 catch文ではさみます。これで例外がキャッチできるようになるので、プログラムが突然停止することがなくなります。

```
try {
    int divError = 5 / 0;
} catch (ArithmeticException e) {
    System.out.println("0で除算はできません");
}
```

MyDataクラス

このクラスにはデータ配列を用意します（リスト3-2）。この配列の値をAnbayasiDataクラスに与えて、オブジェクトを生成します。

3-3 魅惑のあんばやしルーレットを作ろう

リスト3-2　MyData.java

```java
package com.example.kanehiro.anbayasiroulette;

public class MyData {
    static String[] commentArray =
        {"残念！", "まあまあ", "残念！", "あたり", "残念！","大当り", "まあまあ", "残念！", "あたり", "まあまあ",
         "残念！", "あたり", "残念！", "あたり", "残念！","大当り", "まあまあ", "大当り", "あたり", "まあまあ",
         "残念！", "あたり", "残念！", "あたり", "残念！","大当り", "まあまあ", "あたり", "残念！", "まあまあ"};
    static Integer[] numberArray =
        {5,     8,     5,     10,     5,     14,     9,     5,     10,     8,
         5,     10,    4,     12,     5,     20,     8,     15,    12,     8,
         4,     10,    5,     10,     5,     15,     7,     14,    5,      8};
    static Integer[] additionArray =
        {3,     2,     3,     1,     4,     1,     1,     5,     2,     2,
         3,     1,     4,     2,     3,     0,     2,     0,     2,     2,
         4,     2,     3,     1,     3,     0,     3,     1,     5,     2};
}
```

activity_main.xml —— 画面レイアウト

MainActivityの画面レイアウトファイルであるactivity_main.xmlには、ImageViewとその右側にRecyclerViewを配置します（リスト3-3）。

リスト3-3　activity_main.xml

```xml
<?xml version="1.0" encoding="utf-8"?>
<RelativeLayout xmlns:android="http://schemas.android.com/apk/res/android"
    xmlns:tools="http://schemas.android.com/tools" android:layout_width="match_parent"
    android:layout_height="match_parent" android:paddingLeft="@dimen/activity_horizontal_margin"
    android:paddingRight="@dimen/activity_horizontal_margin"
    android:paddingTop="@dimen/activity_vertical_margin"
    android:paddingBottom="@dimen/activity_vertical_margin" tools:context=".MainActivity">

    <ImageView
        android:layout_width="wrap_content"
        android:layout_height="wrap_content"

        android:id="@+id/imageView"
        android:src="@drawable/arrow"
        android:layout_centerVertical="true"
        android:layout_alignParentLeft="true"
        android:layout_alignParentStart="true" />

    <android.support.v7.widget.RecyclerView
        android:id="@+id/cardList"
        android:layout_width="match_parent"
        android:layout_height="match_parent"
        android:scrollbars="vertical"
        android:layout_toRightOf="@id/imageView"/>

</RelativeLayout>
```

93

レイアウトファイルの作成

次にCardViewのためのレイアウトファイルを作成します。

Layoutリソースファイルを作るには、Layoutフォルダを選んだ状態で右クリックして［New］→［Layout resource file］を選択すると簡単です（図3-13）。Layoutフォルダを選んだ状態ならばLayout resource fileを作るのだと、Android Studioが判断してくれるからです。

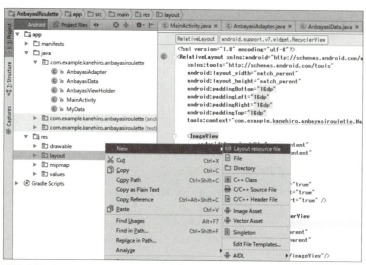

図3-13　Layout resource fileを作る

File nameに「cards_layout」と入力して、［OK］ボタンをクリックします（図3-14）。LinearLayoutをルートに持つレイアウトファイルが作成されるので、リスト3-4の内容に書き換えます。

図3-14　cards_layoutと名前を付ける

3-3 魅惑のあんばやしルーレットを作ろう

リスト3-4　cards_layout.xml

```xml
<?xml version="1.0" encoding="utf-8"?>
<android.support.v7.widget.CardView
    xmlns:card_view="http://schemas.android.com/apk/res-auto"
    xmlns:android="http://schemas.android.com/apk/res/android"
    android:id="@+id/card_view"
    android:layout_width="match_parent"
    android:layout_height="200dp"
    card_view:cardBackgroundColor="@color/lime_400" ———————————— ❶
    card_view:cardCornerRadius="10dp" ——————————————— ❷
    card_view:cardElevation="5dp" ——————————————————— ❸
    android:layout_marginTop="5dp"
    android:layout_marginLeft="20dp"
    >

    <RelativeLayout
        android:layout_width="match_parent"
        android:layout_height="match_parent">

    <TextView
        android:id="@+id/number"
        android:layout_width="wrap_content"
        android:layout_height="wrap_content"
        android:text="本"
        android:layout_marginLeft="10dp"
        android:layout_marginTop="60dp"
        android:textSize="36sp"/>

    <TextView
        android:id="@+id/comment"
        android:layout_width="wrap_content"
        android:layout_height="wrap_content"
        android:text="あたり"
        android:textSize="36dp"
        android:layout_marginLeft="10dp"

        android:layout_toRightOf="@id/number"
        android:layout_alignBaseline="@id/number"/>
    </RelativeLayout>
</android.support.v7.widget.CardView>
```

　CardViewの中にRelativeLayoutがあり、TextViewが2つ並んでいるレイアウトです。text属性に「本」と記述してあるTextViewには、あんばやしの本数を表示します。text属性に「あたり」と記述してあるTextViewには、コメントを表示します。

　cardBackgroundColor属性でCardViewに背景色を付けます（❶）。valuesフォルダの色リソースファイルcolors.xmlにlime_400を定義します（リスト3-5）。

　❷のcardCornerRadius属性が角丸めの指定です。10dpの丸めを指定しています。cardElevation="5dp"は高さの指定です（❸）。高さに合わせた影が付きます。

95

リスト3-5　colors.xml

```xml
<?xml version="1.0" encoding="utf-8"?>
<resources>
    <color name="colorPrimary">#3F51B5</color>
    <color name="colorPrimaryDark">#303F9F</color>
    <color name="colorAccent">#FF4081</color>
    <color name="lime_400">#D4E157</color>
</resources>
```

ライブラリの設定

　さて、ここまで作成したら、build.gradle（リスト3-6）のdependenciesに❶と❷を追加しておきましょう。これでRecyclerView/CardViewライブラリが利用できるようになります。

「Gradleのsyncが必要です」という意味のメッセージが表示されたら、右端の[Sync Now]をクリックしてください。

リスト3-6　build.gradle

```
dependencies {
    compile fileTree(dir: 'libs', include: ['*.jar'])
    testCompile 'junit:junit:4.12'
    compile 'com.android.support:appcompat-v7:23.+'
    compile 'com.android.support:recyclerview-v7:23.+'  ──────────❶
    compile 'com.android.support:cardview-v7:23.+'  ──────────❷
}
```

MainActivityクラス ── メインアクティビティ

　次にMainActivityクラスのonCreate()メソッドを見ていきましょう（リスト3-7）。

リスト3-7　MainActivity.java

```java
package com.example.kanehiro.anbayasiroulette;

import android.os.Bundle;
import android.support.v7.app.AppCompatActivity;
import android.support.v7.widget.LinearLayoutManager;
import android.support.v7.widget.RecyclerView;

import java.util.ArrayList;

public class MainActivity extends AppCompatActivity {

    @Override
    protected void onCreate(Bundle savedInstanceState) {
        super.onCreate(savedInstanceState);
        setContentView(R.layout.activity_main);
```

● 3-3 魅惑のあんばやしルーレットを作ろう

```java
    RecyclerView recyclerView = (RecyclerView) findViewById(R.id.cardList);  ──────────────❶

    recyclerView.setHasFixedSize(true);  ──────────────────────────────────────────────❷
    LinearLayoutManager llManager = new LinearLayoutManager(this);  ──────────────❸
    // 縦スクロール                                                                        ┐
    llManager.setOrientation(LinearLayoutManager.VERTICAL);  ─────────────────❹       ├❺
    recyclerView.setLayoutManager(llManager);  ──────────────────────────────────────┘

    ArrayList<AnbayasiData> anbayasi = new ArrayList<AnbayasiData>();  ──────────────❻
    for (int i = 0; i < MyData.commentArray.length; i++) {
        anbayasi.add(new AnbayasiData(  ────────────────────────────────────────────❼
                MyData.numberArray[i],
                MyData.additionArray[i],
                MyData.commentArray[i]
        ));
    }

    RecyclerView.Adapter adapter = new AnbayasiAdapter(anbayasi);  ──────────────────❽
    recyclerView.setAdapter(adapter);
    recyclerView.smoothScrollToPosition(anbayasi.size() - 1);     // 最後までスクロール

    }
}
```

findViewById(R.id.cardList)でRecyclerViewオブジェクトを取得しています（❶）。

setHasFixedSize()をtrueに設定すると、RecyclerViewのサイズが変わらない場合に、パフォーマンスを向上させることができます（❷）。

RecyclerViewにはそのレイアウトを決めるレイアウトマネージャー（LayoutManager）が必要なので、LinearLayoutManagerを生成しています（❸）。

LinearLayoutManagerのsetOrientation()メソッドでスクロールする方向を決めます（❹）。LinearLayoutManager.VERTICALを指定すると縦方向にスクロールします。横スクロールにしたいときはLinearLayoutManager.HORIZONTALを指定します。

RecyclerViewのsetLayoutManager()メソッドで、RecyclerViewにLinearLayoutManagerをセットします（❺）。

そして、表示するAnbayasiDataクラスのArrayListを作ります（❻）。MyDataクラスの配列の値を与えてAnbayasiDataオブジェクトを生成してリストに追加します（❼）。

このようにして作成したanbayasiリストをAnbayasiAdapterに渡して、adapterを生成し（❽）、recyclerViewオブジェクトのAdapterにセットします。

smoothScrollToPosition(anbayasi.size() -1)はRecyclerViewに表示されたカードを一番最後まで、ぐるっとスクロールします。いったん最後まで進めてから、指で上から下にカードをはじくようにして、ルーレットを回してもらいたいからです。

第3章 魅惑のあんばやしルーレット ── お祭りでよく見るルーレットに挑戦！

抽象メソッドの利用

AnbayasiAdapterクラス ── ビューの生成とデータバインド

　次にAnbayasiAdapterクラス（リスト3-8）へ進みます。このAnbayasiAdapterの内容を説明する前に、Javaの文法について少し説明します。第2章でクラスをextendsで継承したときは、親（スーパー）クラスのメソッドをオーバーライドするかどうかは任意であると説明しました。それに対し、インターフェイスをimplementsしたときは、インターフェイスは中身のない、クラスの定義部分だけなので、必ずメソッドをオーバーライドしなければいけないと説明しました。

　しかし、クラスにもabstract修飾子で修飾された抽象メソッドというものがあり、抽象メソッドは必ずオーバーライドしなければいけません。

　AnbayasiAdapterクラスが継承しているRecyclerView.Adapterクラスでは、onBindViewHolder()（❷）、onCreateViewHolder()（❶）、getItemCount()（❸）が抽象メソッドです（図3-15）。

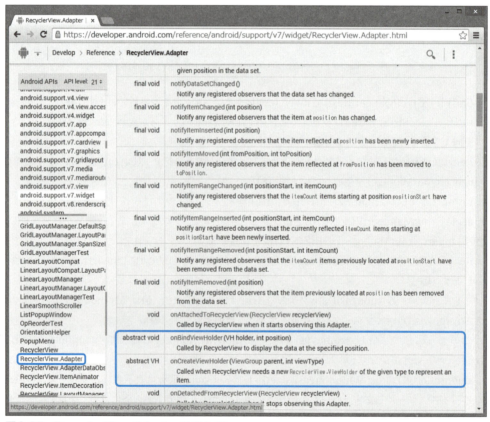

図3-15　RecyclerView.Adapterのメソッド

3-3 魅惑のあんばやしルーレットを作ろう

リスト3-8 AnbayasiAdapter.java

```java
package com.example.kanehiro.anbayasiroulette;

import android.support.v7.widget.RecyclerView;
import android.view.LayoutInflater;
import android.view.View;
import android.view.ViewGroup;
import android.widget.Toast;

import java.util.ArrayList;

public class AnbayasiAdapter extends RecyclerView.Adapter<AnbayasiViewHolder> {
    private ArrayList<AnbayasiData> rouletteDataSet;

    public AnbayasiAdapter(ArrayList<AnbayasiData> roulette) {

        this.rouletteDataSet = roulette;
    }
    // 新しいViewを作成する
    // レイアウトマネージャーにより起動される
    @Override
    public AnbayasiViewHolder onCreateViewHolder(ViewGroup parent, int viewType) { ————————❶
        // parentはRecyclerView
        // public View inflate (int resource, ViewGroup root, boolean attachToRoot)
        View view = LayoutInflater.from(parent.getContext())
                .inflate(R.layout.cards_layout, parent, false);

        return new AnbayasiViewHolder(view);
    }
    // Viewの内容を交換する（リサイクルだから）
    // レイアウトマネージャーにより起動される
    @Override
    public void onBindViewHolder(final AnbayasiViewHolder holder, final int listPosition) { ————❷

        holder.textViewNumber.setText(rouletteDataSet.get(listPosition).getNumber()+ "本");
        holder.textViewComment.setText(rouletteDataSet.get(listPosition).getComment());
        holder.base.setOnClickListener(new View.OnClickListener() {
            @Override
            public void onClick(View v) {
                // vはCardView
                Toast.makeText(v.getContext(),"おまけ" +
                        rouletteDataSet.get(listPosition).getAddition() + "本",Toast.LENGTH_SHORT).show();
            }
        });

    }
    @Override
    public int getItemCount() { ————————————————————————————————————————❸
        return rouletteDataSet.size();
    }

}
```

❶のonCreateViewHolder()メソッドはレイアウトマネージャーによって起動され、新しいビュー（View）を作成します。inflate()メソッドで、parentにRecyclerViewを指定してcards_layoutを作成しビューを返します。そのビューを引数にViewHolderクラスを継承するAnbayasiViewHolderオブジェクトを生成して、return文で返します。

❷のonBindViewHolder()メソッドもレイアウトマネージャーによって起動され、AnbayasiViewHolderの保持するcards_layout上のtextViewNumber、textViewCommentにあたりの本数と、コメントをセットします。RecyclerView上のポジションが引数listPositionとして渡ってくるので、rouletteDataSet.get(listPosition).getNumber()のようにして本数を取得できます。

また、holder.base.setOnClickListener()で、holderのbase、つまり、CardViewにOnClickListenerをセットしています。CardViewがクリックされたら、Toast（トースト）クラスでおまけの本数を表示します。Toastクラスを使うと、MakeTextで作成したメッセージを、show()メソッドで一定時間表示することができます（図3-16）。

ユーザーに確認をとる必要のある重要なメッセージを表示するには、ダイアログが適していますが、Toast表示（Toastで表示したメッセージ）は一定時間経過すると自動的に消えていくので、ちょっとしたメッセージの表示に向いています。メッセージの表示時間には、Toast.LENGTH_SHORT（短い表示）、Toast.LENGTH_LONG（長い表示）の2種類が指定できます。

❸のgetItemCount()メソッドでは、データセットのサイズ（件数）を返します。

図3-16　Toastメッセージの表示

AnbayasiViewHolderクラス ── ビューの保持

AnbayasiViewHolderクラスのbaseはCardViewで、textViewNumberが本数を表示するTextViewであり、textViewCommentがコメントを表示するTextViewです。

リスト3-9　AnbayasiViewHolder.java

```
package com.example.kanehiro.anbayasiroulette;

import android.support.v7.widget.RecyclerView;
import android.view.View;
import android.widget.TextView;

public class AnbayasiViewHolder extends RecyclerView.ViewHolder {

    View base;
    TextView textViewNumber;
    TextView textViewComment;

    public AnbayasiViewHolder(View v) {
        super(v);
        this.base = v;
        this.textViewNumber = (TextView) v.findViewById(R.id.number);
        this.textViewComment = (TextView) v.findViewById(R.id.comment);
    }
}
```

横スクロールに変更

　これであんばやしルーレットは完成ですが、試しにLinearLayoutManagerにHORIZONTALを指定して、横スクロールにしてみましょう。
　MainActivityクラスのllManager.setOrientation(LinearLayoutManager.VERTICAL)（リスト3-7の❹）を、

```
llManager.setOrientation(LinearLayoutManager.HORIZONTAL)
```

に変更しました（図3-17）。このサンプルでは横スクロールは実用的ではありませんが、簡単に横スクロールが実現できますね。

図3-17　横スクロールの実行画面

レイアウトはLinearLayoutだけじゃない！

　レイアウトマネージャーにはLinearLayoutManagerの他に、GridLayoutManager、StaggeredGridLayoutManagerがあります。

　GridLayoutManagerを使うと、項目を格子状に並べることができます（図A）。それには、LinearLayoutManagerを使っている部分（リスト3-7の❺）を以下のように書き換えます。

```
LinearLayoutManager llManager = new LinearLayoutManager(this);
llManager.setOrientation(LinearLayoutManager.VERTICAL);
recyclerView.setLayoutManager(llManager);
```

 変更後

```
GridLayoutManager glManager = new GridLayoutManager(this,2);
recyclerView.setLayoutManager(glManager);
```

　GridLayoutManagerの生成時に、引数に指定している2が列数（spanCount）の指定です。cards_layout.xmlを修正して、CardViewに文字列の表示が収まるようにtextSizeを小さくしています。

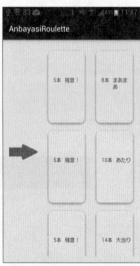

図A　GridLayoutManagerを使って2列表示にした

　また、StaggeredGridLayoutManagerを使うと、より複雑なレイアウトを作成できます。

第 4 章

○時になったよ！
──カンタン便利な お知らせアラーム

従来、Androidのノーティフィケーション（通知機能）はiOSに比べると控えめで、見逃すこともあったのですが、Android5からは目立つように変わりました。
本章では、このノーティフィケーションを使って、やることをお知らせするアラームアプリを作ります。

第4章 ○時になったよ！──カンタン便利なお知らせアラーム

4-1 作成するAndroidアプリ

　仕事や勉強をしているときに、ふと「○時になったら、次は〜をやろう」と思うことがあります。たとえば、書類を作成しているときに「○時になったら、A社に電話をしよう」とか、学生ならば、数学の勉強しているときに「○時になったら、英単語の勉強をしよう」など。しかしそう思っても、現在やっていることに集中して忘れてしまったり、いざとなると億劫になって先伸ばしにしてしまう、なんてことはよくありますよね。

　ノーティフィケーション（Notifications）を使ってお知らせしてくれるようにしましょう。具体的には「○時になったら、〜をしよう」というアラームをセットしておきます。そして、時間になったら、ノーティフィケーションで通知します。

　方法としては、AlarmManagerを使って、指定した時間にインテントをブロードキャストして、BroadcastReceiver（ブロードキャストレシーバ）で受け取り、NotificationManagerでやることを通知します。

図4-1 「○時になったよ！」完成イメージ

この章で説明すること

- ☑ AlarmManager
- ☑ TimePicker
- ☑ PendingIntent（ペンディングインテント）
- ☑ BroadcastReceiver（ブロードキャストレシーバ）
- ☑ ノーティフィケーション（Notifications）

4-2 BroadcastReceiverの使い方

4-2 BroadcastReceiverの使い方

　本章では、新しい用語がいくつも出てきます。まず、BroadcastReceiverから説明しましょう。

　インテント（Intent）には、明示的なインテントと暗黙的なインテントがあることは第2章で説明しましたが、別の分類として、ブロードキャストインテントというものがあります。

　ブロードキャスト（Broadcast）とは、不特定多数の相手に対しデータを送信することです。ブロードキャストインテント（Broadcast Intent）とは、Android端末上のアプリすべてに対して送るインテントです（表4-1）。

表4-1　代表的なブロードキャストインテント（ブロードキャストされるインテント）

アクション（定数）	内容
ACTION_TIME_TICK	時間が変わった（分単位）
ACTION_TIME_CHANGED	時刻設定が変更された
ACTION_TIMEZONE_CHANGED	タイムゾーンが変更された
ACTION_BOOT_COMPLETED	システムの起動が完了した
ACTION_PACKAGE_ADDED	新しいアプリケーションパッケージがインストールされた
ACTION_PACKAGE_CHANGED	既存のアプリケーションパッケージが変更された
ACTION_PACKAGE_REMOVED	既存のアプリケーションパッケージが削除された
ACTION_PACKAGE_DATA_CLEARED	ユーザーがアプリケーションパッケージのデータを消去した
ACTION_UID_REMOVED	システムからユーザーIDが削除された
ACTION_BATTERY_CHANGED	バッテリの状態が変化した
ACTION_POWER_CONNECTED	外部電源が接続された
ACTION_POWER_DISCONNECTED	外部電源が切断された
ACTION_SHUTDOWN	システムがシャットダウンする

　Androidのシステムが発行するブロードキャストインテントには表4-1の他にも、いろいろなインテントがあります。Android端末の中でひっきりなしにたくさんのインテントが飛び交っているわけです。これらを受信すれば、アプリ側でAndroid端末の状態を把握できます。

　また、自分の作成するアプリからブロードキャストインテントを発行することもできます。

　ブロードキャストされたインテントはBroadcastReceiverを使って、受け取ることができます。

電池の状態をウォッチする

　表4-2のように電池の状態をウォッチするプロジェクトを作成します。

第4章 ○時になったよ！── カンタン便利なお知らせアラーム

表4-2 バッテリの状態を知るプロジェクト

指定した項目	指定した値
Application Name（プロジェクト名）	BatteryWatch
Company Domain（組織のドメイン）	kanehiro.example.com
Package Name（パッケージ名）※1	com.example.kanehiro.batterywatch
Project location（プロジェクトの保存場所）	C:¥Android¥AndroidStudioProjects¥BatteryWatch
Minimum SDK（最小SDK）	API16 Android4.1
アクティビティの種類	Empty Activity
Activity Name（アクティビティ名）	MainActivity
Layout Name（レイアウト名）	activity_main

※1　パッケージ名は自動で表示される。

　処理の内容は単純です。電池の状態が変化したというブロードキャストインテントを受け取り、Log.v()メソッドでログ出力します。

　コードはすべてMainActivityクラスに記述します（リスト4-1）。

リスト4-1　BatteryWatchのMainActivity.java

```java
package com.example.kanehiro.batterywatch;

import android.content.BroadcastReceiver;
import android.content.Context;
import android.content.Intent;
import android.content.IntentFilter;
import android.os.BatteryManager;
import android.support.v7.app.AppCompatActivity;
import android.os.Bundle;
import android.util.Log;

import java.util.Calendar;

public class MainActivity extends AppCompatActivity {
    private MyBroadcastReceiver mReceiver;

    @Override
    protected void onCreate(Bundle savedInstanceState) {
        super.onCreate(savedInstanceState);
        setContentView(R.layout.activity_main);
    }

    @Override
    protected void onResume() {                                          ❶
        super.onResume();
        mReceiver = new MyBroadcastReceiver();
        IntentFilter filter = new IntentFilter();
        filter.addAction(Intent.ACTION_BATTERY_CHANGED);
        registerReceiver(mReceiver, filter);

    }
```

●4-2 BroadcastReceiverの使い方

```java
    @Override
    protected void onPause() {                                                    ❷
        super.onPause();
        unregisterReceiver(mReceiver);
    }

    public class MyBroadcastReceiver extends BroadcastReceiver {                   ❸

        @Override
        public void onReceive(Context context, Intent intent) {

            // 複数のインテントを受信する場合はif文を使う
            if (intent.getAction().equals(Intent.ACTION_BATTERY_CHANGED)) {        ❹
                int scale = intent.getIntExtra("scale", 0);
                int level = intent.getIntExtra("level", 0);                        ❺
                int status = intent.getIntExtra("status", 0);
                String statusString = "";
                switch (status) {
                    case BatteryManager.BATTERY_STATUS_UNKNOWN:
                        statusString = "unknown";
                        break;
                    case BatteryManager.BATTERY_STATUS_CHARGING:
                        statusString = "charging";
                        break;
                    case BatteryManager.BATTERY_STATUS_DISCHARGING:
                        statusString = "discharging";
                        break;                                                     ❻
                    case BatteryManager.BATTERY_STATUS_NOT_CHARGING:
                        statusString = "not charging";
                        break;
                    case BatteryManager.BATTERY_STATUS_FULL:
                        statusString = "full";
                        break;
                }
                final Calendar calendar = Calendar.getInstance();
                final int hour = calendar.get(Calendar.HOUR_OF_DAY);
                final int minute = calendar.get(Calendar.MINUTE);                  Ⓐ  ❼
                final int second = calendar.get(Calendar.SECOND);
                Log.v("Battery Watch", "" + hour + ":" + minute + ":" + second + " " + ↵
statusString + " " + level + "/" + scale);

            }
        }
    };
}
```

　まず、BroadcastReceiverを継承するMyBroadcastReceiverクラスから説明します（❸）。このクラスはMainActivityクラスの内部クラスです。BroadcastReceiverクラスの動作はシンプルで、インテントを受信したら、onReceive()メソッドに記述された処理を実行するだけです。

　❶のアクティビティがフォアグラウンドになるときに呼び出されるonResume()メソッドでは、

107

第4章 ○時になったよ！──カンタン便利なお知らせアラーム

　MyBroadcastReceiverのインスタンスmReceiverを生成し、インテントフィルタ（IntentFilter）にACTION_BATTERY_CHANGEDアクションを指定します。そして、registerReceiverでレシーバmReceiverとインテントフィルタfilterを仕掛けます。これで、mReceiverはバッテリの状態変化を知らせるブロードキャストインテントを受信するようになります。

　アクティビティがフォアグラウンドでなくなるときに呼び出されるonPause()メソッド（❷）では、レシーバmReceiverの登録をunregisterReceiver()メソッドで解除します。

Memo　オーバーライドするメソッドを追加する方法

　アクティビティを新規に作成すると、onCreate()メソッドのひな形が自動的に作成されますが、アクティビティの他のメソッド、たとえば、リスト4-1で使用しているonResume()メソッドやonPause()メソッドを追加してオーバーライドしたいときは、[Code]メニューから[Override Methods]を選びます（図A）。

　表示されたメソッド（図B）の中から追加するメソッドを選ぶとひな形が作成されるので、そのひな形へ処理を記述していきます。

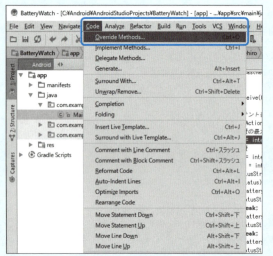

図A　[Code]メニューから[Override Methods]を選ぶ

図B　表示されたメソッドの中から追加するメソッドを選ぶ

　次にonReceive()メソッドの処理の詳細を見ていきましょう。

　intent.getAction()で受信したintentのアクションの値を取得して、ACTION_BATTERY_CHANGEDと同じかどうかif文で確認していますが（❹）、インテントフィルタに指定したアクションはACTION_BATTERY_CHANGEDの1つだけなので、このif文は意味がありません。複数のアクションを指定した場合は、このようにしてアクションを判別してください。

　電池の状態を知らせるインテントには、

- status（充電中や放電中といった状態）、health（良好など）、level（残量）、scale（最大残量、通常100）、voltage（電圧）、temperature（温度）、technology（Li-ionなど）

など多くの情報が付加されています。本処理では、これらの情報のうち、levelとscale、statusを取得しています（❺）。すべて整数なので、getIntExtra()メソッドに名称を指定して、それぞれの値を取得します。getxxxExtra()メソッドはデータ型ごとに用意されています。

statusについては、BatteryManagerクラスの定数と比較して（❻）、chargingやdischargingという文字列で状態をログ出力します。

また、Calendarオブジェクトを生成して、現在の時刻を取得してバッテリの状態とともにログ出力しています（❼）。なぜかというと、ACTION_BATTERY_CHANGEDはどれくらいの間隔でブロードキャストされるのかを知りたかったからです。

このアプリをAndroid端末で実行して、LogCatビューに出力してみたところ、数秒間隔でログが出力されました（図4-2）。

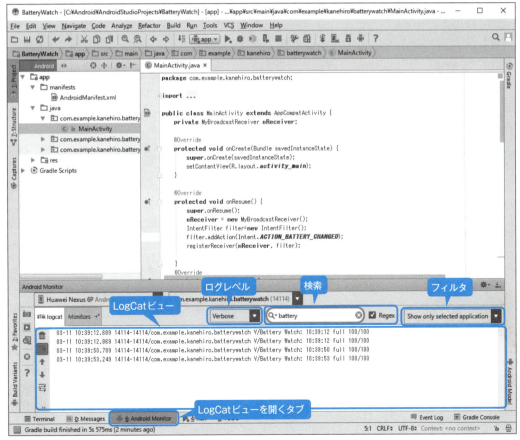

図4-2 Battery Watchというタグとともにステータスとバッテリ残量を表示している

第4章 ○時になったよ！──カンタン便利なお知らせアラーム

> 注意　LogCatビューが表示されていない場合は、ドロイド君のアイコンが表示されている「6:Android Monitor」をクリックして、LogCatビューを開いてください。

Memo　プログラミング上達のコツは"ログ出力"

「このオブジェクトはどんな値を持っているのか？」、「このメソッドはどんなときに呼び出されるのか？」、プログラミング中には、いろいろな疑問が浮かびます。そんなときは、疑問を放置しないで、ログ出力させてみましょう。

ログには表Aのようなレベルがあります。LogCatビューの左上にあるドロップダウンボックスでログレベルを選択できます。たとえば、verboseを選択するとすべてのログを表示し、warnを選ぶとwarnとerror、そしてassertを出力します。

表A　ログレベル

ログレベル	意味	ログ出力メソッド
verbose	詳細なトレース情報を出力するレベル	Log.v()
debug	デバッグ情報を出力するレベル	Log.d()
info	アプリの動作の情報を出力するレベル	Log.i()
warn	アプリの復旧可能なレベルの警告を出力するレベル	Log.w()
error	アプリの続行不可能なエラーを出力するレベル	Log.e()
assert	アプリの致命的なエラーを出力するレベル	

以下のレベルを出力

図4-2のように「battery」と検索ワードで検索することもできます。また、右端のドロップダウンボックスはフィルタです。図4-2はアプリでフィルタがかかっている状態です。
「No Filters」を選択すると、Android端末の各種ログが出力されます（図A）。

図A　「No Filters」を選択した状態

また、「Edit Filter Configuration」を選んでフィルタを作成することもできます（図B）。たとえば、Log.v()で特定のtagを出力するようにプログラミングして、そのtagをフィルタに指定して絞り込むといった使い方が考えられます。

4-2 BroadcastReceiverの使い方

よく使うLog.v()の書式は次のとおりです。

書式 詳細なトレース情報の出力

`Log.v(String tag, String msg)`

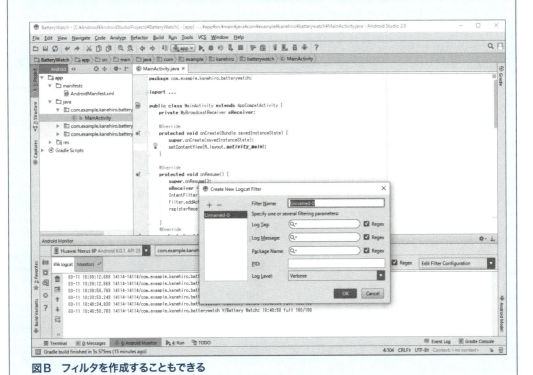

図B フィルタを作成することもできる

Memo final修飾子

　calenderインスタンスと、int型の変数hour、minute、secondにはfinal修飾子がついています（リスト4-1の❹）。このようにfinal修飾された変数は値の変更ができなくなります。初期値として与えた値から、別の値に変更することができません。

　この例では初期化してすぐログ出力しているので、特にfinalを付ける必要はないのですが、間違って変更したら困る変数をfinal修飾子で変更不可にすることができます。

　また、final修飾子をクラスに付けた場合はそのクラスは継承不可になります。メソッドに付けたら、そのメソッドはオーバーライド不可になります。文字通り、ファイナルになるのですね。

4-3 ノーティフィケーション

ノーティフィケーション優先度とベースレイアウト

本章では、Android 5.0で新しくなったノーティフィケーション（Notifications）を使います。新しくなった点として、注目するのは以下の点です。

- マテリアルデザイン対応
- ロックスクリーンで表示できる
- 重要度の高い通知はHeads-up方式で表示される（Heads-upは「頭上注意」の意）

Notification.BuilderのsetPriority()メソッドでノーティフィケーション優先度（表示の仕方）を設定することができますが（表4-3）、ノーティフィケーションをロックスクリーンに表示できるようになりました（図4-3）。表示されたノーティフィケーションをダブルタップすると、直接、指定したアクティビティを開くことができます。

表4-3　ノーティフィケーションの優先度
　　　　（setPriority()で指定する優先度）

優先度	意味	備考
MAX	緊急	ヘッドアップ方式
HIGH	重要	ヘッドアップ方式
DEFAULT	通常	従来のNotification
LOW	重要でないもの	ステータスバーには表示される
MIN	些細なもの	ステータスバーにも表示されない

図4-3　ロックスクリーンでの表示

また、ノーティフィケーション優先度をMAXやHIGHに設定すると、ヘッドアップ方式で通知が上から降ってくるようになります（図4-4）。他のアプリを使っていても、見逃すことがなくなりますね。

印象としては、これまでiPhoneに比べ控えめだったAndroidのノーティフィケーションが、かなり出張ってきた感じです。

図4-4　ヘッドアップ方式

図4-5はノーティフィケーションのベースレイアウトです。ノーティフィケーションは少なくとも以下の要素を持ちます。

- アプリのアイコン
- タイトルとメッセージ
- タイムスタンプ

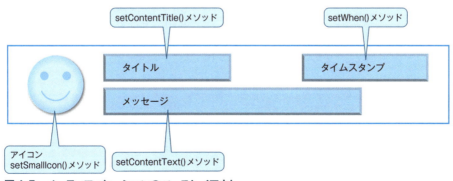

図4-5　ノーティフィケーションのベースレイアウト

図4-5にあるようにそれぞれの項目を設定するメソッドがあります。他にも大きな画像などを表示することができます。

4-4 ○時になったよ！を作ろう

プロジェクトの作成

それでは、表4-4の設定で新規プロジェクトを作っていきましょう。

表4-4 ○時になったよ！プロジェクト

指定した項目	指定した値
Application Name（プロジェクト名）	AlarmNoti
Company Domain（組織のドメイン）	kanehiro.example.com
Package Name（パッケージ名）※1	com.example.kanehiro.alarmnoti
Project location（プロジェクトの保存場所）	C:¥Android¥AndroidStudioProjects¥AlarmNoti
Minimum SDK（最小SDK）	API16 Android4.1
アクティビティの種類	Empty Activity
Activity Name（アクティビティ名）	MainActivity
Layout Name（レイアウト名）	activity_main

※1 パッケージ名は自動で表示される。

AlarmNotiプロジェクトは、表4-5の2つのクラスで構成します。プロジェクトにAlarmReceiverクラスを新規追加してください（図4-6）。

参照 クラスの作成手順➡クラスの作成：86ページ

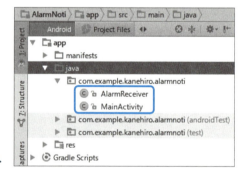

図4-6
クラス追加後のプロジェクト

表4-5 作成するクラス

クラス名	スーパークラス	備考	
MainActivity	AppCompatActivity	AlarmManagerに時刻とPendingIntentをセット（プロジェクトの起点）	プロジェクトウィザードで生成
AlarmReceiver	BroadcastReceiver	ノーティフィケーションの通知	クラスを新規作成

アプリの動作

個々のコードを見ていく前に、アプリの動作を概観しましょう（図4-7）。

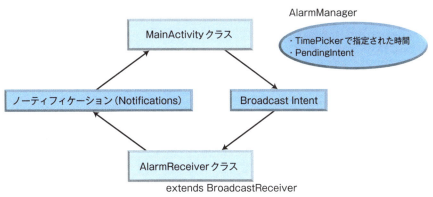

図4-7 ○時になったよ！（AlarmNoti）の動作

　まず、MainActivityで「やること」をEditTextに入力してもらいます。そして、何時からやるかをUI部品TimePickerで指定します。

　それから、MainActivityでは、AlarmManagerにTimePickerで指定された時間と、Pending Intentをセットします。AlarmManagerを使うと指定した時刻に、指定した処理を実行することができます。PendingIntentを使うと、インテントを即時発行するのではなく、指定したタイミングで発行することができます。時刻を指定してインテントを発行したり、イベント発生時にインテントを発行できます。

　AlarmManagerがPendingIntentをブロードキャストしたら、BroadcastReceiverクラスを継承したAlarmReceiverで、ブロードキャストを受信します。

　AlarmReceiverのonReceive()メソッドでは、Notification.Builderでノーティフィケーションを作成します。Notificationがタップされたら、MainActivityを呼び出すようにsetContentIntent()メソッドでPendingIntentをセットします。そして、NotificationManagerで、ノーティフィケーションを発行します。

画面レイアウト

　それでは、MainActivityの画面レイアウトから見ていきましょう（リスト4-2）。

リスト4-2　AlarmNotiのactivity_main.xml　※コードを見やすくするため、適宜、改行しています。

```xml
<?xml version="1.0" encoding="utf-8"?>
<RelativeLayout xmlns:android="http://schemas.android.com/apk/res/android"
    xmlns:tools="http://schemas.android.com/tools"
    android:layout_width="match_parent"
    android:layout_height="match_parent"
    android:paddingBottom="@dimen/activity_vertical_margin"
    android:paddingLeft="@dimen/activity_horizontal_margin"
    android:paddingRight="@dimen/activity_horizontal_margin"
    android:paddingTop="@dimen/activity_vertical_margin"
    android:id ="@+id/mainLayout"
    tools:context="com.example.kanehiro.alarmnoti.MainActivity">
```

```xml
    <TextView android:text="@string/todo"
        android:layout_width="wrap_content"
        android:layout_height="wrap_content"
        android:id="@+id/textView" />
    <EditText
        android:layout_width="wrap_content"
        android:layout_height="wrap_content"
        android:id="@+id/editText"
        android:layout_below="@+id/textView"
        android:layout_alignParentLeft="true"
        android:layout_alignParentStart="true"
        android:layout_above="@+id/timePicker"
        android:layout_alignRight="@+id/timePicker"
        android:layout_alignEnd="@+id/timePicker" />

    <TimePicker
        android:layout_width="wrap_content"
        android:layout_height="wrap_content"
        android:id="@+id/timePicker"
        android:layout_centerVertical="true"
        android:layout_alignParentLeft="true"
        android:layout_alignParentStart="true" />

    <Button
        style="?android:attr/buttonStyleSmall"
        android:layout_width="wrap_content"
        android:layout_height="wrap_content"
        android:text="@string/set"
        android:id="@+id/set"
        android:layout_alignParentBottom="true"
        android:layout_alignParentLeft="true"
        android:layout_alignParentStart="true" />

    <Button
        style="?android:attr/buttonStyleSmall"
        android:layout_width="wrap_content"
        android:layout_height="wrap_content"
        android:text="@string/cancel"
        android:id="@+id/cancel"
        android:layout_alignTop="@+id/set"
        android:layout_alignRight="@+id/timePicker"
        android:layout_alignEnd="@+id/timePicker" />
</RelativeLayout>
```

　この画面の中心は、TimePickerです。その上に、やることを入力するためのEditTextがあり、TimePickerの下にはアラームをセットするボタンと解除するボタンを配置します（図4-8）。

　TimePickerを使うと、簡単に時刻を指定することができます。左側のデジタル表示の時刻の時をタップしたら、右側のアナログ時計で時間を指定できます。分をタップしたら、分を指定できます。アナログ時計の下の午前、午後のボタンで午前と午後を切り替えることができます。

図4-8 TimePickerで時刻を指定する

図4-9 TimePickerが24時間表示になった

　TimePickerは24時間表示にすることもできます（図4-9）。それには、アクティビティのonCreate()メソッドなどで、setIs24HourView()メソッドで24時間表示をtrueにします（リスト4-3）。

リスト4-3　TimePickerを24時間表示にする

```
TimePicker tPicker = (TimePicker)findViewById(R.id.timePicker);
tPicker.setIs24HourView(true);
```

　各文字列はstrings.xmlに記述しています（リスト4-4）。

リスト4-4　strings.xml

```
<resources>
    <string name="app_name">AlarmNoti</string>
    <string name="todo">やること</string>
    <string name="set">セット</string>
    <string name="cancel">解　除</string>
</resources>
```

ソフトキーボードを非表示にする

　MainActivityクラスを見ていきましょう（リスト4-5）。
　MainActivityでやりたいことは、AlarmManagerに時刻とPendingIntentをセットすることですが、その目的とは関係のないこともやっています。それは、onTouchEvent()です（❶）。

第4章 ○時になったよ！──カンタン便利なお知らせアラーム

リスト4-5　MainActivity.java

```java
package com.example.kanehiro.alarmnoti;

import android.app.AlarmManager;
import android.app.PendingIntent;
import android.content.Context;
import android.content.Intent;
import android.support.v7.app.AppCompatActivity;
import android.os.Bundle;
import android.view.MotionEvent;
import android.view.View;
import android.view.inputmethod.InputMethodManager;
import android.widget.Button;
import android.widget.EditText;
import android.widget.RelativeLayout;
import android.widget.TimePicker;
import android.widget.Toast;


import java.util.Calendar;

public class MainActivity extends AppCompatActivity
                          implements View.OnClickListener {

    private InputMethodManager mInputMethodManager;
    private RelativeLayout mLayout;
    private int notificationId = 0;

    @Override
    protected void onCreate(Bundle savedInstanceState) {
        super.onCreate(savedInstanceState);
        setContentView(R.layout.activity_main);

        EditText edText = (EditText) findViewById(R.id.editText);
        mLayout = (RelativeLayout)findViewById(R.id.mainLayout);
        //キーボード表示を制御するためのオブジェクト
        mInputMethodManager = (InputMethodManager)getSystemService(Context.INPUT_METHOD_SERVICE);
        Button btnSet = (Button)findViewById(R.id.set);
        btnSet.setOnClickListener(this);
        Button btnCancel = (Button)findViewById(R.id.cancel);
        btnCancel.setOnClickListener(this);


    }

    @Override
    public boolean onTouchEvent(MotionEvent event) {                          ❶
        // ソフトキーボードを非表示にする
        mInputMethodManager.hideSoftInputFromWindow(mLayout.getWindowToken(), ↵
InputMethodManager.HIDE_NOT_ALWAYS);                                          ❷
        //背景にフォーカスを移す
        mLayout.requestFocus();
```

118

4-4 ○時になったよ！を作ろう

```java
            return false;
        }

        @Override
        public void onClick(View v) {

            EditText edText = (EditText) findViewById(R.id.editText);
            // AlarmReceiver を呼び出すインテント
            Intent bootIntent = new Intent(MainActivity.this, AlarmReceiver.class);            ❸
            // 追加データとして、Notificationの識別子を渡す
            bootIntent.putExtra("notificationId", notificationId);
            // 追加データとして、やることを渡す
            bootIntent.putExtra("todo", edText.getText());

            PendingIntent alarmIntent = PendingIntent.getBroadcast(MainActivity.this, Ø, 🔲      ❹
bootIntent, PendingIntent.FLAG_CANCEL_CURRENT);

            AlarmManager alarm = (AlarmManager)getSystemService(Context.ALARM_SERVICE);        ❺
            TimePicker tPicker  =  (TimePicker)findViewById(R.id.timePicker);

            switch (v.getId()) {
                case R.id.set:
                    int hour = tPicker.getCurrentHour();                                       ❻
                    int minute = tPicker.getCurrentMinute();

                    Calendar startTime = Calendar.getInstance();
                    startTime.set(Calendar.HOUR_OF_DAY, hour);
                    startTime.set(Calendar.MINUTE, minute);                                     ❼
                    startTime.set(Calendar.SECOND, Ø);
                    long alarmStartTime = startTime.getTimeInMillis();                          ❽

                    alarm.set(
                            AlarmManager.RTC_WAKEUP,
                            alarmStartTime,                                                      ❾
                            alarmIntent
                    );
                    Toast.makeText(MainActivity.this, "通知をセットしました！", 🔲
Toast.LENGTH_SHORT).show();
                    notificationId++;

                    break;
                case R.id.cancel:
                    alarm.cancel(alarmIntent);                                                  ❿
                    Toast.makeText(MainActivity.this, "通知をキャンセルしました！", 🔲
Toast.LENGTH_SHORT).show();
                    break;
            }
        }

    }
```

このアプリを起動すると、Edit Textがフォーカスを取得します。EditTextがフォーカスを取得すると、ソフトキーボード（図4-10）が表示されます。おかげで、日本語をすぐに入力することができて便利なのですが、ソフトキーボードが大きいので邪魔になることもあります。

たとえば、起動したときに、画面に配置されている他の部品が見えないので、この画面でなにができるのかわかりません。ナビゲーション

図4-10　ソフトキーボードが大きい

バー（一番下の黒いバー）の三角の戻るボタン▽をタップすれば、ソフトキーボードは消えますが、もっと簡単にソフトキーボードを非表示にできると良いでしょう。

そんなときには、InputMethodManagerを使います。EditTextの背景をタップしたら、hideSoftInputFromWindow()メソッドでソフトキーボードを非表示にしています（❷）。変数mLayoutは、EditTextやTimePickerのコンテナであるRelativeLayoutです。

ボタンが押されたときの処理

TimePickerについては、特にコードは記述してありません。セット、あるいは解除ボタンが押されたときの処理を見ていきましょう。

まず、インテントbootIntentを生成します（❸）。AlarmReceiver.classを指定しているので、bootIntentは明示的なインテントです。bootIntentの追加データとして、Notificationの識別子とedTextに入力された時間になったら「やること」を渡します。

次にAndroidのALARMサービスからブロードキャストしてもらうため、bootIntentを基にPendingIntent.getBroadcast()メソッドでPendingIntentオブジェクトを生成します（❹）。

書式　getBroadcast()メソッド

public static PendingIntent **getBroadcast(**Context context, int requestCode, Intent intent, int flags**)**

PendingIntentクラスのgetBroadcast()メソッドはContext、リクエストコード、インテント（Intent）、フラグを引数にとります。フラグに指定しているFLAG_CANCEL_CURRENTはすでにPendingIntentが存在していた場合、新しく生成する前に存在しているものをキャンセルします。その他にも表4-6の定数を指定することができます。

表4-6 getBroadcast() のフラグに指定する定数

定数	動作
FLAG_CANCEL_CURRENT	PendingIntentがすでに存在していた場合、新しく生成する前に存在しているものをキャンセルする
FLAG_NO_CREATE	PendingIntent がまだ存在していない場合、生成せずに単に null を返す
FLAG_ONE_SHOT	この PendingIntent は一度だけ使える
FLAG_UPDATE_CURRENT	PendingIntent がすでに存在している場合、putExtra()メソッドで追加したデータ（extra data）を新しいインテントのものに置き換える

それから、AlarmManagerのインスタンスalarmを生成し、findViewById()メソッドでTimePickerも取得します（❺）。

押されたボタンがセットボタン（R.id.set）の場合、tPickerから時と分を取得します（❻）。

getCurrentHour()とgetCurrentMinute()はAPI level 23で非推奨になりました。Android Studioのエディタ上では、取り消し線が引かれ、代わりにgetHour()とgetMinute()を使うように奨められますが、ここではAPI level 16以降で、同じコードで使いたいのでそのままにしています。

```
// API level 23以降で推奨
int hour = tPicker.getHour();
int minute = tPicker.getMinute();
```

そして、Calendar.getInstance()でCalendarクラスのインスタンスstartTimeを生成し、時、分、そして秒には0を設定します（❼）。startTime.getTimeInMillis()でミリ秒を取得し、long型のalarmStartTimeに代入しています（❽）。

AlarmManagerクラスのset()メソッドでは、typeに表4-7のタイプを指定します（❾）。ここでは、スリープ状態のときにでも起動できるようにRTC_WAKEUPを指定しています。

書式 set()メソッド

```
public void set (int type, long triggerAtMillis, PendingIntent operation)
```

triggerAtMillisには、アラームを起動する時刻をミリ秒で指定します。operationにはPendingIntentであるalarmIntentを指定します。これで、指定した時間にalarmIntentがブロードキャストされます。

表4-7 AlarmManagerのset()メソッドでtypeに指定する定数（triggerAtTimeに与える起動時間の設定方法）

定数	動作
ELAPSED_REALTIME	ブートしてからの経過時間
ELAPSED_REALTIME_WAKEUP	ブートしてからの経過時間、スリープ状態のときはウェイクアップ
RTC	UTC時刻
RTC_WAKEUP	UTC時刻、スリープ状態のときはウェイクアップ

第4章 ○時になったよ！──カンタン便利なお知らせアラーム

解除ボタン（R.id.cancel）が押された場合は、alarm.cancel()メソッドでアラームを解除します（❿）。

ノーティフィケーションの通知

AndroidのALARMサービスからブロードキャストされたインテントを受け取るAlarmReceiverクラスを見ていきましょう（リスト4-6）。

リスト4-6　AlarmReceiver.java

```
package com.example.kanehiro.alarmnoti;

import android.app.Notification;
import android.app.NotificationManager;
import android.app.PendingIntent;
import android.content.BroadcastReceiver;
import android.content.Context;
import android.content.Intent;

public class AlarmReceiver extends BroadcastReceiver {

    @Override
    public void onReceive(Context context, Intent receivedIntent) {

        int notificationId = receivedIntent.getIntExtra("notificationId", 0);
        NotificationManager myNotification = (NotificationManager) context.getSystemService(
Context.NOTIFICATION_SERVICE);
        Intent bootIntent = new Intent(context, MainActivity.class);
        PendingIntent contentIntent = PendingIntent.getActivity(context, 0, bootIntent, 0); ─────❶
        Notification.Builder builder = new Notification.Builder( context); ─────❷
        builder.setSmallIcon(android.R.drawable.ic_dialog_info)
                .setContentTitle("時間ですよ")
                .setContentText(receivedIntent.getCharSequenceExtra("todo"))
                .setWhen(System.currentTimeMillis())
                .setPriority(Notification.PRIORITY_DEFAULT) ─────❸
                .setAutoCancel(true)
                .setDefaults(Notification.DEFAULT_SOUND)
                .setContentIntent(contentIntent); ─────❹

        myNotification.notify(notificationId, builder.build()); ─────❺
    }
}
```

　AlarmReceiverクラスの役割はノーティフィケーションを通知することです。ノーティフィケーションをNotification.Builderで作成し（❷）、NotificationManagerのnotify()メソッドで発行します（❺）。

　ややこしいのは、ここでまたMainActivityを呼び出すインテントbootIntentを作って、それを基にPendingIntentを作っているところです（❶）。

　ノーティフィケーションをタップしたら、次のやることを登録できるようにsetContentIntent()メソッドでMainActivityを呼び出すPendingIntentを指定しているのです（❹）。

注目してほしいのはsetPriority()で指定する優先度です（❸）。PRIORITY_DEFAULTでは、ノーティフィケーションが発行されると、ステータスバーにアイコン ![i] が表示されます（図4-11）。

図4-11　ステータスバーにアイコン

ステータスバーを指でスライドさせて下に引っ張るとノーティフィケーションが表示されます（図4-12）。

そして、ノーティフィケーションをタップすると指定したアクティビティが表示されます（図4-13）。

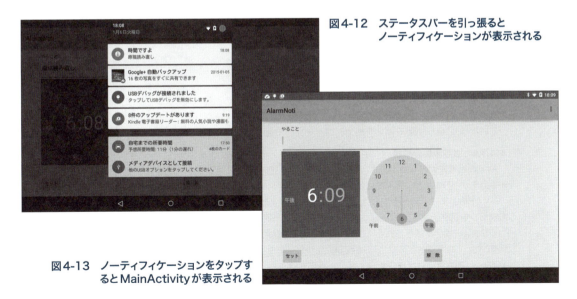

図4-12　ステータスバーを引っ張ると
　　　　ノーティフィケーションが表示される

図4-13　ノーティフィケーションをタップすると MainActivity が表示される

優先度をMAXやHIGHにすると、ヘッドアップ方式で、ノーティフィケーションが上から降りてきます。

また、ロックスクリーンへの表示は、優先度がMINの場合は表示されませんが、LOW以上の優先度ではロックスクリーンにノーティフィケーションが表示されて、そのノーティフィケーションをダブルタップすることで、指定したアクティビティが開きます

第 4 章 ○時になったよ！──カンタン便利なお知らせアラーム

レシーバの登録

ブロードキャストを受け取るには、BroadcastReceiverを継承するクラスを作るだけでは足りません。AndroidManifest.xmlにレシーバを登録する必要があるため、お忘れなく（リスト4-7❶）。

リスト4-7　AndroidManifest.xml

```xml
<?xml version="1.0" encoding="utf-8"?>
<manifest xmlns:android="http://schemas.android.com/apk/res/android"
    package="com.example.kanehiro.alarmnoti">

    <application
        android:allowBackup="true"
        android:icon="@mipmap/ic_launcher"
        android:label="@string/app_name"
        android:supportsRtl="true"
        android:theme="@style/AppTheme">
        <activity android:name=".MainActivity">
            <intent-filter>
                <action android:name="android.intent.action.MAIN" />
                <category android:name="android.intent.category.LAUNCHER" />
            </intent-filter>
        </activity>
        <receiver android:name=".AlarmReceiver"></receiver>  ──❶
    </application>

</manifest>
```

> **Memo　実機でアプリを実行できるようにする**
>
> 電話機としての機能や各種センサーなどのハードウェア依存の機能はエミュレータではテストできません。また、エミュレータよりも実機のほうが動作が速いので、実機でアプリのテストをしたほうが快適です。
> ここでは、Nexus6pを例に実機でアプリを実行できるようにする手順を説明します。
>
> ● Android端末側の準備
> Android端末側の準備として、「設定」アプリから「開発者向けオプション」を選び、USBデバッグを有効にする必要がありますが、購入時には「開発者向けオプション」メニューが非表示になっています。
> そのため、まず「開発者向けオプション」メニューを表示させます。それには、「設定」アプリから、「端末情報」を選びます。
> そして、一番下に表示される「ビルド番号」を7回連続してタップします（図A）。これで「デベロッパーになりました」と表示されるので、1つ前の画面にナビゲーションバーの三角ボタン ◁ を押して戻ります。
> すると、「開発者向けオプション」メニューが追加されているので（図B）、開きます。
> そして、「USBデバッグ」を右にスライドしてオンにします（図C）。「USBデバッグ」をオンにするときは、確認のダイアログが表示されるので、[OK] をタップします。

124

4-4 ○時になったよ！を作ろう

図A 「タブレット情報」の
　　 ビルド番号

図B 「開発者向けオプション」
　　 メニューが追加された

図C 「USBデバッグ」を
　　 オンにする

　ちなみに「開発者向けオプション」メニューを非表示にしたいときは、以下の操作でアプリのデータを消します。

1. 「設定」アプリから「アプリ」メニューを選び、設定アプリを選ぶ
2. ストレージを選び、「データ消去」をタップする（図D）

● PC側の作業

　Windowsでは、Google USB Driverをインストールする必要がありますが、Android StudioのSDK Managerでインストールできます（図E）。
　Windows 10の場合、Google USB Driverがインストールされていれば、付属のUSBケーブルで実機と接続することで、自動的に認識されます。
　Windows 7や8.1で自動的に認識されない場合は、コントロールパネルから、デバイスマネージャーを開き、接続した端末を見つけて、[ドライバーの更新]でドライバーを更新してください。
　Google USB Driverは、SDKをインストールしたディレクトリのサブディレクトリextras¥google¥usb_driverにあります。ただし、実機がGalaxyの場合は、Samsungのサイトからドライバーをダウンロードしてください。
　MacやLinuxで開発する場合は、ドライバーのインストールは不要です。

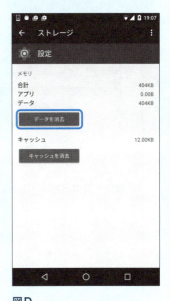

図D
設定のデータを消去を実行すると、「開発者向けオプション」メニューが非表示になる

125

第 4 章　○時になったよ！―― カンタン便利なお知らせアラーム

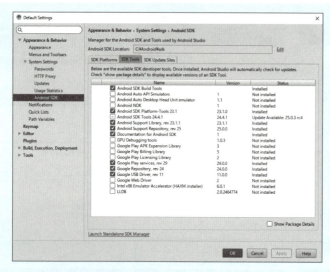

図E
SDK ToolsにGoogle USB Driverがある

● 実機で実行する

実機で実行するには、USBケーブルで実機とつないだ状態で［Run］ボタンをクリックします（図F）。

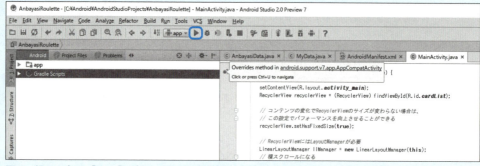

図F　緑の三角の［Run］ボタンでアプリを実行

すると、［Connected Devices］の下にデバイス（Nexus 6p）が表示されます（図G）。
［OK］ボタンをクリックすると、実機でアプリが実行されます。

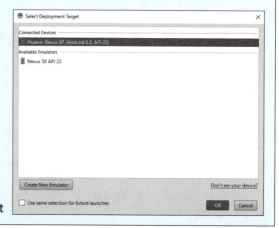

図G
Select Deploymnet Target

第 5 章

これ覚えておきたいねん
―― 忘れると困ることは
記録しよう！

本章では、Androidのデータ記憶機能とフラグメントについて学び、データをプリファレンスに記録するアプリを作成します。
また、Design Support LibraryのNavigationViewを使うことで、シュッと開くメニューを作成します。

第**5**章　これ覚えておきたいねん ―― 忘れると困ることは記録しよう！

5-1　作成するAndroidアプリ

　忘れては困るちょっとした情報をKey-Value形式でプリファレンスに記録するアプリを作成しましょう。

　忘れては困るちょっとした情報とは、たとえば、体のサイズ。ワイシャツのサイズ（首回り、そで丈）やズボンのサイズ（胴回りや股下の長さ）など覚えておくと都合が良いのに、つい忘れてしまうことがあります。それから、自分の車のナンバーやスマホの電話番号など持ち物の情報。また、結婚記念日や妻の誕生日は忘れると大変ですよね。それから、子どもの誕生日も。

　そんな大切なことを忘れるはずがないと思われるかもしれませんが、とっさのときに出てこないことがあります。そのような大事だけど小さなデータはプリファレンスに記憶します。

記録項目（初期画面）　　体のサイズ（データ記録画面）　　記念日（データ記録画面）

図5-1　「これ覚えておきたいねん」完成イメージ

この章で説明すること

- ☑ Androidのデータ記憶について　　☑ フラグメント（Fragment）
- ☑ Master/Detail Flow　　☑ NavigationView
- ☑ プリファレンス（Preference）

128

5-2 Androidのデータ記憶

まず、Androidのデータ保存の方法にはどのような方法があるのかを紹介しましょう（表5-1）。

アプリの設定値などの小さなデータ、少量のデータを保存する場合は、プリファレンス（Preference）が向いています。

文章などの長い文字列や画像、音楽データなどは、ファイル形式でデータを保存します。これに対し、大量の同じ形式のデータを保存し、検索して更新するような場合は、データベースを使います。Androidでは軽量な組み込みのSQLiteというリレーショナルデータベース（関係データベース）が利用できます。

また、プリファレンスと同様にKey-Value形式（キーと値のペア）のデータをネットワーク経由でクラウドにビッグデータとして保存することもできます。

表5-1　Androidのデータ保存方法

手段	内容
プリファレンス（Preference）	プリファレンスは、Android端末の内部の記憶媒体にKey-Value形式（キーと値のペア）でデータを記憶する。記憶できるデータの形式やデータ量に制限があるので、主にアプリの設定値など少量のデータ保存に使う
ファイル	文章などの長い文字列はテキストファイルとして保存する。それから、カメラで撮影した画像や録音した音声などのバイナリデータもファイルとして保存する
SQLiteデータベース	SQLiteデータベースは、データの保存に単一のファイルを利用する軽量なリレーショナルデータベース。リレーショナルデータベース用の問い合わせ言語であるSQLが利用できる。SQLiteについては、第10章で解説
ビッグデータとしてクラウドに保存	mBaaS（mobile Backend as a Service）というスマホやタブレットのバックエンドとしてサーバー機能を担うサービスが普及しつつある。多くのmBaaSでは、Key-Value形式の組み合わせで大量のデータをクラウドに保存することができる

5-3 フラグメントを使う

　Android端末が画面の小さいスマートフォンだけの時代は、画面の遷移はアクティビティ（Activity）からインテントを使って別のアクティビティに移動するという全画面単位の切り替えが合理的でした。Android 2.xまでの時代です。

　その後、普及し出したタブレットはスマートフォンに比べて、大きな画面を持っています。画面サイズが7インチ、10インチと大きいタブレットでは、画面全体を一度に書き換えるのではなく、画面を複数のペイン（表示領域）に分けて、部分的に更新したほうが、画面の動きがスムーズで自然です。そこで、Android 3.xでは、フラグメント（Fragment）というクラスが導入されました。フラグメントはアクティビティを複数のペイン（表示領域）に分けて、画面の部分的な更新を可能にします。

　Android 4.xでは、スマートフォンでもフラグメントを使うようになりました。また、スマートフォンにもサイズの大きな機種が増えてきたので、大きい画面のタブレットと小さい画面のスマートフォンという分け方はあてはまらないケースも出てきたようです。Android 5以降のマテリアルデザインの中でも、フラグメントを当たり前のように使うことが多くなりました。

1つのアプリでスマートフォンとタブレット機に対応する

　一覧表示と詳細表示の機能を持つアプリを考えてみましょう。

　図5-2のように画面の大きさを判断して、タブレット機など大きな画面の端末だったら、1つのアクティビティに一覧表示の部分と詳細を表示する部分を配置します。画面の小さい端末だったら、最初のアクティビティには、一覧表示だけを配置して、一覧から項目を選択したら、詳細を表示するフラグメントを持つアクティビティに遷移します。このようにして、同じアプリでスマートフォンとタブレットに対応します。一覧表示の部分には、RecyclerViewを配置し、詳細表示の部分はフラグメントで差し換えます。

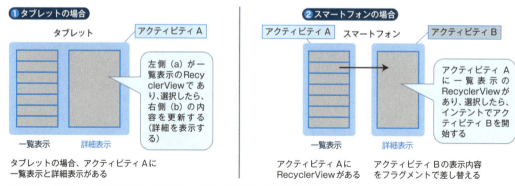

図5-2　タブレットとスマホでフラグメントにより画面の構成を変える

Master/Detail（一覧／詳細）のひな形プロジェクトの作成

では例を見ていきましょう。フラグメントはアクティビティに比べて高機能で、詳細な動作が指定できるのでアクティビティよりもプログラムが複雑になり、難しく感じられるかもしれません。

しかし、Android Studioでは、プロジェクトに追加するアクティビティの種類を選択することで、フラグメントを使うひな形を作成してくれます。自動作成されたファイルやコードの重要な部分を見て理解していきましょう。

一覧表示と詳細表示機能をフラグメントを使って実現するアプリは「Master/Detail Flow」を選ぶと作成できます。

表5-2の設定で新規プロジェクトを作成します。

表5-2　一覧／詳細表示プロジェクト

指定した項目	指定した値
Application Name（プロジェクト名）	MasterDetailSample
Company Domain（組織のドメイン）	kanehiro.example.com
Package Name（パッケージ名）※1	com.example.kanehiro.masterdetailsample
Project location（プロジェクトの保存場所）	C:\Android\AndroidStudioProjects\MasterDetailSample
Minimum SDK（最小SDK）	API 16 Android 4.1
アクティビティの種類	Master/Detail Flow
Object Kind（オブジェクトの種類）	Item
Object Kind Plural（複数形）	Items
Title（タイトル）	Items

※1　パッケージ名は自動で表示される。

アクティビティの追加画面（図5-3）で「Master/Detail Flow」を選ぶと次に、表示するデータの種類をたずねてきますが、デフォルトのItemのまま進めます（図5-4）。［Finish］をクリックするとプロジェクトが作成されます。

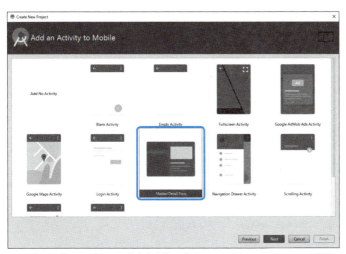

図5-3　アクティビティの追加画面で「Master/Detail Flow」を選ぶ

第5章 これ覚えておきたいねん ── 忘れると困ることは記録しよう！

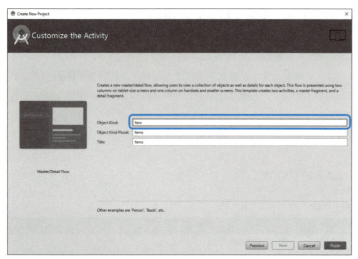

図5-4　Object Kindは「Item」のまま

画面レイアウト

まず、左側のペインをProjectビューに切り替えて、作成されたフォルダとファイルを見てみましょう（図5-5）。

resフォルダの中に、layoutフォルダとlayout-w900dpフォルダが作成されており、同名のレイアウトファイルitem_list.xmlがあります。この2つのファイルの内容を比較してみましょう（リスト5-1・5-2）。

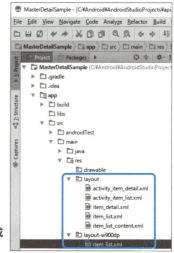

**図5-5
Projectビューで作成
されたファイルを見る**

リスト5-1　layout/item_list.xml

```xml
<?xml version="1.0" encoding="utf-8"?>
<android.support.v7.widget.RecyclerView xmlns:android="http://schemas.android.com/apk/res/android"
    xmlns:app="http://schemas.android.com/apk/res-auto"
    xmlns:tools="http://schemas.android.com/tools"

    android:id="@+id/item_list"
    android:name="com.example.kanehiro.masterdetailsample.ItemListFragment"
    android:layout_width="match_parent"
    android:layout_height="match_parent"
    android:layout_marginLeft="16dp"
    android:layout_marginRight="16dp"
    app:layoutManager="LinearLayoutManager"
    tools:context="com.example.kanehiro.masterdetailsample.ItemListActivity"
    tools:listitem="@layout/item_list_content" />
```

● 5-3　フラグメントを使う

リスト 5-2　layout-w900dp/item_list.xml

```xml
<LinearLayout xmlns:android="http://schemas.android.com/apk/res/android"
    xmlns:app="http://schemas.android.com/apk/res-auto"
    xmlns:tools="http://schemas.android.com/tools"
    android:layout_width="match_parent"
    android:layout_height="match_parent"
    android:layout_marginLeft="16dp"
    android:layout_marginRight="16dp"
    android:baselineAligned="false"
    android:divider="?android:attr/dividerHorizontal"
    android:orientation="horizontal"
    android:showDividers="middle"
    tools:context="com.example.kanehiro.masterdetailsample.ItemListActivity">

    <!--
    This layout is a two-pane layout for the Items
    master/detail flow.

    -->

    <android.support.v7.widget.RecyclerView xmlns:android="http://schemas.android.com/apk/res/android"
        xmlns:tools="http://schemas.android.com/tools"
        android:id="@+id/item_list"
        android:name="com.example.kanehiro.masterdetailsample.ItemListFragment"
        android:layout_width="@dimen/item_width"
        android:layout_height="match_parent"
        android:layout_marginLeft="16dp"
        android:layout_marginRight="16dp"
        app:layoutManager="LinearLayoutManager"
        tools:context="com.example.kanehiro.masterdetailsample.ItemListActivity"
        tools:listitem="@layout/item_list_content" />

    <FrameLayout
        android:id="@+id/item_detail_container"
        android:layout_width="0dp"
        android:layout_height="match_parent"
        android:layout_weight="3" />

</LinearLayout>
```

　layoutフォルダのitem_list.xmlには、RecyclerViewが1つあります。それに対し、layout-w900dpフォルダのitem_list.xmlには、LinearLayoutに囲まれて、RecyclerViewとFrameLayoutがあります。

　画面の小さなスマホでも画面の大きなタブレットでも一覧（item_list）は第1画面に表示するので、RecyclerViewは一覧用だと判断できます。そうすると、layout-w900dpフォルダのitem_list.xmlにあるFrameLayoutは詳細表示用だと予想できます。layout-w900dpフォルダにあるレイアウトファイルがタブレットなどの大きい画面用だということになります。

133

第5章 これ覚えておきたいねん──忘れると困ることは記録しよう！

 Androidアプリ開発で使えるXMLのTool属性

これまでのサンプルにも登場しましたが、リスト5-1にはxmlns:toolsで始まる名前空間があります。

AndroidにはTools向けの専用のXMLネームスペース（名前空間）があり、開発時に情報を記録するために使われます。ランタイムやダウンロードのサイズには影響を与えません。http://schemas.android.com/toolsがその名前空間で、通常は接頭辞（プレフィクス）tools:に結び付けられます。

リスト5-1では、tools:context、tools:listitemの2つの属性が使用されています。tools:contextは、このレイアウトがどのアクティビティで使われるものかを指定します。これは単にデザイン時に使用されるもので、実行時にはそのレイアウトをどのアクティビティと一緒に使っても問題ありません。

tools:listitemはListViewやRecyclerViewで使用されるもので、リスト項目やヘッダー、フッターとしてデザイン時に使用されるレイアウトを指定します。

また、リスト5-1にはxmlns:app="http://schemas.android.com/apk/res-auto"とappネームスペースが定義されており、app:layoutManager="LinearLayoutManager"とRecyclerViewのlayoutManagerを指定しています。

最初に起動するアクティビティ

次に知りたいのは、エミュレータや実機で実行する場合に、どこで一覧だけ表示しようとか、2ペインにして一覧と詳細を同じアクティビティに表示しようと判断しているのかということです。

このアプリで最初に起動されるアクティビティはItemListActivityなので、ItemListActivityクラスのコードを見ていきましょう（リスト5-3）。

リスト5-3　ItemListActivity.java

```
package com.example.kanehiro.masterdetailsample;

import android.content.Context;
import android.content.Intent;
import android.os.Bundle;
import android.support.annotation.NonNull;
import android.support.v7.app.AppCompatActivity;
import android.support.v7.widget.LinearLayoutManager;
import android.support.v7.widget.RecyclerView;
import android.support.v7.widget.Toolbar;
import android.support.design.widget.FloatingActionButton;
import android.support.design.widget.Snackbar;
import android.view.LayoutInflater;
import android.view.View;
import android.view.ViewGroup;
import android.widget.TextView;

import com.example.kanehiro.masterdetailsample.dummy.DummyContent;

import java.util.List;

public class ItemListActivity extends AppCompatActivity {

    /**
     * Whether or not the activity is in two-pane mode, i.e. running on a tablet
```

5-3 フラグメントを使う

```java
 * device.
 */
private boolean mTwoPane;    // 2ペインだと、trueにする

@Override
protected void onCreate(Bundle savedInstanceState) {                              ❶
    super.onCreate(savedInstanceState);
    setContentView(R.layout.activity_item_list);

    Toolbar toolbar = (Toolbar) findViewById(R.id.toolbar);
    setSupportActionBar(toolbar);
    toolbar.setTitle(getTitle());

    FloatingActionButton fab = (FloatingActionButton) findViewById(R.id.fab);
    fab.setOnClickListener(new View.OnClickListener() {
        @Override
        public void onClick(View view) {
            Snackbar.make(view, "Replace with your own action", Snackbar.LENGTH_LONG)
                    .setAction("Action", null).show();
        }
    });

    View recyclerView = findViewById(R.id.item_list);
    assert recyclerView != null;
    setupRecyclerView((RecyclerView) recyclerView);                              ❷

    // 適用されたレイアウトにid="@+id/item_detail_container"で定義した
    // R.id.item_detail_containerがあれば、2ペイン
    if (findViewById(R.id.item_detail_container) != null) {
        mTwoPane = true;                                                         ❸
    }
}

private void setupRecyclerView(@NonNull RecyclerView recyclerView) {
    recyclerView.setAdapter(new SimpleItemRecyclerViewAdapter(DummyContent.ITEMS)); ❹
}

public class SimpleItemRecyclerViewAdapter
        extends RecyclerView.Adapter<SimpleItemRecyclerViewAdapter.ViewHolder> {

    private final List<DummyContent.DummyItem> mValues;

    public SimpleItemRecyclerViewAdapter(List<DummyContent.DummyItem> items) {   ❺
        mValues = items;
    }

    @Override
    public ViewHolder onCreateViewHolder(ViewGroup parent, int viewType) {       ❻
        View view = LayoutInflater.from(parent.getContext())
                .inflate(R.layout.item_list_content, parent, false);
        return new ViewHolder(view);
    }
```

135

```
@Override
public void onBindViewHolder(final ViewHolder holder, int position) { ─────────⓻
    holder.mItem = mValues.get(position);
    holder.mIdView.setText(mValues.get(position).id);
    holder.mContentView.setText(mValues.get(position).content);

    holder.mView.setOnClickListener(new View.OnClickListener() {
        @Override
        public void onClick(View v) {
            if (mTwoPane) { ─────────────────────────────────────────⓼
                Bundle arguments = new Bundle();
                arguments.putString(ItemDetailFragment.ARG_ITEM_ID, holder.mItem.id);
                ItemDetailFragment fragment = new ItemDetailFragment();
                fragment.setArguments(arguments);
                getSupportFragmentManager().beginTransaction()
                        .replace(R.id.item_detail_container, fragment)
                        .commit();
            } else {
                Context context = v.getContext();
                Intent intent = new Intent(context, ItemDetailActivity.class);
                intent.putExtra(ItemDetailFragment.ARG_ITEM_ID, holder.mItem.id);

                context.startActivity(intent);
            }
        }
    });
}


@Override
public int getItemCount() {
    return mValues.size();
}

public class ViewHolder extends RecyclerView.ViewHolder {
    public final View mView;
    public final TextView mIdView;
    public final TextView mContentView;
    public DummyContent.DummyItem mItem;

    public ViewHolder(View view) {
        super(view);
        mView = view;
        mIdView = (TextView) view.findViewById(R.id.id);
        mContentView = (TextView) view.findViewById(R.id.content);
    }

    @Override
    public String toString() {
        return super.toString() + " '" + mContentView.getText() + "'";
    }
}
}
}
```

●5-3　フラグメントを使う

　onCreate()メソッドに注目してください（リスト5-3❶）。setContentView()にR.layout.activity_item_listを指定してビューを作成しています。R.layout.activity_item_listのXMLファイルはリスト5-4です。activity_item_list.xmlには、FrameLayoutがあり、includeでitem_listを読み込んでいます（リスト5-4❶）。item_list.xmlは2つありますが、@layout/item_listと指定しています。

　その後、layout-w900dpのitem_list.xmlにあるFrameLayoutに付けたidであるR.id.item_detail_containerが存在するかどうかを調べて、2ペインであることを示すmTwoPaneをtrueにしています（リスト5-3❸）。画面の解像度を判断して、読み込むファイルを切り替える処理はどこにも記述されていないように思われます。どこで判断しているのでしょうか？

　実はフォルダ名layout-w900dpの「w900dp」で判断しているのです。wはWidthの略で、「w900dp」と指定すると画面の横幅が900dpより大きい場合にそこに指定したリソース（レイアウトファイル）が参照されます。そうでない場合は、layoutフォルダにあるリースが参照されます。

　また、h<N>dpとheight（高さ）を指定することもできますが、高さ指定はあまり実用的ではないでしょう。

　sw<N>dpを使うと画面の向きに関係なく、sw（smallestWidth）を指定することができます。

リスト5-4　layout/activity_item_list.xml

```xml
<?xml version="1.0" encoding="utf-8"?>
<android.support.design.widget.CoordinatorLayout xmlns:android="http://schemas.android.com/apk/res/android"
    xmlns:app="http://schemas.android.com/apk/res-auto"
    xmlns:tools="http://schemas.android.com/tools"
    android:layout_width="match_parent"
    android:layout_height="match_parent"
    android:fitsSystemWindows="true"
    tools:context=".MainActivity">

    <android.support.design.widget.AppBarLayout
        android:id="@+id/app_bar"
        android:layout_width="match_parent"
        android:layout_height="wrap_content"
        android:theme="@style/AppTheme.AppBarOverlay">

        <android.support.v7.widget.Toolbar
            android:id="@+id/toolbar"
            android:layout_width="match_parent"
            android:layout_height="?attr/actionBarSize"
            app:popupTheme="@style/AppTheme.PopupOverlay" />

    </android.support.design.widget.AppBarLayout>

    <FrameLayout
        android:id="@+id/frameLayout"
        android:layout_width="match_parent"
        android:layout_height="match_parent"
        app:layout_behavior="@string/appbar_scrolling_view_behavior">

        <include layout="@layout/item_list" />                              ❶
```

137

第5章 これ覚えておきたいねん ── 忘れると困ることは記録しよう！

```
    </FrameLayout>

    <android.support.design.widget.FloatingActionButton
        android:id="@+id/fab"
        android:layout_width="wrap_content"
        android:layout_height="wrap_content"
        android:layout_gravity="bottom|end"
        android:layout_margin="@dimen/fab_margin"
        android:src="@android:drawable/ic_dialog_email" />

</android.support.design.widget.CoordinatorLayout>
```

エミュレータで確認しましょう。横幅が420dpiのAVDで実行すると、1ペインでRecyclerViewによるリスト表示に部分だけが表示されます（図5-6）。そして、たとえばItem3をタップすると、詳細部分が表示されます（図5-7）。

では、本当にフォルダ名で参照されるリソースが変わるのか、フォルダ名を変えて試してみましょう。フォルダ名を変えるには、フォルダを右クリックして［Refacter］→［Rename］を選びます（図5-8）。そしてフォルダ名を入力します。w400dpに変更しました（図5-9）。

図5-6　リスト表示部分だけが表示　　図5-7　詳細部分だけが表示

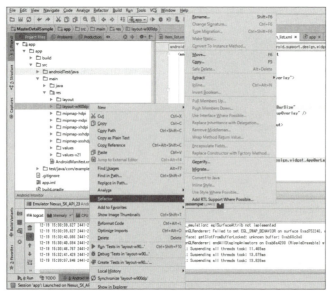

図5-8　Refacterでフォルダ名をRenameする

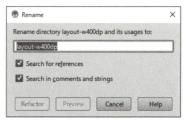

図5-9　layout-w400dpに変更

再度、エミュレータで実行してみます。画像はItem3をタップしたところです（図5-10）。2ペインで表示されました。

図5-10
一覧と詳細部分が表示された

RecyclerViewに一覧を表示する

続けて、onCreate()メソッドをみていきましょう。setupRecyclerView()メソッドでRecyclerViewをセットアップします（リスト5-3❷）。setupRecyclerViewでは、recyclerView.setAdapterでアダプタをセットします。Adapterサブクラスは、RecyclerViewに表示するデータソースを管理し、子となるビューにデータを紐付けします。setAdapter()メソッドの引数にはSimpleItemRecyclerViewAdapterクラスのオブジェクトを渡しています（リスト5-3❹）。

SimpleItemRecyclerViewAdapterクラスのコンストラクタは、表示する項目のリストを受け取りますが（リスト5-3❺）、DummyContent.ITEMSは、DummyContentクラス（リスト5-5）の静的メンバ(DummyItemのArrayList）です。

Android Studioのテンプレートが作成してくれるコードは、Javaに慣れていない人には少し読みにくいかもしれませんが、参考になる部分がたくさんあります。最初からすべてを理解しようとせず、少しずつ、そこに使われているテクニックを自分の作成するコードに取り入れていけば良いでしょう。

リスト5-5　DummyContent.java

```java
package com.example.kanehiro.masterdetailsample.dummy;

import java.util.ArrayList;
import java.util.HashMap;
import java.util.List;
import java.util.Map;

public class DummyContent {

    public static final List<DummyItem> ITEMS = new ArrayList<DummyItem>();
```

第5章 これ覚えておきたいねん —— 忘れると困ることは記録しよう！

```java
public static final Map<String, DummyItem> ITEM_MAP = new HashMap<String, DummyItem>();

private static final int COUNT = 25;

static {                                                                          ❶
    // Add some sample items.
    for (int i = 1; i <= COUNT; i++) {
        addItem(createDummyItem(i));
    }
}

private static void addItem(DummyItem item) {                                     ❷
    ITEMS.add(item);
    ITEM_MAP.put(item.id, item);
}

private static DummyItem createDummyItem(int position) {                          ❸
    return new DummyItem(String.valueOf(position), "Item " + position, makeDetails(position));
}

private static String makeDetails(int position) {                                 ❹
    StringBuilder builder = new StringBuilder();
    builder.append("Details about Item: ").append(position);
    for (int i = 0; i < position; i++) {
        builder.append("¥nMore details information here.");
    }
    return builder.toString();
}

public static class DummyItem {                                                   ❺
    public final String id;
    public final String content;
    public final String details;

    public DummyItem(String id, String content, String details) {
        this.id = id;
        this.content = content;
        this.details = details;
    }

    @Override
    public String toString() {
        return content;
    }
}
}
```

　クラスの初期化には通常、コンストラクタを使いますが、Javaではイニシャライザを使うこともできます。DummyContentクラスでは、クラスの静的（static）メンバを初期化するのにstaticイニシャライザを使っています。static {ではじまるコード（リスト5-5❶）で、addItemメソッドを実行しITEMS配列を初期化しています。

140

DummyItemクラスのArrayListであるITEMS配列とキーと値を持つHashMapであるITEM_MAPにどのようにデータが作成されていくかは図5-11と図5-12を参照してください。staticイニシャライザの中で、iが1からcount(25)になるまで、addItemメソッドを繰り返し呼び出しています。

addItemメソッドでは、DummyItemをITEMSにaddします。そして、DummyItemのidをキーにDummyItemをITEM_MAPにputします（リスト5-5❷）。

DummyItemは、id、content、detailsの3つのStringクラスをメンバとして持ちます（リスト5-5❺）。

createDummyItemメソッド（リスト5-5❸）が、1つ1つのDummyItemを作成しますが、detailsはmakeDetailsメソッドで作っています（リスト5-5❹）。Detailsメソッドでは、countの値を受け取ったpositionの回数分だけ「More details information here.」という文字列を\n（改行）をはさんでつなげていきます。

ITEMS

id	content	details
1	Item 1	Details about Item: 1 More details information here.
2	Item 2	Details about Item: 2 More details information here. More details information here.
3	Item 3	Details about Item: 3 More details information here. More details information here. More details information here.
⋮		
25		

図5-11　ITEMS配列

ITEM_MAP

key	value	
1	1	Item 1 Details about Item: 1 More details information here.
2	2	Item 2 Details about Item: 2 More details information here. More details information here.
3	3	Item 3 Details about Item: 3 More details information here. More details information here. More details information here.
⋮		
25	25	

図5-12　ITEM_MAPマップ

さて、リスト5-3に戻りましょう。第3章のあんばやしルーレットの復習になりますが、RecyclerView.Adapterクラスを継承するクラスでは、onCreateViewHolder()とonBindViewHolder()、そしてgetItemCount()の3つのメソッドを実装しなくてはなりません。

onCreateViewHolderメソッド（リスト5-3❻）では、表示するレイアウトを設定します。R.layout.item_list_contentのソースは、item_list_content.xml（リスト5-6）ですが、このレイアウトが一項目のレイアウトです。onBindViewHolderメソッド（リスト5-3❼）では、実際のデータをセットしますが、このサンプルでより重要なのは、RecyclerViewの各項目をクリックしたときの処理（リスト5-3❽）です。mTwoPaneがtrueのときはクリックされたリスト項目のidを引数に渡して、ItemDetailFragmentを生成します。これが、詳細部分になります。

getSupportFragmentManager()でFragmentManagerを取得します。beginTransaction()メソッドがトランザクションを開始します。フラグメントの更新はトランザクション処理にすることができます。データベースのトランザクション処理と同様のイメージを描くと理解しやすいでしょう。開始したトランザクションは、commit()メソッドで完了させます。

replace(R.id.item_detail_container,fragment)メソッドを使い、生成したItemDetailFragmentクラスのインスタンスfragmentで、R.id.item_detail_containerが示すFrameLayoutを差し替えます（このFrameLayoutはリスト5-2にあります）。これで右側ペインの表示が更新されます。

第5章 これ覚えておきたいねん —— 忘れると困ることは記録しよう！

1ペインの場合は、putExtra()メソッドでidを渡して、ItemDetailActivityを開始します。

リスト5-6　item_list_content.xml

```xml
<?xml version="1.0" encoding="utf-8"?>
<LinearLayout xmlns:android="http://schemas.android.com/apk/res/android"
    android:layout_width="wrap_content"
    android:layout_height="wrap_content"
    android:orientation="horizontal">

    <TextView
        android:id="@+id/id"
        android:layout_width="wrap_content"
        android:layout_height="wrap_content"
        android:layout_margin="@dimen/text_margin"
        android:textAppearance="?attr/textAppearanceListItem" />

    <TextView
        android:id="@+id/content"
        android:layout_width="wrap_content"
        android:layout_height="wrap_content"
        android:layout_margin="@dimen/text_margin"
        android:textAppearance="?attr/textAppearanceListItem" />
</LinearLayout>
```

フラグメントとアクティビティ

まずは、2ペインのときに呼び出されるItemDetailFragmentからみていきます（リスト5-7）。

リスト5-7　ItemDetailFragment.java

```java
package com.example.kanehiro.masterdetailsample;

import android.app.Activity;
import android.support.design.widget.CollapsingToolbarLayout;
import android.os.Bundle;
import android.support.v4.app.Fragment;
import android.view.LayoutInflater;
import android.view.View;
import android.view.ViewGroup;
import android.widget.TextView;

import com.example.kanehiro.masterdetailsample.dummy.DummyContent;

public class ItemDetailFragment extends Fragment {
    public static final String ARG_ITEM_ID = "item_id";
    private DummyContent.DummyItem mItem;

    public ItemDetailFragment() {
    }
```

142

●5-3　フラグメントを使う

```java
@Override
public void onCreate(Bundle savedInstanceState) {                               ❶
    super.onCreate(savedInstanceState);

    if (getArguments().containsKey(ARG_ITEM_ID)) {
        mItem = DummyContent.ITEM_MAP.get(getArguments().getString(ARG_ITEM_ID));

        Activity activity = this.getActivity();
        CollapsingToolbarLayout appBarLayout = (CollapsingToolbarLayout) activity.findViewById(⤵
R.id.toolbar_layout);
        if (appBarLayout != null) {
            appBarLayout.setTitle(mItem.content);                              ❷
        }
    }
}

@Override
public View onCreateView(LayoutInflater inflater, ViewGroup container,
                         Bundle savedInstanceState) {
    View rootView = inflater.inflate(R.layout.item_detail, container, false);

    // Show the dummy content as text in a TextView.
    if (mItem != null) {
        ((TextView) rootView.findViewById(R.id.item_detail)).setText(mItem.details);   ❸
    }

    return rootView;
}
}
```

　onCreate()メソッドとonCreateView()メソッドの2つライフサイクルメソッドに処理が記述されています。フラグメントのライフサイクルメソッドはアクティビティより細かく、アクティビティとフラグメントのライフサイクルメソッドの対応は図5-13のようになっています。

　onCreate()メソッド（リスト5-7❶）では、ARG_ITEM_IDをキーにITEM_MAPからDummyItemを取得します。onCreateView()メソッドでは、item_detail.xml（リスト5-8）からViewを作成し、TextViewにDummyItemのdetailsを表示しています（リスト5-7❸）。この内容がR.id.item_detail_containerが示すFrameLayoutに表示されるわけです。

リスト5-8　item_detail.xml

```xml
<TextView xmlns:android="http://schemas.android.com/apk/res/android"
    xmlns:tools="http://schemas.android.com/tools"
    android:id="@+id/item_detail"
    style="?android:attr/textAppearanceLarge"
    android:layout_width="match_parent"
    android:layout_height="match_parent"
    android:padding="16dp"
    android:textIsSelectable="true"
    tools:context="com.example.kanehiro.masterdetailsample.ItemDetailFragment" />
```

図5-13　アクティビティの状態とフラグメントのライフサイクルメソッドの対応

　1ペインの場合は、ItemDetailActivity.java（リスト5-9）を呼び出します。ItemDetailActivityでは、リスト5-10のactivity_item_detail.xmlをレイアウトファイルとして利用します（リスト5-9❶）。

リスト5-9　ItemDetailActivity.java

```
package com.example.kanehiro.masterdetailsample;

import android.content.Intent;
import android.os.Bundle;
import android.support.design.widget.FloatingActionButton;
import android.support.design.widget.Snackbar;
import android.support.v7.widget.Toolbar;
import android.view.View;
import android.support.v7.app.AppCompatActivity;
import android.support.v7.app.ActionBar;
import android.view.MenuItem;

public class ItemDetailActivity extends AppCompatActivity {
```

5-3 フラグメントを使う

```java
@Override
protected void onCreate(Bundle savedInstanceState) {
    super.onCreate(savedInstanceState);
    setContentView(R.layout.activity_item_detail);                            ❶
    Toolbar toolbar = (Toolbar) findViewById(R.id.detail_toolbar);
    setSupportActionBar(toolbar);

    FloatingActionButton fab = (FloatingActionButton) findViewById(R.id.fab);
    fab.setOnClickListener(new View.OnClickListener() {
        @Override
        public void onClick(View view) {
            Snackbar.make(view, "Replace with your own detail action", Snackbar.LENGTH_LONG)
                    .setAction("Action", null).show();
        }
    });

    // Show the Up button in the action bar.
    ActionBar actionBar = getSupportActionBar();
    if (actionBar != null) {
        actionBar.setDisplayHomeAsUpEnabled(true);
    }

    if (savedInstanceState == null) {
        // Create the detail fragment and add it to the activity
        // using a fragment transaction.
        Bundle arguments = new Bundle();
        arguments.putString(ItemDetailFragment.ARG_ITEM_ID,
                getIntent().getStringExtra(ItemDetailFragment.ARG_ITEM_ID));
        ItemDetailFragment fragment = new ItemDetailFragment();
        fragment.setArguments(arguments);
        getSupportFragmentManager().beginTransaction()
                .add(R.id.item_detail_container, fragment)                     ❷
                .commit();
    }
}

@Override
public boolean onOptionsItemSelected(MenuItem item) {
    int id = item.getItemId();
    if (id == android.R.id.home) {
        navigateUpTo(new Intent(this, ItemListActivity.class));
        return true;
    }
    return super.onOptionsItemSelected(item);
}
}
```

第5章 これ覚えておきたいねん —— 忘れると困ることは記録しよう！

リスト5-10 activity_item_detail.xml

```xml
<android.support.design.widget.CoordinatorLayout xmlns:android="http://schemas.android.com/apk/res/
android"
    xmlns:app="http://schemas.android.com/apk/res-auto"
    xmlns:tools="http://schemas.android.com/tools"
    android:layout_width="match_parent"
    android:layout_height="match_parent"
    android:fitsSystemWindows="true"
    tools:context="com.example.kanehiro.masterdetailsample.ItemDetailActivity"
    tools:ignore="MergeRootFrame">

    <android.support.design.widget.AppBarLayout
        android:id="@+id/app_bar"
        android:layout_width="match_parent"
        android:layout_height="@dimen/app_bar_height"
        android:fitsSystemWindows="true"
        android:theme="@style/ThemeOverlay.AppCompat.Dark.ActionBar">

        <android.support.design.widget.CollapsingToolbarLayout
            android:id="@+id/toolbar_layout"
            android:layout_width="match_parent"
            android:layout_height="match_parent"
            android:fitsSystemWindows="true"
            app:contentScrim="?attr/colorPrimary"
            app:layout_scrollFlags="scroll|exitUntilCollapsed" ──────────────────────────────❶
            app:toolbarId="@+id/toolbar">

            <android.support.v7.widget.Toolbar
                android:id="@+id/detail_toolbar"
                android:layout_width="match_parent"
                android:layout_height="?attr/actionBarSize"
                app:layout_collapseMode="pin" ──────────────────────────────❷
                app:popupTheme="@style/ThemeOverlay.AppCompat.Light" />

        </android.support.design.widget.CollapsingToolbarLayout>

    </android.support.design.widget.AppBarLayout>

    <android.support.v4.widget.NestedScrollView
        android:id="@+id/item_detail_container" ──────────────────────────────❸
        android:layout_width="match_parent"
        android:layout_height="match_parent"
        app:layout_behavior="@string/appbar_scrolling_view_behavior" />

    <android.support.design.widget.FloatingActionButton
        android:id="@+id/fab"
        android:layout_width="wrap_content"
        android:layout_height="wrap_content"
        android:layout_gravity="center_vertical|start"
        android:layout_margin="@dimen/fab_margin"
        android:src="@android:drawable/stat_notify_chat"
        app:layout_anchor="@+id/item_detail_container"
        app:layout_anchorGravity="top|end" />

</android.support.design.widget.CoordinatorLayout>
```

そして、ItemDetailActivityではItemDetailFragmentを生成して、R.id.item_detail_containerが示すビュー部品にadd（追加）します（リスト5-9❷）。R.id.item_detail_containerが指すのはNestedScrollView（リスト5-10❸）です。NestedScrollViewはFramlayoutを継承した部品で、Scroll Viewのようにスクロールさせることができます。

それに加えて、第1章のマテリアルデザインを支えるDesign Support libraryで紹介したように、NestedScrollViewをCoordinatorLayoutの中で使うと、ツールバーを伸縮させることができます。リスト5-10では、CoordinatorLayoutの子要素として、AppBarLayoutとNestedScrollView、FloatingActionButtonの3つを定義しています。CoordinatorLayoutの中の要素は関連性を持ちます。

そして、AppBarLayoutの中にCollapsingToolbarLayout、そしてCollapsingToolbarLayoutの中にToolbarを定義します。

NestedScrollViewを上方向にスクロールすると、ツールバーが縮小します（図5-14）。

CollapsingToolbarLayoutのapp:layout_scrollFlagsに指定したscroll|exitUntilCollapsedは、ビューがminHeightになるまでスクロールオフすることを意味します（リスト5-10❶）。

Toolbarにapp:layout_collapseMode="pin"を指定していますが、これはビューを縮めてもツールバー自体は画面上部に固定されること意味します（リスト5-10❷）。

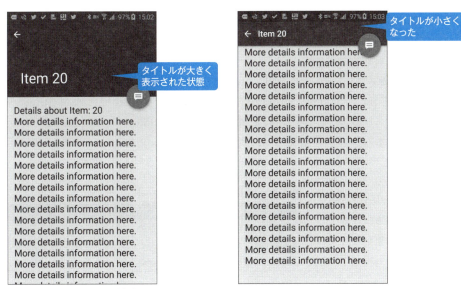

図5-14　ツールバーの縮小

ここで、リスト5-7のItemDetailFragmentクラスに戻りましょう。appBarLayout.setTitle(mItem.content)で「Item 20」などのcontentをタイトルに指定していますが（リスト5-7❷）、appBarLayoutはCollapsingToolbarLayoutであり、Toolbarではありません。

5-4 これ覚えておきたいねんを作ろう

　Master/Detail Flowテンプレートを使った一覧と詳細の切り替えはなかなか難しかったですね。こんどはNavigation Drawer Activityテンプレートを使いますが、自動作成されたひな形をシンプルにする方向で修正していきます。

　Navigation Drawer Activityテンプレートを使うと、画面の端からスワイプすることで、メニューを表示し、逆方向にスワイプすることでメニューを非表示にするシュッと引っ張り出せる今風のインターフェイスを簡単に作成することができます。

　シュッと引き出すメニューはNavigationViewで表示します。そのメニューを選んでプリファレンスから備忘録を表示する部分にフラグメントを使います。

プリファレンス

　アプリを作成する前に、プリファレンス（Preference）について予習しておきましょう。

　プリファレンスは、キーと値の組み合わせでデータを保存する方法です。データの実体はXML形式のテキストファイルとして保存されます。

　1つのアプリは複数のプリファレンスを持つことができます。プリファレンスで使えるデータ型は、boolean型、float型、int型、long型、String型、そしてAPIレベル11で追加されたSet<String>型です。

　プリファレンスにアクセスするには、contentクラスのgetSharedPreferences()メソッドでSharedPreferencesオブジェクトを取得します。モードは他のアプリとの共有モードを表5-3のいずれかで指定します。MODE_PRIVATEを指定すると、他のアプリとは共有しないという設定になります。

　プリファレンスからデータ取得するためには、getメソッドにキーとデフォルト値を指定します。指定したキーの値がない場合は、このデフォルト値が返ってきます。

表5-3　プリファレンスの共通モード

モード	機能
MODE_PRIVATE	他のアプリケーションからはアクセス不可
MODE_WORLD_READABLE	他のアプリケーションから読み込み可能
MODE_WORLD_WRITEABLE	他のアプリケーションから書き込み可能

　getするメソッドはデータ型に合わせて、

- boolean型　⇒　getBoolean()
- float型　⇒　getFloat()
- int型　⇒　getInt()
- long型　⇒　getLong()
- String型　⇒　getString()
- Set<String>型　⇒　getStringSet()

とそれぞれ用意されています。

　プリファレンスにデータを保存するにはプリファレンスのedit()メソッドでSharedPreferences. Editorオブジェクトを取得します。そして、putメソッドでキーとともに保存します。

　putするメソッドもデータ型の分だけ用意されています。

- boolean型　　⇒　putBoolean()
- float型　　　⇒　putFloat()
- int型　　　　⇒　putInt()
- long型　　　⇒　putLong()
- String型　　⇒　putString()
- Set<String>型　⇒　putStringSet()

で、それぞれデータを保存しますが、忘れてはならないのがcommit()メソッドです。commit()することで実際に値が書き込まれます。

　また、APIレベル9からは、commit()に加えて非同期にデータを保存するapply()メソッドが追加されています。同期処理では、コマンドの終了を待ってから次の処理に移りますが、非同期モードではコマンドの終了を待ちません。読み込みに比べて、書き込み処理は時間がかかるので、apply()メソッドを使ったほうが良い場合が多いでしょう。

プロジェクトの作成

　それでは、アプリを作成していきましょう。

　表5-4の設定で新規プロジェクトを作成します。Add an activity to Mobileでは「Navigation Drawer Activity」を選びます（図5-15）。

表5-4　これ覚えておきたいねんプロジェクト

指定した項目	指定した値
Application Name（プロジェクト名）	NeverForget
Company Domain（組織のドメイン）	kanehiro.example.com
Package Name（パッケージ名）※1	com.example.kanehiro.neverforget
Project location（プロジェクトの保存場所）	C:\Android\AndroidStudioProjects\NeverForget
Minimum SDK（最小SDK）	API 16 Android 4.1
アクティビティの種類	Navigation Drawer Activity
Activity Name（アクティビティ名）	MainActivity
Layout Name（レイアウト名）	activity_main
Title（タイトル）	MainActivity

※1　パッケージ名は自動で表示される。

第5章 これ覚えておきたいねん ── 忘れると困ることは記録しよう！

図5-15
Add an activity to Mobileで
「Navigation Drawer Activity」
を選ぶ

　作成されたひな形を修正して、これ覚えておきたいねんアプリを作成していくので、まずはウィザードで作成されたひな形の概要を理解しておきましょう。

ひな形コードの確認

　ひな形プロジェクトを実行すると、Hello Worldとだけ表示されたアクティビティが表示されます（図5-16）。ここで左端からスワイプすると、ドロワー（Drawer）が表示されます。引き出しにくい場合は、アクションバーの（NerverForgetというタイトルの左横の）三本線のアイコンをタップするとドロワーが出てきます（図5-17）。

　このドロワー（Drawer）は左右のスワイプすることで開閉します。また、ドロワーに表示されたImport、Gallery、…のメニューをタップするとドロワーは閉じます。

　どのようなコードでこのインターフェイスが実現されているかを見てみましょう（リスト5-11）。

図5-16　アプリ起動時

図5-17　ドロワーが開いた

5-4 これ覚えておきたいねんを作ろう

リスト5-11　MainActivity.java

```
package com.example.kanehiro.neverforget;

import android.os.Bundle;
import android.support.design.widget.FloatingActionButton;
import android.support.design.widget.Snackbar;
import android.view.View;
import android.support.design.widget.NavigationView;
import android.support.v4.view.GravityCompat;
import android.support.v4.widget.DrawerLayout;
import android.support.v7.app.ActionBarDrawerToggle;
import android.support.v7.app.AppCompatActivity;
import android.support.v7.widget.Toolbar;
import android.view.Menu;
import android.view.MenuItem;

public class MainActivity extends AppCompatActivity
        implements NavigationView.OnNavigationItemSelectedListener {

    @Override
    protected void onCreate(Bundle savedInstanceState) { ————————————————❶
        super.onCreate(savedInstanceState);
        setContentView(R.layout.activity_main);
        Toolbar toolbar = (Toolbar) findViewById(R.id.toolbar);
        setSupportActionBar(toolbar);

        FloatingActionButton fab = (FloatingActionButton) findViewById(R.id.fab);
        fab.setOnClickListener(new View.OnClickListener() {
            @Override
            public void onClick(View view) {
                Snackbar.make(view, "Replace with your own action", Snackbar.LENGTH_LONG)
                        .setAction("Action", null).show();
            }
        });

        DrawerLayout drawer = (DrawerLayout) findViewById(R.id.drawer_layout); ————————❷
        ActionBarDrawerToggle toggle = new ActionBarDrawerToggle( ————————————❸
                this, drawer, toolbar, R.string.navigation_drawer_open, R.string.navigation_drawer_close);
        drawer.setDrawerListener(toggle);
        toggle.syncState();

        NavigationView navigationView = (NavigationView) findViewById(R.id.nav_view);
        navigationView.setNavigationItemSelectedListener(this);
    }

    @Override
    public void onBackPressed() { ——————————————————————————————❹
        DrawerLayout drawer = (DrawerLayout) findViewById(R.id.drawer_layout);
        if (drawer.isDrawerOpen(GravityCompat.START)) {
            drawer.closeDrawer(GravityCompat.START);
        } else {
            super.onBackPressed();
```

第5章 これ覚えておきたいねん ── 忘れると困ることは記録しよう！

```java
        }
    }

    @Override
    public boolean onCreateOptionsMenu(Menu menu) {
        // Inflate the menu; this adds items to the action bar if it is present.
        getMenuInflater().inflate(R.menu.main, menu);
        return true;
    }

    @Override
    public boolean onOptionsItemSelected(MenuItem item) {
        // Handle action bar item clicks here. The action bar will
        // automatically handle clicks on the Home/Up button, so long
        // as you specify a parent activity in AndroidManifest.xml.
        int id = item.getItemId();

        //noinspection SimplifiableIfStatement
        if (id == R.id.action_settings) {
            return true;
        }

        return super.onOptionsItemSelected(item);
    }

    @SuppressWarnings("StatementWithEmptyBody")
    @Override
    public boolean onNavigationItemSelected(MenuItem item) {                                    ⑤
        // Handle navigation view item clicks here.
        int id = item.getItemId();

        if (id == R.id.nav_camera) {
            // Handle the camera action
        } else if (id == R.id.nav_gallery) {

        } else if (id == R.id.nav_slideshow) {

        } else if (id == R.id.nav_manage) {

        } else if (id == R.id.nav_share) {

        } else if (id == R.id.nav_send) {

        }

        DrawerLayout drawer = (DrawerLayout) findViewById(R.id.drawer_layout);
        drawer.closeDrawer(GravityCompat.START);
        return true;
    }
}
```

MainActivityのonCreate()メソッド（リスト5-11❶）では、setContentView()メソッドでactivity_

5-4 これ覚えておきたいねんを作ろう

mainからビューを生成しています。

そして、DrawerLayoutを見つけます（リスト5-11❷）。リスト5-12のactivity_main.xmlにあるようにDrawerLayoutはサポートv4ライブラリの部品です。DrawerLayoutの中にメインのコンテンツを表示するビュー（リスト5-12❶）と、NavigationDrawerとして利用するビュー（リスト5-12❷）がありますが、コンテンツ部分は多重にインクルードされています。リスト5-13のレイアウトファイルapp_bar_main.xmlの中にコンテンツ部分がありますが、このレイアウトファイルに直接記述してあるわけでなく、やはりインクルードされています（リスト5-13❶）。リスト5-14のcontent_main.xmlに図5-16にあるように、Hello World!と表示しているTextViewがあります。

リスト5-12　activity_main.xml

```xml
<?xml version="1.0" encoding="utf-8"?>
<android.support.v4.widget.DrawerLayout xmlns:android="http://schemas.android.com/apk/res/android"
    xmlns:app="http://schemas.android.com/apk/res-auto"
    xmlns:tools="http://schemas.android.com/tools"
    android:id="@+id/drawer_layout"
    android:layout_width="match_parent"
    android:layout_height="match_parent"
    android:fitsSystemWindows="true"
    tools:openDrawer="start">

    <include
        layout="@layout/app_bar_main"                                    ❶
        android:layout_width="match_parent"
        android:layout_height="match_parent" />

    <android.support.design.widget.NavigationView                        ❷
        android:id="@+id/nav_view"
        android:layout_width="wrap_content"
        android:layout_height="match_parent"
        android:layout_gravity="start"
        android:fitsSystemWindows="true"
        app:headerLayout="@layout/nav_header_main"
        app:menu="@menu/activity_main_drawer" />

</android.support.v4.widget.DrawerLayout>
```

リスト5-13　app_bar_main.xml

```xml
<?xml version="1.0" encoding="utf-8"?>
<android.support.design.widget.CoordinatorLayout xmlns:android="http://schemas.android.com/apk/res/android"
    xmlns:app="http://schemas.android.com/apk/res-auto"
    xmlns:tools="http://schemas.android.com/tools"
    android:layout_width="match_parent"
    android:layout_height="match_parent"
    android:fitsSystemWindows="true"
    tools:context="com.example.kanehiro.neverforget.MainActivity">
```

153

第5章 これ覚えておきたいねん —— 忘れると困ることは記録しよう！

```xml
    <android.support.design.widget.AppBarLayout
        android:layout_width="match_parent"
        android:layout_height="wrap_content"
        android:theme="@style/AppTheme.AppBarOverlay">

        <android.support.v7.widget.Toolbar
            android:id="@+id/toolbar"
            android:layout_width="match_parent"
            android:layout_height="?attr/actionBarSize"
            android:background="?attr/colorPrimary"
            app:popupTheme="@style/AppTheme.PopupOverlay" />

    </android.support.design.widget.AppBarLayout>

    <include layout="@layout/content_main" />  ─────────────────────────────────────── ❶
    <!-- FloatingActionButton は使わないのであとで削除する -->
    <android.support.design.widget.FloatingActionButton
        android:id="@+id/fab"
        android:layout_width="wrap_content"
        android:layout_height="wrap_content"
        android:layout_gravity="bottom|end"
        android:layout_margin="@dimen/fab_margin"
        android:src="@android:drawable/ic_dialog_email" />

</android.support.design.widget.CoordinatorLayout>
```

リスト5-14 content_main.xml

```xml
<?xml version="1.0" encoding="utf-8"?>
<RelativeLayout xmlns:android="http://schemas.android.com/apk/res/android"
    xmlns:app="http://schemas.android.com/apk/res-auto"
    xmlns:tools="http://schemas.android.com/tools"
    android:layout_width="match_parent"
    android:layout_height="match_parent"
    android:paddingBottom="@dimen/activity_vertical_margin"
    android:paddingLeft="@dimen/activity_horizontal_margin"
    android:paddingRight="@dimen/activity_horizontal_margin"
    android:paddingTop="@dimen/activity_vertical_margin"
    app:layout_behavior="@string/appbar_scrolling_view_behavior"
    tools:context="com.example.kanehiro.neverforget.MainActivity"
    tools:showIn="@layout/app_bar_main">

    <TextView
        android:layout_width="wrap_content"
        android:layout_height="wrap_content"
        android:text="Hello World!" />
</RelativeLayout>
```

　　ここでリスト5-11に戻りましょう。三本線のアイコンをタップしたら、ドロワーが開く設定をみていき
ましょう。それには、サポートv7ライブラリのActionBarDrawerToggleを使います。ActionBar
DrawerToggleのコンストラクタに表5-5の引数を与えて、ActionBarDrawerToggleのインスタンスを

●5-4 これ覚えておきたいねんを作ろう

生成します（リスト5-11❸）。

そして、ActionBarDrawer
Toggleのインスタンスを
DrawerLayoutのsetDrawer
Listenerメソッドの引数に指
定します。toggle.syncState
メソッドでDrawerLayoutと
シンクロします。

表5-5　ActionBarDrawerToggleのインスタンス生成

引数	意味
this	Drawerを持っているアクティビティ
drawer	DrawerLayout
toolbar	サポートv7ライブラリのツールバー
openDrawerContentDescRes	開くアクションの説明文字列のリソースID
closeDrawerContentDescRes	閉じるアクションの説明文字列のリソースID

次にNavigationViewを見つけて、setNavigationItemSelectedListener(this)でNavigationView
上のメニュー項目が選択されたときに、このアクティビティがイベントを受け取ることができるようにし
ます。

ここで少しリスト5-12のNavigationViewについて説明します。NavigationViewのapp:header
Layout属性にはヘッダーに使用されるレイアウトを指定します。ここでは、リスト5-15のnav_header_
main.xmlが指定されています。app:menu属性にはドロワー内のメニュー要素となるメニューファイル
を指定します。ここでは、menuフォルダのactivity_main_drawer.xml（リスト5-16）を指定しています。

リスト5-15　nav_header_main.xml

```xml
<?xml version="1.0" encoding="utf-8"?>
<LinearLayout xmlns:android="http://schemas.android.com/apk/res/android"
    android:layout_width="match_parent"
    android:layout_height="@dimen/nav_header_height"
    android:background="@drawable/side_nav_bar"
    android:gravity="bottom"
    android:orientation="vertical"
    android:paddingBottom="@dimen/activity_vertical_margin"
    android:paddingLeft="@dimen/activity_horizontal_margin"
    android:paddingRight="@dimen/activity_horizontal_margin"
    android:paddingTop="@dimen/activity_vertical_margin"
    android:theme="@style/ThemeOverlay.AppCompat.Dark">

    <ImageView
        android:id="@+id/imageView"
        android:layout_width="wrap_content"
        android:layout_height="wrap_content"
        android:paddingTop="@dimen/nav_header_vertical_spacing"
        android:src="@android:drawable/sym_def_app_icon" />

    <TextView
        android:layout_width="match_parent"
        android:layout_height="wrap_content"
        android:paddingTop="@dimen/nav_header_vertical_spacing"
        android:text="Android Studio"
        android:textAppearance="@style/TextAppearance.AppCompat.Body1" />

    <TextView
        android:id="@+id/textView"
        android:layout_width="wrap_content"
```

第5章 これ覚えておきたいねん ── 忘れると困ることは記録しよう！

```
        android:layout_height="wrap_content"
        android:text="android.studio@android.com" />

</LinearLayout>
```

リスト5-16　activity_main_drawer.xml

```xml
<?xml version="1.0" encoding="utf-8"?>
<menu xmlns:android="http://schemas.android.com/apk/res/android">

    <group android:checkableBehavior="single">
        <item
            android:id="@+id/nav_camera"
            android:icon="@drawable/ic_menu_camera"
            android:title="Import" />
        <item
            android:id="@+id/nav_gallery"
            android:icon="@drawable/ic_menu_gallery"
            android:title="Gallery" />
        <item
            android:id="@+id/nav_slideshow"
            android:icon="@drawable/ic_menu_slideshow"
            android:title="Slideshow" />
        <item
            android:id="@+id/nav_manage"
            android:icon="@drawable/ic_menu_manage"
            android:title="Tools" />
    </group>

    <item android:title="Communicate">
        <menu>
            <item
                android:id="@+id/nav_share"
                android:icon="@drawable/ic_menu_share"
                android:title="Share" />
            <item
                android:id="@+id/nav_send"
                android:icon="@drawable/ic_menu_send"
                android:title="Send" />
        </menu>
    </item>

</menu>
```

　では、リスト5-11のMainActivity.javaに戻りましょう。
　onBackPressedメソッドは戻るボタンが押されたときに呼び出されますが（リスト5-11❹）、ドロワーが開いているときは閉じるようにしています。
　NavigationViewのメニュー項目が選択されたときには、onNavigationItemSelectedメソッドが呼び出されます（リスト5-11❺）。ひな形では、なにも処理をしていませんが、ここにコンテンツをフラグメントで更新する処理を記述していきます。

5-4 これ覚えておきたいねんを作ろう

修正の概要

では、どのように直していくか説明します。NavigationDrawer部分には、体のサイズ、持ち物、記念日といった覚えておきたいことを分類するメニューを表示します（図5-18）。

メニューについてはリスト5-16のactivity_main_drawer.xmlを編集すれば良いですね（リスト5-17）。

さきにメニューファイルから直すと、@string/title_mysizeで示される文字列がstrings.xmlにないので、赤字で表示されます。values/strings.xmlに文字列を追加しておきましょう（リスト5-18）。

図5-18
ドロワーのメニュー表示

リスト5-17　activity_main_drawer.xml 変更後

```xml
<?xml version="1.0" encoding="utf-8"?>
<menu xmlns:android="http://schemas.android.com/apk/res/android">

    <group android:checkableBehavior="single">
        <item
            android:id="@+id/nav_mysize"
            android:title="@string/title_mysize" />
        <item
            android:id="@+id/nav_property"
            android:title="@string/title_property" />
        <item
            android:id="@+id/nav_memorial"
            android:title="@string/title_memorial" />
    </group>
</menu>
```

リスト5-18　strings.xml

```xml
<resources>
    <string name="navigation_drawer_open">Open navigation drawer</string>
    <string name="navigation_drawer_close">Close navigation drawer</string>

    <string name="app_name">これ覚えておきたいねん</string>
    <string name="app_short_name">Never Forget</string>
    <string name="title_mysize">体のサイズ</string>
    <string name="title_property">持ち物</string>
    <string name="title_memorial">記念日</string>
    <string name="neck">首回り</string>
    <string name="sleeve">そで丈</string>
```

```xml
    <string name="waist">胴回り</string>
    <string name="inside_leg">股下</string>
    <string name="car_number">車のナンバー</string>
    <string name="phone_number">携帯番号</string>
    <string name="wedding">結婚記念日</string>
    <string name="birthday">妻の誕生日</string>
    <string name="birthday1">子供の誕生日1</string>
    <string name="birthday2">子供の誕生日2</string>
    <string name="birthday3">子供の誕生日3</string>
</resources>
```

そして、それぞれのメニュー項目をタップしたら、プリファレンスから読み込んだデータを表示するようにcontent_main.xmlをフラグメントで更新します（図5-19）。

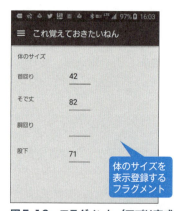

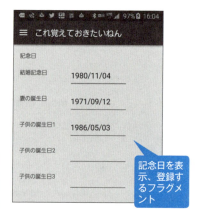

図5-19　フラグメント（アプリ完成後の実行イメージ）

フラグメントで更新できるように、content_main.xmlにFramLayoutを追加します（リスト5-19）。

リスト5-19　content_main.xml　変更後

```xml
<?xml version="1.0" encoding="utf-8"?>
<RelativeLayout xmlns:android="http://schemas.android.com/apk/res/android"
    xmlns:app="http://schemas.android.com/apk/res-auto"
    xmlns:tools="http://schemas.android.com/tools"
    android:layout_width="match_parent"
    android:layout_height="match_parent"
    android:paddingBottom="@dimen/activity_vertical_margin"
    android:paddingLeft="@dimen/activity_horizontal_margin"
    android:paddingRight="@dimen/activity_horizontal_margin"
    android:paddingTop="@dimen/activity_vertical_margin"
    app:layout_behavior="@string/appbar_scrolling_view_behavior"
    tools:context="com.example.kanehiro.neverforget.MainActivity"
    tools:showIn="@layout/app_bar_main">

    <FrameLayout android:id="@+id/container"
        android:layout_width="match_parent"
```

```
        android:layout_height="match_parent"
        />
</RelativeLayout>
```

TextViewを削除して、代わりにFramLayoutを追加します。

各フラグメントを開いたら、プリファレンスから読み込んだデータを表示します。そして、各々のフラグメントがフォアグラウンドでなくなるときに入力された値をプリファレンスに保存します。

また、各クラスのコードをなるべく単純にするために、各々のフラグメントは1つずつクラスにして、対応するレイアウトを作成します。

フラグメントの追加

では、体のサイズ、持ち物、記念日をそれぞれ入力するフラグメントを追加していきましょう。

パッケージを選択した状態で右クリックし、[New] → [Fragment] → [Fragment (Blank)] を選びます（図5-20）。

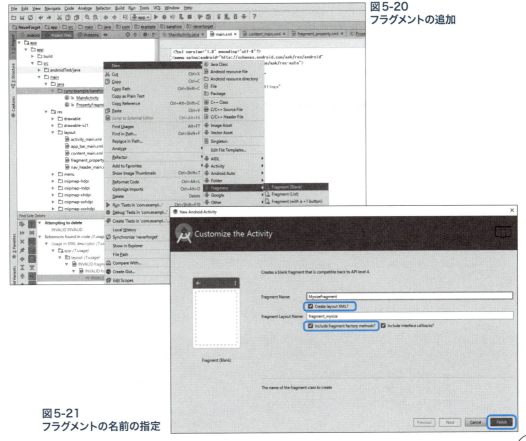

図5-20
フラグメントの追加

図5-21
フラグメントの名前の指定

Fragment Nameにフラグメントの名前を入力し、「Create layout XML?」と「Include fragment factory methods?」にチェックの付いた状態で、［Finish］をクリックします（図5-21）。Fragment Layout Nameは自動的に表示された名前のままとします。

表5-6 作成するフラグメント

名前	内容
MysizeFragment	体のサイズを表示、登録するフラグメント
PropertyFragment	持ち物を表示、登録するフラグメント
MemorialFragment	記念日を表示、登録するフラグメント

表5-6の3つのフラグメントを作成します。

layoutフォルダには、fragment_mysize.xml、fragment_property.xml、fragment_memorial.xmlの3つのレイアウトファイルが作成されます。レイアウトファイルにはFrameLayoutが追加されていますが、今回はLinearLayoutに直します。

フラグメントの処理

fragment_mysize.xml

レイアウトファイルfragment_mysize.xmlから見ていきましょう。リスト5-20のようにFrameLayoutをLinearLayoutに修正します。

LinearLayoutはUI部品を一方向に並べて配置するレイアウト部品です。orientationにverticalを指定すると縦方向になり、horizontalを指定すると横方向になります。このレイアウトのように項目の名称を表示するTextViewと項目の値を入力するEditTextを横並びにして、複数の項目を縦並びに配置したいときは、LinearLayoutを入れ子にします。

リスト5-20　fragment_mysize.xml

```xml
<LinearLayout xmlns:android="http://schemas.android.com/apk/res/android"
    android:orientation="vertical" android:layout_width="match_parent"
    android:layout_height="match_parent">
    <TextView android:text ="@string/title_mysize" android:layout_width="wrap_content"
        android:layout_height="wrap_content"/>

    <LinearLayout
        android:orientation="horizontal"
        android:layout_marginTop="20dp"
        android:layout_width="match_parent"
        android:layout_height="wrap_content">
        <TextView
            android:layout_width="100dp"
            android:layout_height="wrap_content"
            android:text="@string/neck"
            android:id="@+id/textView" />

        <EditText
            android:layout_width="60dp"
            android:layout_height="wrap_content"
            android:layout_marginLeft="20dp"
```

5-4 これ覚えておきたいねんを作ろう

```xml
        android:inputType="number"
        android:ems="10"
        android:id="@+id/editText1" />
</LinearLayout>

<LinearLayout
    android:orientation="horizontal"
    android:layout_marginTop="20dp"
    android:layout_width="match_parent"
    android:layout_height="wrap_content"
    android:layout_gravity="center_horizontal">

    <TextView
        android:layout_width="100dp"
        android:layout_height="wrap_content"
        android:text="@string/sleeve"
        android:id="@+id/textView2"
        android:layout_gravity="center_horizontal" />

    <EditText
        android:layout_width="60dp"
        android:layout_height="wrap_content"
        android:layout_marginLeft="20dp"
        android:inputType="number"
        android:ems="10"
        android:id="@+id/editText2"/>
</LinearLayout>

<LinearLayout
    android:orientation="horizontal"
    android:layout_marginTop="20dp"
    android:layout_width="match_parent"
    android:layout_height="wrap_content"
    android:layout_gravity="center_horizontal">

    <TextView
        android:layout_width="100dp"
        android:layout_height="wrap_content"
        android:text="@string/waist"
        android:id="@+id/textView3"
        android:layout_gravity="center_horizontal" />

    <EditText
        android:layout_width="60dp"
        android:layout_height="wrap_content"
        android:layout_marginLeft="20dp"
        android:inputType="number"
        android:ems="10"
        android:id="@+id/editText3"/>
</LinearLayout>

<LinearLayout
    android:orientation="horizontal"
```

第5章 これ覚えておきたいねん —— 忘れると困ることは記録しよう！

```
        android:layout_marginTop="20dp"
        android:layout_width="match_parent"
        android:layout_height="wrap_content"
        android:layout_gravity="center_horizontal">

        <TextView
            android:layout_width="100dp"
            android:layout_height="wrap_content"
            android:text="@string/inside_leg"
            android:id="@+id/textView4"
            android:layout_gravity="center_horizontal" />

        <EditText
            android:layout_width="60dp"
            android:layout_height="wrap_content"
            android:inputType="number"
            android:ems="10"
            android:layout_marginLeft="20dp"
            android:id="@+id/editText4"/>
    </LinearLayout>

</LinearLayout>
```

　リスト5-20で、もう一点注目してほしいポイントはEditTextに指定しているinputType属性です（表5-7）。体のサイズとして入力する項目は、符号なし、小数なしの数値なので、numberを指定しています。こうすると、数字しか入力できなくなるだけでなく、そのEditTextにフォーカスが移ったときに表示されるソフトキーボードの種類も違ってきます（図5-22）。

表5-7　android:inputTypeに指定できる属性値

値	内容	値	内容
none	入力不可	textPersonName	人名を入力する
text	普通のテキストを入力	textPostalAddress	住所を入力する
textCapCharacters	すべて大文字で入力する	textPassword	パスワードを入力する
textCapWords	単語の先頭を大文字で入力する	textVisiblePassword	パスワードを見える状態で入力する
textCapSentences	文章の先頭を大文字で入力する	textWebEditText	HTMLを入力する
textAutoCorrect	文字の入力を自動で修正する	textFilter	他のデータでフィルタされた文字を入力
textAutoComplete	文字の補完入力をする		
textMultiLine	文字を複数行入力する	textPhonetic	発音記号を入力する
textImeMultiLine	通常の文字入力時は複数入力を許可せず、IMEによって複数行入力を設定する	number	数値入力する
		numberSigned	符号付きの数値を入力する
textUri	URLを入力する	numberDecimal	小数入力する
textEmailAddress	メールアドレスを入力する	phone	電話番号を入力する
textEmailSubject	メールの件名を入力する	datetime	日付時刻を入力する
textShortMessage	ショートメッセージを入力する	date	日付を入力する
textLongMessage	ロングメッセージを入力する	time	時刻を入力する

たとえば、パスワードを入力するtextPassword属性を指定すると、入力した文字が＊（アスタリスク）でマスクされます。また、fragment_memorial.xmlでは、日付の入力項目にinputType="date"を指定しています。dateを指定すると、入力可能な文字種は、数字と「.」、「-」、「/」などの区切り用の文字に限定されます。

ですから、inputType属性を使えば、詳細な入力文字のチェックまでは無理でも、おおよその入力文字種の制限が可能です。

図5-22
数字入力用のソフトキーボードが表示される

MysizeFragmentクラス

次にfragment_mysize.xmlから、フラグメントを生成し、SharedPreferencesオブジェクトとの間でデータのやり取りをするMysizeFragmentクラスを見ていきましょう（リスト5-21）。

リスト5-21　MysizeFragment.java

```java
package com.example.kanehiro.neverforget;

import android.support.v4.app.Fragment;
import android.content.Context;
import android.content.SharedPreferences;
import android.os.Bundle;
import android.view.LayoutInflater;
import android.view.View;
import android.view.ViewGroup;
import android.widget.EditText;

public class MysizeFragment extends Fragment {
    public static Fragment newInstance(Context context) {
        MysizeFragment f = new MysizeFragment();
        return f;
    }
```

第5章 これ覚えておきたいねん —— 忘れると困ることは記録しよう！

```java
@Override
public View onCreateView(LayoutInflater inflater, ViewGroup container, Bundle savedInstanceState) {
    ViewGroup root = (ViewGroup)inflater.inflate(R.layout.fragment_mysize, null);
    return  root;
}

@Override
public void onResume() {                                                                              ❶
    super.onResume();
    SharedPreferences prefs = this.getActivity().getSharedPreferences("mysize", 🔁
Context.MODE_PRIVATE);
    int neck = prefs.getInt("neck", 0);
    int sleeve = prefs.getInt("sleeve", 0);
    int waist = prefs.getInt("waist", 0);
    int insideLeg = prefs.getInt("insideLeg", 0);
    EditText edText1 = (EditText) getView().findViewById(R.id.editText1);
    if (neck != 0) {
        edText1.setText(Integer.toString(neck));
    }
    EditText edText2 = (EditText) getView().findViewById(R.id.editText2);
    if (sleeve != 0) {
        edText2.setText(Integer.toString(sleeve));
    }
    EditText edText3 = (EditText) getView().findViewById(R.id.editText3);
    if (waist != 0) {
        edText3.setText(Integer.toString(waist));
    }
    EditText edText4 = (EditText) getView().findViewById(R.id.editText4);
    if (insideLeg != 0) {
        edText4.setText(Integer.toString(insideLeg));
    }
}

@Override
public void onPause() {
    super.onPause();
    EditText edText1 = (EditText) getView().findViewById(R.id.editText1);
    EditText edText2 = (EditText) getView().findViewById(R.id.editText2);
    EditText edText3 = (EditText) getView().findViewById(R.id.editText3);
    EditText edText4 = (EditText) getView().findViewById(R.id.editText4);
    int neck;
    // ここで例外をキャッチして抜ける
    try {
        neck = Integer.parseInt(edText1.getText().toString());
    }
    catch (NumberFormatException e) {
        neck = 0;
    }
    int sleeve;
    try {
        sleeve = Integer.parseInt(edText2.getText().toString());
    }
    catch (NumberFormatException e) {
```

164

```
            sleeve = 0;
        }
        int waist;
        try {
            waist = Integer.parseInt(edText3.getText().toString());
        }
        catch (NumberFormatException e) {
            waist = 0;
        }
        int insideLeg;
        try {
            insideLeg = Integer.parseInt(edText4.getText().toString());
        }
        catch (NumberFormatException e) {
            insideLeg = 0;
        }

        // 保存
        SharedPreferences prefs = this.getActivity().getSharedPreferences("mysize", 
Context.MODE_PRIVATE);
        SharedPreferences.Editor editor = prefs.edit();
        editor.putInt("neck", neck);
        editor.putInt("sleeve", sleeve);
        editor.putInt("waist", waist);
        editor.putInt("insideLeg", insideLeg);
        //editor.commit();
        editor.apply();        // commitの非同期版

    }
}
```

❷

　onResume()メソッド（❶）で、getSharedPreferences()メソッドにプリファレンス名mysizeと共有モードMODE_PRIVATEを指定してプリファレンスを取得します。各項目は整数なので、getInt()メソッドにキーを指定して値を取得します。第2引数はデフォルト値です。指定したキーで値が存在しない場合にはデフォルト値、この場合は0が返ってきます。0でないときは、setText()でInteger.toString()で各値を文字列化してEditTextに編集しています。

　onPause()メソッドでは、SharedPreferencesに値を保存しています（❷）。

　EditTextから取得した文字列をInteger.parseInt()で整数に変換するコードを、try～catch文で囲んでいます。ここでキャッチしている例外はNumberFormatExceptionです。文字列を数値型に変換しようとしたら、文字列の形式が正しくない（数値に変換できない）ときに発生します。この例ではEditTextに数字が入力されていないときに発生します。

　プリファレンスへの保存処理はSharedPreferences.Editorオブジェクトを取得して、putInt()メソッドなどで、キーと値をセットして、apply()メソッドもしくはcommit()メソッドで更新することで実行します。

　なお、PropertyFragmentクラス、MemorialFragmentクラスの処理内容はMysizeFragmentクラスとほぼ同じなので、説明を省略します。

第5章 これ覚えておきたいねん──忘れると困ることは記録しよう！

MainActivityクラスの修正

では、MainActivityクラスをNavigation Drawerのひな形からどのように直したかを見ていきましょう（リスト5-22）。

リスト5-22　MainActivity.java 修正後

```java
package com.example.kanehiro.neverforget;

import android.os.Bundle;
import android.support.v4.app.Fragment;
import android.support.v4.app.FragmentManager;
import android.support.design.widget.NavigationView;
import android.support.v4.view.GravityCompat;
import android.support.v4.widget.DrawerLayout;
import android.support.v7.app.ActionBarDrawerToggle;
import android.support.v7.app.AppCompatActivity;
import android.support.v7.widget.Toolbar;

import android.view.MenuItem;

public class MainActivity extends AppCompatActivity
        implements NavigationView.OnNavigationItemSelectedListener {
    final String[] fragments ={                                           ──❶
            "com.example.kanehiro.neverforget.MysizeFragment",
            "com.example.kanehiro.neverforget.PropertyFragment",
            "com.example.kanehiro.neverforget.MemorialFragment",
    };
    @Override
    protected void onCreate(Bundle savedInstanceState) {
        super.onCreate(savedInstanceState);
        setContentView(R.layout.activity_main);
        Toolbar toolbar = (Toolbar) findViewById(R.id.toolbar);
        setSupportActionBar(toolbar);

        DrawerLayout drawer = (DrawerLayout) findViewById(R.id.drawer_layout);
        ActionBarDrawerToggle toggle = new ActionBarDrawerToggle(
                this, drawer, toolbar, R.string.navigation_drawer_open, R.string.navigation_drawer_close);
        drawer.setDrawerListener(toggle);
        toggle.syncState();

        NavigationView navigationView = (NavigationView) findViewById(R.id.nav_view);
        navigationView.setNavigationItemSelectedListener(this);

        drawer.openDrawer(GravityCompat.START);
    }

    @Override
    public void onBackPressed() {
        DrawerLayout drawer = (DrawerLayout) findViewById(R.id.drawer_layout);
```

```java
        if (drawer.isDrawerOpen(GravityCompat.START)) {
            drawer.closeDrawer(GravityCompat.START);
        } else {
            super.onBackPressed();
        }
    }

    //@SuppressWarnings("StatementWithEmptyBody")
    @Override
    public boolean onNavigationItemSelected(MenuItem item) { ─────────────── ❷

        // Handle navigation view item clicks here.
        int id = item.getItemId();

        FragmentManager fragmentManager = getSupportFragmentManager();
        switch (id){
            case R.id.nav_mysize:
                //Toast.makeText(this, "MysizeFragment", Toast.LENGTH_SHORT).show();
                fragmentManager.beginTransaction()
                        .replace(R.id.container, Fragment.instantiate(MainActivity.this, fragments[0]))
                        .commit();
                break;
            case R.id.nav_property:
                fragmentManager.beginTransaction()
                        .replace(R.id.container, Fragment.instantiate(MainActivity.this, fragments[1]))
                        .commit();
                break;
            case R.id.nav_memorial:
                fragmentManager.beginTransaction()
                        .replace(R.id.container, Fragment.instantiate(MainActivity.this, fragments[2]))
                        .commit();
                break;
        }

        DrawerLayout drawer = (DrawerLayout) findViewById(R.id.drawer_layout);
        drawer.closeDrawer(GravityCompat.START);
        return true;
    }
}
```

　リスト5-11と比べていただくとわかりやすいですが、オプションメニューは使わないのでオプションメニューに関する処理を削除しました。だから、ソースコードがかなり短くなっていますね。また、オプションメニューに関連するres/menu/main.xmlファイルも削除しました。

　そして、作成した3つのフラグメントの完全修飾したクラス名を配列にしました（❶）。onCreate()メソッドでは、setNavigationItemSelectedListenerでNavigationViewにリスナーを設定したあと、drawer.openDrawerでドロワーを開くようにしました。

　onNavigationDrawerItemSelected()メソッド（❷）では、R.id.containerで示されるFrameLayoutに配列のフラグメントを生成して、更新します。

第 6 章

振って、ゆらして琉球音階
──センサーとサウンドを活用しよう

スマートフォンやタブレットのプログラミングがパソコンのプログラミングと大きく違うのは、最初からセンサーが使える点です。センサーと他の機能を組み合わせることで、楽しいプログラミングの世界が広がります。

第6章 振って、ゆらして琉球音階 —— センサーとサウンドを活用しよう

6-1 作成するAndroidアプリ

　Android端末を振って、琉球音階を奏でるアプリを作成します。Android端末には、いろいろなセンサーが内蔵されています。Android端末はセンサーを使って、自身の状況や周囲の様子を検知することができます。

　ここでは、加速度センサーと地磁気センサーを使って、傾斜角と方位角を取得しその値によって、琉球音階を奏でるアプリを作ってみましょう。

図6-1 「振って、ゆらして琉球音階」完成イメージ

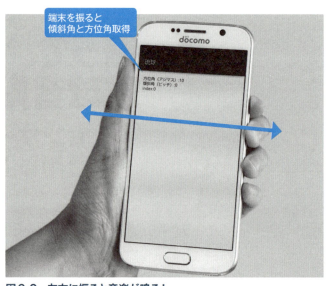

図6-2 左右に振ると音楽が鳴る！

この章で説明すること

- ☑ センサーの使い方
- ☑ 加速度センサー（ACCELEROMETER）
- ☑ 地磁気センサー（MAGNETIC FIELD）
- ☑ 方位センサー
- ☑ サウンドファイルの再生

6-2 Android端末のセンサーを調べる

6-2 Android端末のセンサーを調べる

　スマホやタブレットなどAndroid端末にはいろいろなセンサーが搭載されていますが、メーカーや機種によって、搭載されているセンサーの種類は異なります。まず、どんなセンサーが利用可能か調べ、代表的なセンサーをプログラムで扱う方法を学習しましょう。

プロジェクトの作成と画面レイアウト

　では、実装されているセンサーの一覧を取得するアプリを作ってみましょう。
　表6-1の設定で新規にプロジェクトを作成します。

表6-1　搭載されているセンサーの一覧を取得プロジェクト

指定した項目	指定した値
Application Name（プロジェクト名）	SensorGet
Company Domain（組織のドメイン）	kanehiro.example.com
Package Name（パッケージ名）※1	com.example.kanehiro.sensorget
Project location（プロジェクトの保存場所）	C:¥Android¥AndroidStudioProjects¥SensorGet
Minimum SDK（最小SDK）	API 16 Android 4.1
アクティビティの種類	Empty Activity
Activity Name（アクティビティ名）	MainActivity
Layout Name（レイアウト名）	activity_main

※1　パッケージ名は自動で表示される。

　activity_main.xmlから見ていきましょう（リスト6-1）。
　画面レイアウトは、TextViewを1つだけ配置して、取得したセンサーの一覧を表示することにします。
　Android Studioではグラフィカルに画面レイアウト上にUI部品を配置することができますが、配置した部品の属性をDesignビューのPropertiesで設定することができます（図6-3）。ここでは、idにtxt01と入力しました。

注意：自動生成された「Hello World!」と書かれているTextViewはいったん削除します。

第6章 振って、ゆらして琉球音階 ── センサーとサウンドを活用しよう

　また、layout:widthなどでは、選択肢である定数値をドロップダウンリストで選ぶことができます。ここでは、match_parentを選びます（図6-4）。

　当然ですが、Propertiesで設定した内容がTextに反映されています（リスト6-1❶）。

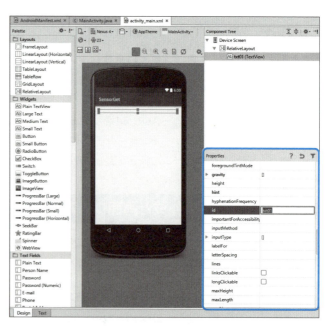

図6-3
idをPropertiesで入力する

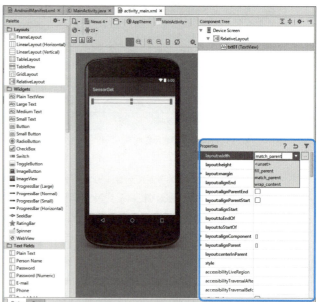

図6-4
layout:widthをドロップダウンリストで選択する

リスト6-1　activity_main.xml

```
<?xml version="1.0" encoding="utf-8"?>
<RelativeLayout xmlns:android="http://schemas.android.com/apk/res/android"
    xmlns:tools="http://schemas.android.com/tools"
    android:layout_width="match_parent"
    android:layout_height="match_parent"
```

```
        android:paddingBottom="@dimen/activity_vertical_margin"
        android:paddingLeft="@dimen/activity_horizontal_margin"
        android:paddingRight="@dimen/activity_horizontal_margin"
        android:paddingTop="@dimen/activity_vertical_margin"
        tools:context="com.example.kanehiro.sensorget.MainActivity">

    <TextView
        android:layout_width="match_parent"
        android:layout_height="wrap_content"
        android:text="New Text"
        android:id="@+id/txt01"                                            ❶
        android:layout_alignParentTop="true"
        android:layout_alignParentLeft="true"
        android:layout_alignParentStart="true" />

</RelativeLayout>
```

センサー一覧の取得

次に、MainActivityクラスの処理を見ていきましょう（リスト6-2）。

センサー一覧を取得するには、getSystemService()メソッドでSensorManagerクラスのオブジェクトを作成します。

リスト6-2　MainActivity.java

```java
package com.example.kanehiro.sensorget;

import android.content.Context;
import android.hardware.Sensor;
import android.hardware.SensorManager;
import android.support.v7.app.AppCompatActivity;
import android.os.Bundle;
import android.widget.TextView;

import java.util.List;

public class MainActivity extends AppCompatActivity {

    @Override
    protected void onCreate(Bundle savedInstanceState) {
        super.onCreate(savedInstanceState);
        setContentView(R.layout.activity_main);
        TextView txt01 = (TextView)findViewById(R.id.txt01);

        StringBuilder strBuild = new StringBuilder();
        SensorManager sensorManager = (SensorManager)getSystemService(Context.SENSOR_SERVICE);  ❶
        List<Sensor> list = sensorManager.getSensorList(Sensor.TYPE_ALL);                        ❷
        for (Sensor sensor : list) {                                                             ❸
            strBuild.append(sensor.getType());
            strBuild.append(",");
```

```
        strBuild.append(sensor.getName());
        strBuild.append(",");
        strBuild.append(sensor.getVendor());
        strBuild.append("¥n");
    }
    txt01.setText(strBuild.toString());
  }
}
```

　まず、getSystemService()メソッドでSensorManagerオブジェクトを取得します（❶）。getSystemService()メソッドはandroid.Content.Contextクラスで定義されているメソッドです。このメソッドは引数で指定したシステムレベルのサービスのハンドルを返します。このハンドルを通してセンサーを扱うことができます。

　次に、SensorManagerのgetSensorList()メソッドでセンサーを取得します（❷）。戻り値はSensor型のListです。

　引数には、取得したいセンサーを指定します。使用できるすべてのSensorを取得したい場合は、Sensor.TYPE_ALLを指定します。

　個別に、たとえば、加速度センサーだけを取得したいときはTYPE_ACCELEROMETER、光センサーを取得したいときはTYPE_LIGHTなどのように定数で指定します。

> **Memo　ジェネリクス（Generics）**
>
> 　List<Sensor>はジェネリクスというプログラミングテクニックです。java.util.Listには、どのような型のオブジェクトでもリストとして格納できるので、違う型のオブジェクトを間違えて入れてしまう可能性があります。違ったオブジェクトを格納すると、取り出すときに実行時例外が起きます。そこで、List<Sensor>のようにジェネリクスを使って、格納するオブジェクトの型をSensorクラスに限定します。

　次に、forループで、listから個々のSensorオブジェクトを取得します（❸）。SensorオブジェクトのgetType()メソッドは、センサータイプをint型で返します。

　図6-5の3行目にあるように、Accelerometer（加速度センサー）のタイプは1です。getName()メソッドは、BMP280 temperature（温度センサー）のようにセンサーの名前を返します。

図6-5　Nexus 6Pでの実行結果　図6-6　Galaxy S6での実行

getVendor()メソッドはInvensense、Asahi Kasei、Boschのようなベンダー名を返します。これらのメソッドの返す値をStringBuilderクラスのオブジェクトstrBuildに","でつなげて、"¥n"で改行を挿入して、先にfindViewById(R.id.txt01)で取得したTextViewオブジェクトtxt01のテキストにsetText()メソッドで表示しています。

> **Memo　StringクラスとStringBuilderクラス**
>
> 　MainActivityでは、StringBuilderクラスを使って取得したセンサーのタイプや名称、ベンダーを連結して、最後に一度だけtoString()でString型に変換しています。
> 　より簡単なStringクラスでも同様に文字列を連結していくことができるのに、どうしてわざわざStringBuilderクラスを使っているのでしょうか。
> 　実はStringクラスのインスタンスは、一度生成すると、持っている値を変更することができません。見た目上は、
>
> ```
> String str ="";
> str += "string1";
> str += ",string2";
> // この時点で、strは"string1,string2"
> ```
>
> などと変更していくことができますが、メモリ上では変更するたびに、新しいStringクラスのインスタンスが作成されています。ですから、MainActivityのStringBuilderによるappend操作を、Stringクラスによる+を使った文字列の連結に書き換えるとセンサーの数、+の数だけStringクラスのインスタンスが作成されるわけです。
> 　それに対し、StringBuilderによるappend操作は新しいインスタンスを生成しません。つまり、この例のように繰り返し連結する回数が決まっていないような場合はStringBuilderクラスを使ったほうが、メモリを無駄遣いしないプログラムになります。
>
>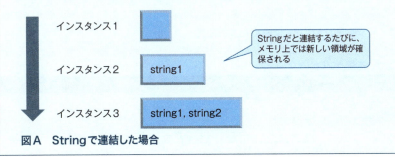
>
> **図A　Stringで連結した場合**

　ベンダー名がGoogle Inc.となっている「9 Gravity」「10 Linear Acceleration」「3 Orientation」「4 Tilt Detector」はハードウェアとして専用のセンサーが組み込まれているのではなく、加速度センサーや地磁気センサー、ジャイロ（Gyro）センサーを使って求めた値に計算を加える、いわばソフトウェア的なセンサーです。

6-3 センサーの基本的な使い方

次に、代表的なセンサーである加速度（Accelerometer）センサーと地磁気（Magnetic Field）センサーを使ってみましょう。

加速度センサーを使う

一定時間ごとに速度がどれだけ増加するかを表わす単位を「加速度」といい、m/s2乗（meter per second per second）という単位で表現します。

たとえば、10m/s2乗という加速度は、1秒後に10m/s、2秒後に20m/s、3秒後に30m/sのスピードで物体が移動することを示しています。

また、地球の重力によって物体が上から下に落ちる加速度を「重力加速度」といい、Gという記号で表わします。重力加速度は「$9.8m/s^2$」と表記されますが、厳密には緯度により異なります。日本では北海道が大きく、沖縄が小さくなります。物体を静止状態から、自然落下させたときには、1秒間に9.8m/sずつ加速していきます。

Androidでは、加速度をX、Y、Zの3軸のベクトルで取得することができます（図6-7）。

図6-7
加速度は3軸のベクトルで取得できる

プロジェクトの作成と画面レイアウト

表6-2の設定で新規にプロジェクトを作成します。AcceleGetプロジェクトは、加速度センサーから取得したX、Y、Zの3軸の値をTextViewに表示します。

表6-2　加速度センサーを使うプロジェクト

指定した項目	指定した値
Application Name（プロジェクト名）	AcceleGet
Company Domain（組織のドメイン）	kanehiro.example.com
Package Name（パッケージ名）※1	com.example.kanehiro.acceleget
Project location（プロジェクトの保存場所）	C:\Android\AndroidStudioProjects\AcceleGet
Minimum SDK（最小SDK）	API 16 Android 4.1
アクティビティの種類	Empty Activity
Activity Name（アクティビティ名）	MainActivity
Layout Name（レイアウト名）	activity_main

※1　パッケージ名は自動で表示される。

●**6-3 センサーの基本的な使い方**

SensorGetプロジェクトと同様にactivity_main.xmlにはTextViewを1つ配置します（内容はリスト6-1と同じ）。

センサーの利用手順 —— 加速度の取得

MainActivityで加速度センサーの値を取得します（リスト6-3）。

MainActivityクラスは、ActionBarActivityクラスを継承（extends）するだけでなく、SensorEventListenerインターフェイスをインプリメントしています（❶）。SensorEventListenerインターフェイスをインプリメントしたクラスは、抽象メソッドonAccuracyChanged()とonSensorChanged()を実装しなくてはなりません。

onAccuracyChanged()メソッドはセンサーの精度が変更されると呼び出されます（❻）。引数accuracyがセンサーの精度です。onSensorChanged()メソッドはセンサーの値が変更されるたびに呼び出されますが（❼）、そのためにはregisterListener()メソッドで、センサーからの更新情報を受信できるようにSensorEventListenerを登録します（❹）。

リスト6-3　MainActivity.java

```
package com.example.kanehiro.acceleget;

import android.content.Context;
import android.hardware.Sensor;
import android.hardware.SensorEvent;
import android.hardware.SensorEventListener;
import android.hardware.SensorManager;
import android.support.v7.app.AppCompatActivity;
import android.os.Bundle;
import android.widget.TextView;

public class MainActivity extends AppCompatActivity ────────────────────❶
        implements SensorEventListener {
    private SensorManager mSensorManager;
    private Sensor mAccelerometer;
    @Override
    protected void onCreate(Bundle savedInstanceState) {
        super.onCreate(savedInstanceState);
        setContentView(R.layout.activity_main);
        mSensorManager = (SensorManager)getSystemService(Context.SENSOR_SERVICE); ──❷
        // 加速度センサーの取得
        mAccelerometer = mSensorManager.getDefaultSensor(Sensor.TYPE_ACCELEROMETER); ──❸
    }
    @Override
    public void onResume() {
        super.onResume();
        mSensorManager.registerListener(this, mAccelerometer,SensorManager.SENSOR_DELAY_NORMAL); ──❹
    }
    @Override
    public void onPause() {
        super.onPause();
        mSensorManager.unregisterListener(this); ───────────────❺
    }
```

```
    @Override
    public void onAccuracyChanged(Sensor sensor, int accuracy) {ーーーーーーーーーーーーーーーーーーーー❻

    }

    @Override
    public void onSensorChanged(SensorEvent event) {ーーーーーーーーーーーーーーーーーーーーーーーー❼
        StringBuilder strBuild = new StringBuilder();

        strBuild.append("X軸");
        strBuild.append(event.values[0]);
        strBuild.append("¥n");
        strBuild.append("Y軸");
        strBuild.append(event.values[1]);
        strBuild.append("¥n");
        strBuild.append("Z軸");
        strBuild.append(event.values[2]);
        strBuild.append("¥n");

        TextView txt01= (TextView)findViewById(R.id.txt01);
        txt01.setText(strBuild.toString());

    }
}
```

センサーを利用するには図6-8のような手順を踏みます。順に見ていきましょう。

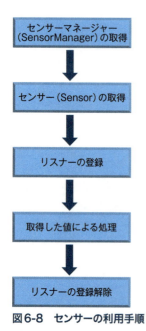

図6-8　センサーの利用手順

6-3　センサーの基本的な使い方

表6-3　センサーマネージャー（SensorManagerクラス）の主要なメソッド

メソッド	説明
boolean **registerListener(**SensorEventListener listener, Sensor sensor, int rate, Handler handler**)**	指定したセンサーのイベントリスナーを登録する
boolean **registerListener(**SensorEventListener listener, Sensor sensor, int rate**)**	
void **unregisterListener(**SensorEventListener listener, Sensor sensor**)**	指定したセンサーのイベントリスナーを解除する
void **unregisterListener(**SensorEventListener listener**)**	すべてのセンサーのイベントリスナーを解除する
List<Sensor> **getSensorList(**int type**)**	指定したタイプの使用可能なリスナーのリストを取得する
Sensor **getDefaultSensor(**int type**)**	指定したタイプのデフォルトセンサーを取得する

> **注意**　registerListener()メソッド、unregisterListener()メソッドがそれぞれ2つあります。違いは引数の数です。このように同一クラス内で、メソッド名が同じで、引数の数、型が異なるメソッドを複数定義することをオーバーロードと呼びます。
> クラスを継承してメソッドを上書きするオーバーライドと間違えやすいため、注意してください。

　まず、onCreate()メソッドでセンサーマネージャーのインスタンス（SensorManagerオブジェクト）を取得します（❷）。次に、センサーのタイプを指定してSensorオブジェクトを取得します（❸）。

　それから、onResume()メソッドでイベントリスナーを仕掛けます（❹）。

　引数は先頭から順に、リスナーオブジェクト、センサーオブジェクト、そして、センサーからデータ取得するレートです。レートは表6-4から定数を選んで指定するか、マイクロ秒で直接指定することもできます。ですから、この表にない間隔も指定することができるわけです。

表6-4　レート（データ取得の間隔）の定数一覧

定数	説明	定数値	マイクロ秒（μs）
SENSOR_DELAY_FASTEST	最高速でのセンサー読み出し	0	0
SENSOR_DELAY_GAME	ゲームに最適な高速	1	20000
SENSOR_DELAY_UI	ユーザーインターフェイス向けの低速	2	60000
SENSOR_DELAY_NORMAL	画面の向きの変更に最適な通常モード	3	200000

　センサーを使い終わったら、unregisterListener()メソッド（❺）でリスナーの登録を解除することも忘れてはいけません。

　センサーの値が変更されたときに呼び出されるonSensorChanged()メソッドではSensorEventクラスのvaluesフィールドの値をTextViewに表示します。event.values[0]がX軸の値、[1]がY軸の値、[2]がZ軸の値です。

　実機で実行して、Android端末を振ると値がいろいろ変化します。

机の上に外部カメラのある面を下にして、平らに置いた状態では、Z軸の値が重力加速度に近づきます（図6-9）。

外部カメラを正面に向けて縦に持った状態では、Y軸の値が重力加速度に近づきます（図6-10）。

横置きで立てた状態では、X軸の値が重力加速度に近づきます（図6-11）。

Android端末を手に持って振り回したりすると、加速により各軸の値が大きく変化します。

図6-9　机の上に平らに置いた

図6-10　立てて持った状態

図6-11　横にして持った状態

地磁気センサーを使う

「地球は大きな磁石である」といわれるように、地球には磁気があります。磁気があれば磁場が発生します。地磁気とは、地球が持つ磁気、およびそれにより地球上に発生する磁場の総称です。

図6-12は地磁気を表わす図です。たこやきに串を通したような絵ですが、地球の中心に差し込んだ棒磁石によって磁場が発生しているとみなすことができます。北極側にS極があり、南極側にN極があります。だから、方位磁石のN極は北に引っ張られるわけです。

地磁気センサー（TYPE_MAGNETIC_FIELD）を使うと、X、Y、Z方向の地磁気をマイクロテスラ（μT）という単位で取得できます。

さっそく試してみましょう。

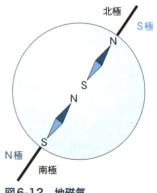
図6-12　地磁気

6-3 センサーの基本的な使い方

プロジェクトの作成と画面レイアウト

表6-5の設定で新規にプロジェクトを作成します。

表6-5 地磁気センサーを使うプロジェクト

指定した項目	指定した値
Application Name（プロジェクト名）	MagFieldGet
Company Domain（組織のドメイン）	kanehiro.example.com
Package Name（パッケージ名）※1	com.example.kanehiro.magfieldget
Project location（プロジェクトの保存場所）	C:¥Android¥AndroidStudioProjects¥MagFieldGet
Minimum SDK（最小SDK）	API 16 Android 4.1
アクティビティの種類	Empty Activity
Activity Name（アクティビティ名）	MainActivity
Layout Name（レイアウト名）	activity_main

※1 パッケージ名は自動で表示される。

画面レイアウトファイルactivity_main.xmlは、先ほどの加速度センサーを使うプログラム（リスト6-1）と同じなので省略しますが、TextViewを配置してX,Y,Zの値（μT）を表示します。

地磁気の取得

MainActivityで地磁気センサーの値を取得します（リスト6-4）。

地磁気センサーを使うには、センサーのタイプにSensor.TYPE_MAGNETIC_FIELDを指定して、Sensorオブジェクトを取得します（❶）。加速度センサーを使うプログラムとの違いはここだけです。このようにAndroidでは、いろいろなセンサーを同じ手順で扱えるようになっています。

リスト6-4 MainActivity.java

```java
package com.example.kanehiro.magfieldget;

import android.content.Context;
import android.hardware.Sensor;
import android.hardware.SensorEvent;
import android.hardware.SensorEventListener;
import android.hardware.SensorManager;
import android.support.v7.app.AppCompatActivity;
import android.os.Bundle;
import android.widget.TextView;

public class MainActivity extends AppCompatActivity
        implements SensorEventListener {
    private SensorManager mSensorManager;
    private Sensor mMagField;
    @Override
    protected void onCreate(Bundle savedInstanceState) {
        super.onCreate(savedInstanceState);
        setContentView(R.layout.activity_main);
        mSensorManager = (SensorManager)getSystemService(Context.SENSOR_SERVICE);
```

181

第6章 振って、ゆらして琉球音階 —— センサーとサウンドを活用しよう

```
        mMagField = mSensorManager.getDefaultSensor(Sensor.TYPE_MAGNETIC_FIELD);　──❶
    }
    @Override
    public void onResume() {
        super.onResume();
        mSensorManager.registerListener(this, mMagField, SensorManager.SENSOR_DELAY_NORMAL);
    }
    @Override
    public void onPause() {
        super.onPause();
        mSensorManager.unregisterListener(this);
    }

    @Override
    public void onAccuracyChanged(Sensor sensor, int accuracy) {
        // TODO 自動生成されたメソッド・スタブ

    }

    @Override
    public void onSensorChanged(SensorEvent event) {
        // TODO 自動生成されたメソッド・スタブ
        StringBuilder strBuild = new StringBuilder();

        strBuild.append("X方向:" + event.values[0] + " μ T ¥n");
        strBuild.append("Y方向:" + event.values[1] + " μ T ¥n");
        strBuild.append("Z方向:" + event.values[2] + " μ T ¥n");
        TextView txt01 = (TextView)findViewById(R.id.txt01);
        txt01.setText(strBuild.toString());

    }
}
```

図6-13はテスト結果です。3方向の地磁気をマイクロテスラ単位で計測することができます。

図6-13
地磁気センサーのテスト結果

6-4 方位センサーを使う

次に、扱い方が少し複雑な方位センサーを見ていきましょう。

方位センサー（TYPE_ORIENTATION）を使うと、3軸の角度を取得することができます。角度はSensorEventクラスのvalues配列の値として取得できます。values[0]はAzimuth（方位角）、values[1]はPitch（傾斜角）、values[2]はRoll（回転角）です。

図6-14のように、飛行機の上にスマホを上向きで載せた状態をイメージしてください。

機体が進む方位を示すのが、アジマス（方位角）です。機首の上げ下げがピッチ（傾斜角）です。左右の主翼の先端の上げ下げがロール（回転角）です。

以前はセンサーのタイプにSensor.TYPE_ORIENTATIONを指定することで、加速度センサーや地磁気センサーと同様の方法で簡単に、方位角、傾斜角、回転角を取得することができましたが、APIレベル8（Android 2.2.x）でTYPE_ORIENTATIONがdeprecated（非推奨）になりました。developer.android.comのAPIガイドには、「代わりにSensorManagerクラスのgetOrientation()メソッドを使う」と書いてあります。

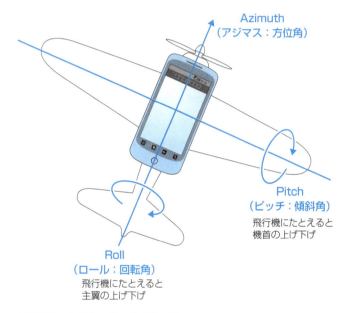

図6-14　方位センサーのイメージ

実は、getOrientation()を使うには、加速度センサーと地磁気センサーを使わなくてはいけません。配列の変換などの処理も必要で、TYPE_ORIENTATIONを使うより複雑な手順になります。では、なぜこんな面倒な方法が推奨されているかというと、getOrientation()を使うと実機の姿勢に対応できるのです。

さっそくアプリを作ってたしかめてみましょう。

プロジェクトの作成と画面レイアウト

表6-6の設定で新規にプロジェクトを作成します。

第6章 振って、ゆらして琉球音階 ── センサーとサウンドを活用しよう

表6-6　getOrientation()メソッドを使うプロジェクト

指定した項目	指定した値
Application Name（プロジェクト名）	OrientationGet
Company Domain（組織のドメイン）	kanehiro.example.com
Package Name（パッケージ名）※1	com.example.kanehiro.orientationget
Project location（プロジェクトの保存場所）	C:¥Android¥AndroidStudioProjects¥OrientationGet
Minimum SDK（最小SDK）	API 16 Android 4.1
アクティビティの種類	Empty Activity
Activity Name（アクティビティ名）	MainActivity
Layout Name（レイアウト名）	activity_main

※1　パッケージ名は自動で表示される。

　画面レイアウトファイルactivity_main.xmlは、これまでのサンプル（リスト6-1）と同じなので省略します。

方位センサーによる3軸の角度の取得

　では、getOrientation()メソッドによる3軸の角度の取得方法を見ていきましょう（リスト6-5）。

リスト6-5　MainActivity.java

```
package com.example.kanehiro.orientaionget;

import android.content.Context;
import android.hardware.Sensor;
import android.hardware.SensorEvent;
import android.hardware.SensorEventListener;
import android.hardware.SensorManager;
import android.support.v7.app.AppCompatActivity;
import android.os.Bundle;
import android.widget.TextView;

public class MainActivity extends AppCompatActivity
        implements SensorEventListener {
    private SensorManager mSensorManager;
    private Sensor mMagField;
    private Sensor mAccelerometer;

    private static final int MATRIX_SIZE = 16;
    // センサーの値
    private float[] mgValues = new float[3];
    private float[] acValues = new float[3];

    @Override
    protected void onCreate(Bundle savedInstanceState) {
        super.onCreate(savedInstanceState);
        setContentView(R.layout.activity_main);
```

6-4 方位センサーを使う

```java
        mSensorManager = (SensorManager)getSystemService(Context.SENSOR_SERVICE);
        mAccelerometer = mSensorManager.getDefaultSensor(Sensor.TYPE_ACCELEROMETER); ————————❶
        mMagField = mSensorManager.getDefaultSensor(Sensor.TYPE_MAGNETIC_FIELD);
    }


    @Override
    public void onResume() {
        super.onResume();
        mSensorManager.registerListener(this, mAccelerometer, SensorManager.SENSOR_DELAY_NORMAL); ——❷
        mSensorManager.registerListener(this, mMagField, SensorManager.SENSOR_DELAY_NORMAL);

    }
    @Override
    public void onPause() {
        super.onPause();
        mSensorManager.unregisterListener(this, mAccelerometer);
        mSensorManager.unregisterListener(this, mMagField);
    }
    @Override
    public void onAccuracyChanged(Sensor sensor, int accuracy) {

    }
    @Override
    public void onSensorChanged(SensorEvent event) {

        TextView txt01 = (TextView)findViewById(R.id.txt01);
        float[]  inR = new float[MATRIX_SIZE];
        float[] outR = new float[MATRIX_SIZE];
        float[]    I = new float[MATRIX_SIZE];
        float[] orValues = new float[3];

        switch (event.sensor.getType()) {
            case Sensor.TYPE_ACCELEROMETER:
                acValues = event.values.clone(); ————————————————————————❸
                break;
            case Sensor.TYPE_MAGNETIC_FIELD:
                mgValues = event.values.clone();
                break;
        }

        if (mgValues != null && acValues != null) {

            SensorManager.getRotationMatrix(inR, I, acValues, mgValues); ————————————❹

            // 携帯を水平に持ち、アクティビティはポートレイト
            SensorManager.remapCoordinateSystem(inR, SensorManager.AXIS_X, ↵ ————————————❺
SensorManager.AXIS_Y, outR); ——————————————————————————————————————————————
            SensorManager.getOrientation(outR, orValues); ————————————————————❻

            StringBuilder strBuild = new StringBuilder();
            strBuild.append("方位角（アジマス）:");
            strBuild.append(rad2Deg(orValues[0]));
            strBuild.append("\n");
```

第6章 振って、ゆらして琉球音階──センサーとサウンドを活用しよう

```
            strBuild.append("傾斜角（ピッチ）:");
            strBuild.append(rad2Deg(orValues[1]));
            strBuild.append("¥n");
            strBuild.append("回転角（ロール）:");
            strBuild.append(rad2Deg(orValues[2]));
            strBuild.append("¥n");
            txt01.setText(strBuild.toString());

        }
    }
    private int rad2Deg(float rad){
        return (int) Math.floor(Math.toDegrees(rad));  ────────────── ❼
    }
}
```

　getOrientation()メソッドを使うには、加速度センサー（Sensor.TYPE_ACCELEROMETER）と地磁気センサー（Sensor.TYPE_MAGNETIC_FIELD）の値が必要になるので、アクティビティのonCreate()メソッドで2つのセンサーを取得し（❶）、onResume()メソッドでリスナー登録しています（❷）。

　センサーの値が更新されたときに呼び出されるonSensorChanged()メソッドに進みましょう。

　switch〜case文でセンサーのタイプを判断して、加速度センサー（TYPE_ACCELEROMETER）だったら、値をacValues配列にclone()メソッドで複製します（❸）。地磁気センサー（TYPE_MAGNETIC_FIELD）だったら、値をmgValues配列に複製します。

　この後に出てくるSensorManagerクラスの3つのメソッドが重要です。

　getRotationMatrix()メソッドで、加速度センサーと地磁気センサーの値から回転行列inR, Iを作成します（❹）。inRとIはfloat型の要素を16個持つ配列です。次のremapCoordinateSystem()メソッドでinRを、異なる座標軸系へ行列変換してoutRに出力します（❺）。outRもfloat型の16個の要素を持つ配列です。

　remapCoordinateSystem()メソッドの第2引数、第3引数にはAndroid端末のX軸、Y軸が指す世界座標系の方向を指定します。

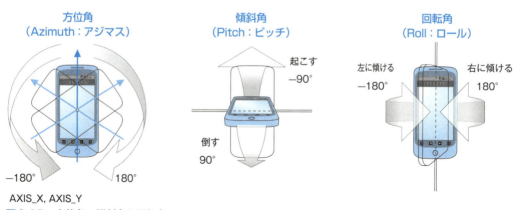

図6-15　方位角、傾斜角と回転角

そして、求めた回転行列outR引数に指定して、getOrientation()メソッドで、方位角（アジマス）、傾斜角（ピッチ）、回転角（ロール）を配列として取得します（❻）。

外部カメラを下に向けた状態、つまりディスプレイを上に向けて水平に持った状態で、アクティビティを縦長表示（ポートレイト）した場合は、第2引数にAXIS_X、第3引数にAXIS_Yを指定します。図6-15の状態です。

orValues配列に求められる値はラジアンで計測した角度なので、MathクラスのtoDegrees()メソッドで角度にしています（❼）。

この場合、方位角が−180〜180度の範囲、傾斜角が−90〜90度の範囲、回転角が−180〜180度の範囲で取得できます（図6-16）。これは従来のTYPE_ORIENTATIONを指定する方位センサーと同様の使い方です。方位角は北が0で、傾斜角、回転角は水平状態で0です。

図6-16
AXIS_X、AXIS_Yのテスト結果

Android端末の置き方 ── アクティビティの向き

アクティビティをポートレイト（縦長表示）に固定するには、AndroidManifest.xml（リスト6-6）で❶のようにandroid:screenOrientation="portrait"をアクティビティの属性として追加します。

リスト6-6　AndroidManifest.xml

```xml
<?xml version="1.0" encoding="utf-8"?>
<manifest xmlns:android="http://schemas.android.com/apk/res/android"
    package="com.example.kanehiro.orientaionget">

    <application
        android:allowBackup="true"
        android:icon="@mipmap/ic_launcher"
        android:label="@string/app_name"
        android:supportsRtl="true"
        android:theme="@style/AppTheme">
        <activity
            android:name=".MainActivity"
            android:screenOrientation="portrait">                    ❶
            <intent-filter>
                <action android:name="android.intent.action.MAIN" />
                <category android:name="android.intent.category.LAUNCHER" />
            </intent-filter>
        </activity>
    </application>

</manifest>
```

第6章 振って、ゆらして琉球音階 ── センサーとサウンドを活用しよう

　これだけの使い方なら、TYPE_ORIENTATIONを非推奨にする理由はありません。getOrientation()メソッドを使う利点は、Android端末の姿勢の変化に対応できる点です。

　remapCoordinateSystem()メソッド（リスト6-5❺）を使うことで、さまざまな持ち方（置き方）に対応できるのです。スマホを立てて持っており、アクティビティの表示がポートレイトの場合は、次のように第2引数にAXIS_X、第3引数にAXIS_Zを指定します。

```
SensorManager.remapCoordinateSystem(inR, SensorManager.AXIS_X, SensorManager.AXIS_Z, outR);
```

　このように持った場合、方位角（アジマス）は水平に持ったときと同じです。北が0で東に回転すれば、プラスの値が増加し、西に向けばマイナス値が増加します（図6-17）。

　傾斜角（ピッチ）は立てて持った状態で、反り返るとマイナス方向に値が増えていきます（図6-18）。逆に降ろしていくと、プラス方向に値が増加します。

　回転角（ロール）は立てて持った状態で、体ごと左右に倒すと値が変化します。

図6-17
AXIS_X、AXIS_Zの
テスト結果

図6-18　方位角、傾斜角、そして回転角の変化

 テストはなるべくPCや電化製品のない磁力の影響の受けにくい場所で行なってください。

6-5　振って、ゆらして琉球音階を作ろう

スマホアプリ作成の醍醐味は、作りたいアプリにセンサーの機能を組み合わせることです。たとえば、ゲームを作るときに、パソコンではキーボードやマウスなどの入力デバイスを使ってキャラクターを操作しますが、スマホだとゆらす、傾けるによって、キャラクターを操作できます。

ここでは、スマホをゆらすと、傾斜角と方位角の変化にしたがって琉球音階を奏でるアプリを作ってみます。

プロジェクトの作成

表6-7の設定でプロジェクトを作成したら、ローカルリソースとして、サウンドファイルを用意します。

表6-7　琉球音階を鳴らすプロジェクト

指定した項目	指定した値
Application Name（プロジェクト名）	RyukyuSound
Company Domain（組織のドメイン）	kanehiro.example.com
Package Name（パッケージ名）※1	com.example.kanehiro.ryukyusound
Project location（プロジェクトの保存場所）	C:¥Android¥AndroidStudioProjects¥RyukyuSound
Minimum SDK（最小SDK）	API 16 Android 4.1
アクティビティの種類	Empty Activity
Activity Name（アクティビティ名）	MainActivity
Layout Name（レイアウト名）	activity_main

※1　パッケージ名は自動で表示される。

サウンドファイルの準備

Androidでは、表6-8の形式のサウンドファイルを再生することができます。

ここでは、MIDIファイル（拡張子がmid）を作成して、再生してみます。MIDIファイルを作成するためにはMIDIシーケンサとかMIDI編集ソフトと呼ばれるソフトウェアが必要になりますが、無料でダウンロードして利用できるものも多くあります。MIDIファイルを出力できるソフトウェアなら、なにを使ってもかまいません。

表6-8　Androidで利用可能なメディア形式

形式	拡張子
3GPP	.3gp
MPEG-4	.mp4,.m4a
FLAC	.flac
MP3	.mp3
MIDI	.mid
Vorbis	.ogg
WAVE	.wav

このアプリでは、表6-9のうち、スコットランド民謡などに使われる一般的な五音音階ではなく、琉球音階をセンサーの値にしたがって再生します。琉球音階の5音をそれぞれ四分音符の単音でMIDIファイルとして用意して、Android端末を手で動かすことにより、違う音を再生するアプリを作ります。

表6-9 ペンタトニックスケール（五音音階）

五音音階				
C（ド）	D（レ）	E（ミ）	G（ソ）	A（ラ）
琉球音階				
C（ド）	Db（レb）	Eb（ミb）	G（ソ）	Ab（ラb）
ガムラン音階				
C（ド）	Db（レb）	Eb（ミb）	Gb（ソ）	Ab（ラb）

　琉球音階のMIDIファイルはC6、Db6、Eb6、G6、Ab6、C7、Db7、Eb7、G7、Ab7のように、2オクターブ分作成します。

　そして、res/rawディレクトリに作成したMIDIファイルを配置したいので、resを選択して右クリックし、［New］→［Directory］と選んでrawディレクトリを作成します。

　作成したres/rawディレクトリにMIDIファイルをコピー＆ペーストで配置します（図6-20）。

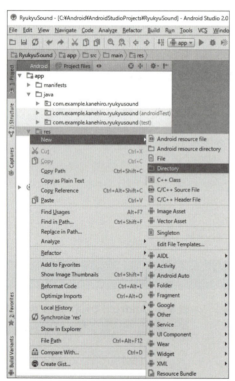

図6-19　Directoryの作成

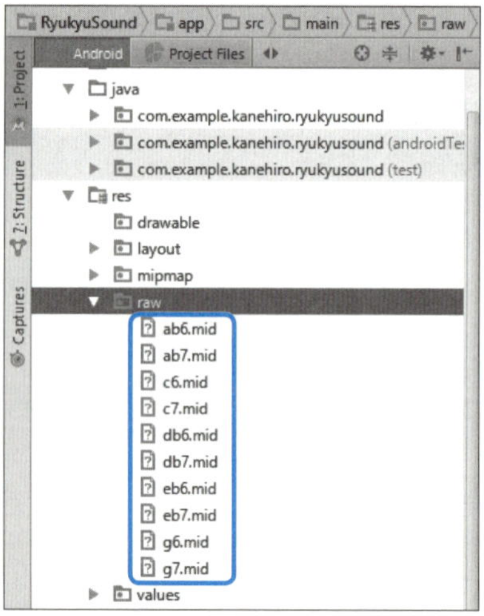

図6-20　res/rawディレクトリにMIDIファイルを配置する

　Androidでは、配列もリソースファイルとして定義することができます。これらの10個のMIDIファイルを配列として扱うために、Values XML Fileを作成します（図6-21）。

　Values File Nameの入力で、「notes」と入力します（図6-22）。

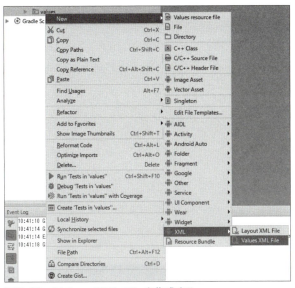

図6-21　Values XML Fileを作成する

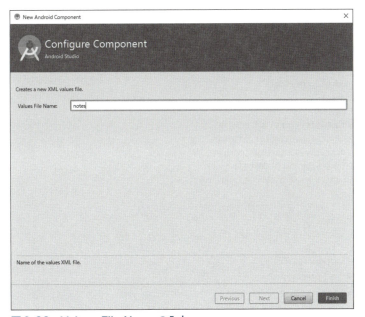

図6-22　Values File Nameの入力

　配列の種類としては、文字列配列（string-array）、int配列（integer-array）を記録できますが、リソースIDはint型なので、integer-arrayを追加します。itemタグを使って、"@raw/"付きで音の高い順にMIDIファイル名を入力します（リスト6-7）。プログラムでこの配列から個々の音のリソースIDを取得するわけです。

第6章 振って、ゆらして琉球音階 —— センサーとサウンドを活用しよう

リスト6-7　notes.xml

```xml
<?xml version="1.0" encoding="utf-8"?>
<resources>
    <integer-array name="notes">
        <item>@raw/ab7</item>
        <item>@raw/g7</item>
        <item>@raw/eb7</item>
        <item>@raw/db7</item>
        <item>@raw/c7</item>
        <item>@raw/ab6</item>
        <item>@raw/g6</item>
        <item>@raw/eb6</item>
        <item>@raw/db6</item>
        <item>@raw/c6</item>
    </integer-array>
</resources>
```

画面レイアウト

画面レイアウトには、センサーの値を確認するために、TextViewを1つ配置します（リスト6-8）。

リスト6-8　activity_main.xml

```xml
<?xml version="1.0" encoding="utf-8"?>
<RelativeLayout xmlns:android="http://schemas.android.com/apk/res/android"
    xmlns:tools="http://schemas.android.com/tools"
    android:layout_width="match_parent"
    android:layout_height="match_parent"
    android:paddingBottom="@dimen/activity_vertical_margin"
    android:paddingLeft="@dimen/activity_horizontal_margin"
    android:paddingRight="@dimen/activity_horizontal_margin"
    android:paddingTop="@dimen/activity_vertical_margin"
    tools:context="com.example.kanehiro.ryukyusound.MainActivity">

<TextView android:text="" android:layout_width="match_parent"
    android:layout_height="wrap_content"
    android:id="@+id/txt01"
    android:layout_alignParentTop="true"
    android:layout_alignParentLeft="true"
    android:layout_alignParentStart="true" />

</RelativeLayout>
```

方位角、傾斜角の数値によって音を鳴らす

プログラムの細かい説明に入る前にこのアプリがどんなものなのか概要を説明しましょう。

手や体の動きを感知するために、これまで説明した加速度センサー、地磁気センサーを使って、getOrientation()メソッドで、方位角（アジマス）と傾斜角（ピッチ）を求めます。傾斜角に合わせて、

6-5 振って、ゆらして琉球音階を作ろう

notes.xmlから再生する音を選択します。実機を立てると高い音が鳴り、寝かすと低い音が鳴るようにします。また、方位角が変わったら、傾斜角が変わっていなくても音を鳴らすことで、体の回転を音に反映させます。このように手や体の動きに合わせて琉球音階を奏でます。

では、MainActivityクラス（リスト6-9）の説明をしていきましょう。ただし、加速度センサーと地磁気センサーを使って方位角と傾斜角を求める部分は6-4節の説明を参照してください。ここでは、方位角と傾斜角によって琉球音楽を奏でる部分を説明します。

リスト6-9　MainActivity.java

```java
package com.example.kanehiro.ryukyusound;

import android.content.Context;
import android.content.res.TypedArray;
import android.hardware.Sensor;
import android.hardware.SensorEvent;
import android.hardware.SensorEventListener;
import android.hardware.SensorManager;
import android.media.MediaPlayer;
import android.support.v7.app.AppCompatActivity;
import android.os.Bundle;
import android.view.WindowManager;
import android.widget.TextView;

public class MainActivity extends AppCompatActivity
        implements SensorEventListener {
    private SensorManager mSensorManager;
    private Sensor mMagField;
    private Sensor mAccelerometer;
    private static final int AZIMUTH_THRESHOLD = 15;                    ❶

    private static final int MATRIX_SIZE = 16;
    private float[] mgValues = new float[3];
    private float[] acValues = new float[3];

    private int nowScale = 0;
    private int oldScale = 9;
    private int nowAzimuth = 0;
    private int oldAzimuth = 0;

    private MediaPlayer[] mplayer;

    @Override
    protected void onCreate(Bundle savedInstanceState) {
        super.onCreate(savedInstanceState);
        setContentView(R.layout.activity_main);
        // Keep screen on 画面をスリープ状態にさせない
        getWindow().addFlags(WindowManager.LayoutParams.FLAG_KEEP_SCREEN_ON);  ❷
        mSensorManager = (SensorManager)getSystemService(Context.SENSOR_SERVICE);
        mAccelerometer = mSensorManager.getDefaultSensor(Sensor.TYPE_ACCELEROMETER);
        mMagField = mSensorManager.getDefaultSensor(Sensor.TYPE_MAGNETIC_FIELD);
    }
```

193

```
@Override
protected void onResume() {
    super.onResume();
    mSensorManager.registerListener(this, mAccelerometer,100000);  ————————❸
    mSensorManager.registerListener(this, mMagField,100000);

    TypedArray notes = getResources().obtainTypedArray(R.array.notes);  ————————❹
    mplayer = new MediaPlayer[notes.length()];
    for(int i = 0; i < notes.length(); i++)
        mplayer[i] = MediaPlayer.create(this, notes.getResourceId(i, -1));
}
@Override
protected void onPause() {
    super.onPause();
    mSensorManager.unregisterListener(this, mAccelerometer);
    mSensorManager.unregisterListener(this, mMagField);
}


@Override
public void onAccuracyChanged(Sensor sensor, int accuracy) {

}
@Override
public void onSensorChanged(SensorEvent event) {
    float[]  inR = new float[MATRIX_SIZE];
    float[] outR = new float[MATRIX_SIZE];
    float[]    I = new float[MATRIX_SIZE];
    float[] orValues = new float[3];
    TextView txt01 = (TextView)findViewById(R.id.txt01);

    switch (event.sensor.getType()) {
        case Sensor.TYPE_ACCELEROMETER:
            acValues = event.values.clone();
            break;
        case Sensor.TYPE_MAGNETIC_FIELD:
            mgValues = event.values.clone();
            break;
    }

    if (mgValues != null && acValues != null) {

        SensorManager.getRotationMatrix(inR, I, acValues, mgValues);

        // 携帯を立てて持っており、Activityの表示が縦固定の状態
        SensorManager.remapCoordinateSystem(inR, SensorManager.AXIS_X, SensorManager.AXIS_Z, outR);
        SensorManager.getOrientation(outR, orValues);

        StringBuilder strBuild = new StringBuilder();
        strBuild.append("方位角（アジマス）:");
        strBuild.append(rad2Deg(orValues[0]));
        strBuild.append("\n");
        strBuild.append("傾斜角（ピッチ）:");
        strBuild.append(rad2Deg(orValues[1]));
        strBuild.append("\n");
```

```
            nowScale = rad2Deg(orValues[1]) / 10;                                    ❺
            strBuild.append("index:" + nowScale);
            nowAzimuth = rad2Deg(orValues[0]);
            txt01.setText(strBuild.toString());

            if (nowScale != oldScale) {                                              ❻
                playSound(nowScale);
                oldScale = nowScale;
                oldAzimuth = nowAzimuth;
            } else if (Math.abs(oldAzimuth - nowAzimuth) > AZIMUTH_THRESHOLD) {      ❼
                playSound(nowScale);
                oldAzimuth = nowAzimuth;
            }
        }
    }
    private int rad2Deg(float rad){
        return (int) Math.floor(Math.abs(Math.toDegrees(rad))) ;                     ❽
    }
    void playSound(int scale) {
        mplayer[scale].seekTo(0);                                                    ❾
        mplayer[scale].start();
    }
}
```

音階をTextViewに表示

❷のgetWindow().addFlags(WindowManager.LayoutParams.FLAG_KEEP_SCREEN_ON)は、画面をスリープ状態にさせないためのコードです。テスト時にTextViewに表示するセンサーの値をずっと見ていたかったので挿入したコードです（図6-23）。

getWindow()はActivityクラスのメソッドで、現在のウィンドウ(Window)を返します。WindowクラスのaddFlags()メソッドはウィンドウに関するフラグビットをセットします。FLAG_KEEP_SCREEN_ONは、ウィンドウが見えるように、スクリーンを明るいオンの状態に保つフラグです。

図6-23
方位角と傾斜角、そして傾斜角から求めた鳴らす音階のインデックスをTextViewに表示する

サウンド再生

サウンドファイルの再生には、MediaPlayerクラスを使います。

❹から始まる4行のコードが各音階のMediaPlayerインスタンスの生成です。表6-10のようにMediaPlayer配列のインデックス0に一番高い音が入り、インデックスが大きくなるにつれ、音が低くなります。

第6章 振って、ゆらして琉球音階 ── センサーとサウンドを活用しよう

notes.xmlに定義したinteger-arrayのnotesがR.array.notesです。ContextクラスのgetResources()メソッドで取得したResourcesクラスのobtainTypedArray()メソッドは引数に指定したidから、配列を返します。mplayer=new MediaPlayer[notes.length()];でTypedArrayクラスのインスタンスであるnotes配列の数だけMediaPlayerクラスのインスタンスmplayer[]配列を作成します。

TypedArrayクラスには、インデックスで指定したリソースIDを返すgetResourceId()メソッドがあるので、notes.getResourceId(i, -1)でインデックスiで指定した音で、MediaPlayerのインスタンスをcreate()メソッドで生成します。-1はリソースIDが取得できなかったときに返す値です。これで10の音階を鳴らすMediaPlayerのインスタンスが作成されます。

表6-10
琉球音階とインデックス

index	琉球音階
0	Ab7
1	G7
2	Eb7
3	Db7
4	C7
5	Ab6
6	G6
7	Eb6
8	Db6
9	C6

次に、どのMediaPlayerを鳴らすか、mplayer[]配列のインデックスを求めている箇所に進みましょう。❺から始まるコードです。int型のnowScaleに傾斜角を10で割った値を求めています。傾斜角は0から90の値をとるので、10で割って0～9のインデックスにしています。また、傾けた向きにより、マイナスの値にもなるので、rad2Deg()の中では、Math.abs()で角度を絶対値にしています（❽）。

音を鳴らすときは、playSound(nowScale)とplaySound()メソッドの引数に求めたインデックスを渡しますが、音を鳴らすには条件があります。まず、センサー値の更新は頻繁なので、「先に鳴らした音と同じであれば鳴らさない」というのが最初のif条件です（❻）。しかし、それでは、音楽らしく聞こえないので、「体の向きを変えることにより、方位角が15度以上変わったら、playSound(nowScale)を呼び出し」というのが2番目のif条件です（❼）。定数AZIMUTH_THRESHOLDは15というしきい値です（❶）。このしきい値を小さくすれば、音は頻繁に鳴り、大きくすれば間隔が開きます。

同様に、❸でリスナー登録時に指定しているデータ取得の間隔を小さい値にすれば頻繁に音が鳴り、大きくすれば間隔が開きます。

playSound()ではseekTo()メソッドとstart()メソッドを呼び出すことで、音を鳴らしています（❾）。seekTo()メソッドはファイル内の位置を移動します。引数にはミリ秒（msec）を指定します。seekTo(0)は先頭に巻き戻します。一度鳴らした音は、seekTo(0)で先頭に巻き戻す必要があります。

また、strings.xml（リスト6-10）では、app_nameを琉球としているので、実機にインストールすると、琉球というアプリ名で表示されます。

リスト6-10　strings.xml

```
<resources>
    <string name="app_name">琉球</string>
</resources>
```

図6-24
琉球というアプリ名で、実機にインストールされた

Memo 指紋認証

Android 6からは、標準APIで指紋認証が利用可能になりました。指紋認証を利用するには、まず指紋を登録する必要があります。指紋を登録するとAndroidデバイスのロック解除などに指紋認証が使えるようになります。Nexus 6Pの場合、背面の上方にセンサーがあるので、手で持ったときに認証できます（図A）。両手の人差し指を登録しておくと、どっちの手で端末を持っても認証できて便利ですね。

指紋認証APIの使い方をプロジェクトを作成してみていきましょう。

表Aの設定でプロジェクトを作成します。

マニフェストファイルには、USE_FINGERPRINTのパーミッションを追加します（リストA❶）。

図A　指紋を登録すると指紋認証アイコンが表示される

表A　指紋認証APIを使うプロジェクト

指定した項目	指定した値
Application Name（プロジェクト名）	FingerPrintAuth
Company Domain（組織のドメイン）	kanehiro.example.com
Package Name（パッケージ名）※1	com.example.kanehiro.fingerprintauth
Project location（プロジェクトの保存場所）	C:¥Android¥AndroidStudioProjects¥FingerPrintAuth
Minimum SDK（最小SDK）	API23 Android6.0
アクティビティの種類	Empty Activity
Activity Name（アクティビティ名）	MainActivity
Layout Name（レイアウト名）	activity_main

※1　パッケージ名は自動で表示される。

リストA　AndroidManifest.xml

```xml
<?xml version="1.0" encoding="utf-8"?>
<manifest xmlns:android="http://schemas.android.com/apk/res/android"
    package="com.example.kanehiro.fingerprintauth">
    <uses-permission android:name="android.permission.USE_FINGERPRINT"/>  ―❶

    <application
        android:allowBackup="true"
        android:icon="@mipmap/ic_launcher"
        android:label="@string/app_name"
        android:supportsRtl="true"
        android:theme="@style/AppTheme">
        <activity android:name=".MainActivity">
            <intent-filter>
                <action android:name="android.intent.action.MAIN" />
```

```
            <category android:name="android.intent.category.LAUNCHER" />
        </intent-filter>
    </activity>
</application>

</manifest>
```

　指紋認証用の画像（ic_fp_40px.png）をdrawableフォルダにコピーします（図B）。この画像はhttp://developer.android.com/intl/ja/samples/FingerprintDialog/index.htmlからダウンロードしたサンプルプロジェクトFingerprintDialogに含まれるものです。

　指紋認証をする画面を作ります（図C・リストB）。

図B　指紋認証用の画像

図C　指紋認証用の画面

6-5 振って、ゆらして琉球音階を作ろう

リストB　指紋認証用の画面レイアウト（activity_main.xml）

```xml
<?xml version="1.0" encoding="utf-8"?>
<RelativeLayout xmlns:android="http://schemas.android.com/apk/res/android"
    android:id="@+id/fingerprint_container"
    android:layout_width="match_parent"
    android:layout_height="match_parent"
    android:paddingBottom="8dp"
    android:paddingStart="24dp"
    android:paddingEnd="24dp"
    android:paddingTop="16dp">

    <TextView
        android:id="@+id/fingerprint_description"
        android:layout_width="wrap_content"
        android:layout_height="wrap_content"
        android:layout_alignParentStart="true"
        android:layout_alignParentTop="true"
        android:text="@string/fingerprint_description"
        android:textAppearance="@android:style/TextAppearance.Material.Subhead"
        android:textColor="?android:attr/textColorSecondary"/>

    <ImageView
        android:id="@+id/fingerprint_icon"
        android:layout_width="wrap_content"
        android:layout_height="wrap_content"
        android:layout_alignParentStart="true"
        android:layout_below="@+id/fingerprint_description"
        android:layout_marginTop="20dp"
        android:src="@drawable/ic_fp_40px" />

    <TextView
        android:id="@+id/fingerprint_status"
        style="@android:style/TextAppearance.Material.Body1"
        android:layout_width="wrap_content"
        android:layout_height="wrap_content"
        android:layout_alignBottom="@+id/fingerprint_icon"
        android:layout_alignTop="@+id/fingerprint_icon"
        android:layout_marginStart="16dp"
        android:layout_toEndOf="@+id/fingerprint_icon"
        android:gravity="center_vertical"
        android:text="@string/fingerprint_hint"
        android:textColor="@color/hint_color" />

</RelativeLayout>
```

　表示する文字列はstrings.xml（リストC）に、文字色などはcolors.xml（リストは省略）に登録しています。

第6章 振って、ゆらして琉球音階 ── センサーとサウンドを活用しよう

リストC　strings.xml

```xml
<resources>
    <string name="app_name">FingerPrintAuth</string>
    <string name="fingerprint_description">指紋認証をします</string>
    <string name="fingerprint_hint">センサーに触れてください</string>
    <string name="fingerprint_not_recognized">認証できません。もう一度</string>
    <string name="fingerprint_success">認証しました！</string>
</resources>
```

　MainActivity.java（リストD）が簡単な指紋認証のコードです。指紋認証用の画面をsetContentView()で表示したら、呼び出すfingerAuth()の中に、指紋認証のコードがあります。

リストD　MainActivity.java

```java
package com.example.kanehiro.fingerprintauth;

import android.Manifest;
import android.content.pm.PackageManager;
import android.hardware.fingerprint.FingerprintManager;
import android.os.Handler;
import android.support.v4.app.ActivityCompat;
import android.support.v7.app.AppCompatActivity;
import android.os.Bundle;
import android.widget.TextView;


public class MainActivity extends AppCompatActivity {

    @Override
    protected void onCreate(Bundle savedInstanceState) {
        super.onCreate(savedInstanceState);
        setContentView(R.layout.activity_main);
        fingerAuth();

    }

    private void fingerAuth() {
        final TextView textViewStatus;
        textViewStatus = (TextView) findViewById(R.id.fingerprint_status);
        FingerprintManager fingerprintManager = (FingerprintManager)
getSystemService(FINGERPRINT_SERVICE);                                          ❶

        if (ActivityCompat.checkSelfPermission(this, Manifest.permission.USE_FINGERPRINT⏎
) != PackageManager.PERMISSION_GRANTED) {                                       ❷
            return;
        }
        if (fingerprintManager.isHardwareDetected() || fingerprintManager.hasEnrolled⏎
Fingerprints()) {                                                               ❸
            fingerprintManager.authenticate(null, null, 0, new FingerprintManager.⏎
AuthenticationCallback() {                                                      ❹
```

```java
        @Override
        public void onAuthenticationError(int errorCode, CharSequence errString) {
            textViewStatus.setText(errString + "(error code:" + errorCode + ")");
        }

        @Override
        public void onAuthenticationFailed() {
            textViewStatus.setText(getResources().getString(R.string.fingerprint_↵
not_recognized));

        }

        public void onAuthenticationHelp(int helpCode, CharSequence helpString) {
            textViewStatus.setText(helpString + "(help code:" + helpCode + ")");

        }

        @Override
        public void onAuthenticationSucceeded(FingerprintManager.↵
AuthenticationResult result) {
            textViewStatus.setText(getResources().getString(R.string.fingerprint_↵
success));

        }
    }, new Handler());
}

    }

}
```

　まず、getSystemService()にFINGERPRINT_SERVICEを指定してfingerprintManagerを取得します（❶）。

　次にpermission.USE_FINGERPRINTが許可されているか確認しています（❷）。USE_FINGERPRINTはNormalなPermissionなのでリクエストして、許可してもらわなくても使えます。

　fingerprintManagerのisHardwareDetectedメソッドは指紋を採取するハードウェアがあるか、hasEnrolledFingerprintsメソッドは少なくとも1つの指紋が登録されているか否かを返します（❸）。

　authenticateメソッドで認証します（❹）。authenticate()の第1引数はCryptoObjectで、ここではnullを指定していますが、暗号鍵を使った指紋認証に使用します。第2引数が認証をキャンセルするオブジェクト、第3引数はオプションフラグで現在は0（固定）です。第4引数がコールバックオブジェクトで、第5引数がハンドラです。

　FingerprintManager.AuthenticationCallbackクラスには、表Bのメソッドがあります。

表B　FingerprintManager.AuthenticationCallback クラスのメソッド

メソッド	説明
onAuthenticationError(int errorCode, CharSequence errString)	回復不可能なエラーが発生した場合に呼び出される。エラーコードとエラー文字列が渡ってくる
onAuthenticationFailed()	認証が失敗したときに呼び出される。たとえば、登録していない指でセンサーに触れたとき（図D）
onAuthenticationHelp(int helpCode, CharSequence helpString)	回復可能なエラーのときに呼び出される。たとえば、指紋センサーをさっと指でなぞったときのメッセージ（図E）。このように具体的なヘルプ文字列を返してくれる
onAuthenticationSucceeded(FingerprintManager.AuthenticationResult result)	指紋認証が成功したときに呼び出される

図D　認証失敗

図E　回復可能なエラー

第 7 章

チキチキ障害物レース
——センサーと SurfaceView でゲームを作ろう！

第7章ではセンサーの機能を利用して簡単なゲームを作ってみます。「Javaはオブジェクト指向プログラミング言語である」といった説明を聞くと、耳をふさぎたくなるかもしれませんが、オブジェクト指向はゲームプログラミングをとても楽にするのです。

第7章 チキチキ障害物レース —— センサーとSurfaceViewでゲームを作ろう！

7-1 作成するAndroidアプリ

　第6章では、方位センサーの方位角と傾斜角の変化により、琉球音階を奏でるアプリを作ってみました。第7章では、この方位センサーの傾斜角と回転角を使って簡単なゲームアプリを作成します。

　Android端末を水平に持って、ドロイド君を傾斜角（ピッチ：Pitch）によって前後に動かします。前に傾ければゴールに向かって進みます。ゴールの上からは隕石がたくさん降ってきます。Android端末を左右に傾けると、回転角（ロール：Role）が変化しますので、それに合わせてドロイド君を左右に動かします。Android端末を前後左右に傾けて、隕石を避けながらドロイド君をゴールに入れます。

図7-1 「チキチキ障害物レース」完成イメージ

この章で説明すること			
☑ SurfaceView（サーフェイスビュー）		☑ マルチスレッド	☑ 乱数の使用
☑ Canvasの描画	☑ Regionクラス		

7-2 SurfaceViewとスレッド

これまで使ったTextViewやEditTextなどのUI部品、それから、これらのUI部品のコンテナであるRelativeLayoutやLinearLayoutなどはすべてViewクラスを継承しています。ですから、広い意味では、Viewに文字や図形を描いてきたことになります。

この章で使うSurfaceViewもViewクラスを継承するサブクラスですが、アニメーションなどで、高速な画面の描画が必要なときはSurfaceViewを使います。ビュー（View）上に画像を描くこともできますが、本章のサンプルアプリのようにビットマップや図形をたくさん出現させて、スムーズに描画したいときは、SurfaceViewクラスを使います。なぜなら、ViewとSurfaceViewは動作の仕方が違うのです（図7-2）。

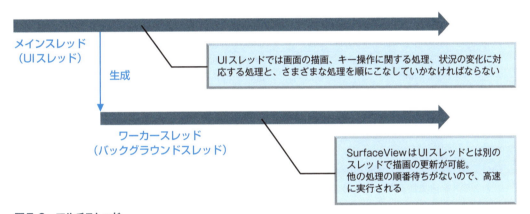

図7-2　マルチスレッド

Androidのアプリは起動すると、1つのプロセスとして生成されます。プロセスにはメインスレッド（UIスレッド）があり、プログラムのコードを実行します。特にスレッドを生成しない限り、処理はメインスレッドで行なわれます。もちろん、Viewの処理もメインスレッドで行なわれますが、メインスレッドには画面の描画の他にもやるべき仕事があります。たとえば、キーが押されたら…、画面をフリックされたら…、Wi-Fiの状態が変化したら…、バッテリの残量が少なくなったら…と、メインスレッドにはいろいろ対処すべきことがあって、それらに順番を付けてこなしています。

これに対して、SurfaceViewは専用スレッドを生成して、メインスレッドとは関係なく描画の更新ができます。これが、SurfaceViewがゲームやマルチメディアなどの処理に向くといわれる理由です。メインスレッド以外のスレッドのことをワーカースレッド（バックグラウンドスレッド）などと呼びます。

また、複数のスレッドを生成して並行して処理を行なうことをマルチスレッドと呼びます。

7-3 チキチキ障害物レースを作ろう

ではさっそく本章のお題のアプリ作成にとりかかりましょう。

プロジェクトとクラスの作成

まず表7-1の設定で、AvoidObstacleプロジェクトを作成します。

表7-1 障害物レースプロジェクト

指定した項目	指定した値
Application Name（プロジェクト名）	AvoidObstacle
Company Domain（組織のドメイン）	kanehiro.example.com
Package Name（パッケージ名）[※1]	com.example.kanehiro.avoidobstacle
Project location（プロジェクトの保存場所）	C:¥Android¥AndroidStudioProjects¥AvoidObstacle
Minimum SDK（最小SDK）	API 16 Android 4.1
アクティビティの種類	Empty Activity
Activity Name（アクティビティ名）	MainActivity
Layout Name（レイアウト名）	activity_main

※1　パッケージ名は自動で表示される。

このプロジェクトではMainActivityクラスに加えて、4つのクラスを追加します（図7-3）。

参照 クラスの作成手順➡クラスの作成：86ページ

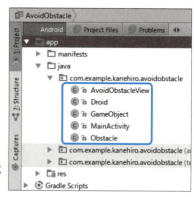

図7-3
MainActivityクラスの他に
4つのクラスを追加する

表7-2 クラスの構成

クラス名	スーパークラス	主な役割
MainActivity	AppCompatActivity	傾斜角と回転角の取得
AvoidObstacleView	SurfaceView	ゲーム盤面の描画、ドロイド君と隕石の描画
Droid	GameObject	ドロイド君の位置情報（座標）、隕石との衝突判定
Obstacle	GameObject	障害物（隕石）の位置情報（座標）、移動スピードを持つ
GameObject	─	位置情報（座標）を持つ

MainActivityクラスでは、SensorEventListenerをインプリメントして、加速度センサーと地磁気センサーを使って、傾斜角と回転角を取得します。

SurfaceViewを継承するAvoidObstacleViewクラスがゲームの盤面やドロイド君、隕石を表示します。

ドロイド君の座標や隕石との衝突判定はDroidクラスに持ちます。Obstacleクラスは1つの隕石の座標と移動スピードを持ちます。たくさんの隕石が同じスピードで動くよりも、速いもの、遅いものがあったほうがゲームとして面白いので、乱数で移動スピードを決めて、個々のインスタンスに持たせます。

最後のGameObjectクラスは、DroidクラスとObstacleクラスには共通することが多いので、共通するプロパティ、メソッドをGameObjectクラスに持たせ、継承するようにしました（図7-4）。

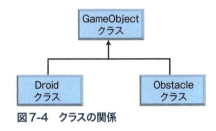

図7-4　クラスの関係

傾斜角と回転角の取得

MainActivityクラスのコードを見ていきましょう（リスト7-1）。

リスト7-1　MainActivity.java

```
package com.example.kanehiro.avoidobstacle;

import android.content.Context;
import android.hardware.Sensor;
import android.hardware.SensorEvent;
import android.hardware.SensorEventListener;
import android.hardware.SensorManager;
import android.support.v7.app.AppCompatActivity;
import android.os.Bundle;
import android.util.Log;
import android.view.WindowManager;

public class MainActivity extends AppCompatActivity                          ❶
        implements SensorEventListener {
    private AvoidObstacleView mSurfaceView;
    private SensorManager mSensorManager;
    private Sensor mMagField;
    private Sensor mAccelerometer;

    private static final int MATRIX_SIZE = 16;
    private float[] mgValues = new float[3];
    private float[] acValues = new float[3];

    public static int pitch = 0;                                              ❷
    public static int role = 0;
```

第7章 チキチキ障害物レース ── センサーとSurfaceViewでゲームを作ろう！

```java
    @Override
    protected void onCreate(Bundle savedInstanceState) {
        super.onCreate(savedInstanceState);
        getWindow().addFlags(WindowManager.LayoutParams.FLAG_KEEP_SCREEN_ON);  ————————③
        mSurfaceView = new AvoidObstacleView(this);  ————————————————————————————————④
        setContentView(mSurfaceView);

        mSensorManager = (SensorManager)getSystemService(Context.SENSOR_SERVICE);
        mAccelerometer = mSensorManager.getDefaultSensor(Sensor.TYPE_ACCELEROMETER);
        mMagField = mSensorManager.getDefaultSensor(Sensor.TYPE_MAGNETIC_FIELD);
    }
    @Override
    protected void onResume() {
        super.onResume();
        mSensorManager.registerListener(this, mAccelerometer, SensorManager.SENSOR_DELAY_GAME);
        mSensorManager.registerListener(this, mMagField, SensorManager.SENSOR_DELAY_GAME);

    }
    @Override
    protected void onPause() {
        super.onPause();
        mSensorManager.unregisterListener(this, mAccelerometer);
        mSensorManager.unregisterListener(this, mMagField);
    }

    @Override
    public void onAccuracyChanged(Sensor sensor, int accuracy) {

    }
    @Override
    public void onSensorChanged(SensorEvent event) {
        float[]  inR = new float[MATRIX_SIZE];
        float[] outR = new float[MATRIX_SIZE];
        float[]    I = new float[MATRIX_SIZE];
        float[] orValues = new float[3];

        switch (event.sensor.getType()) {
            case Sensor.TYPE_ACCELEROMETER:
                acValues = event.values.clone();
                break;
            case Sensor.TYPE_MAGNETIC_FIELD:
                mgValues = event.values.clone();
                break;
        }

        if (mgValues != null && acValues != null) {

            SensorManager.getRotationMatrix(inR, I, acValues, mgValues);

            // 携帯を寝かせている状態、Activityの表示が縦固定の状態
            SensorManager.remapCoordinateSystem(inR, SensorManager.AXIS_X, ⏎ ————————————⑤
SensorManager.AXIS_Y, outR);  ————————————————————————————————————————————————
            SensorManager.getOrientation(outR, orValues);
```

```
            // ラジアンを角度に
            pitch = rad2Deg(orValues[1]);        // [1] pitch ────────────────❻
            role = rad2Deg(orValues[2]);         // [2] role

        }
    }
    private int rad2Deg(float rad){
        return (int) Math.floor ( Math.toDegrees(rad) ) ;
    }
}
```

　MainActivityクラスはActivityクラスを継承するだけでなく、SensorEventListenerインターフェイスを実装しています（❶）。

　pitch（傾斜角）とrole（回転角）をpublic staticで宣言しています（❷）。他のクラスから参照可能にするには、このようにpublicかprotectedアクセス修飾子を付けます。また、staticフィールドにすることで、他のクラスからMainActivity.pitchのように「クラス名.フィールド名」でアクセスできるようになります。

　onCreate()メソッドに進みましょう。このアプリでは、Android端末を前後、左右に傾けて隕石を避けながらドロイド君をゴールに誘導しますが、その間はタッチスクリーンに触れることはありません。それで、画面がスリープ状態にならないように、getWindow()でWindowインスタンスを取得して、addFlags()メソッドにWindowManager.LayoutParams.FLAG_FLAG_KEEP_SCREEN_ONを指定して実行します（❸）。

　そして、AvoidObstacleViewクラスのインスタンスを生成して（❹）、setContentView()で画面に指定しています。

　センサーマネージャーのインスタンスを取得して、加速度センサーと地磁気センサーを取得するところは、第6章と同じです。

　onResume()メソッドでは、registerListener()メソッドでSensorEventListenerを登録しています。レートには定数SENSOR_DELAY_GAMEを指定しています。

　onPause()メソッドでは、unregisterListener()メソッドでSensorEventListenerの登録解除をしています。

　onSensorChanged()メソッドに進みましょう。水平に寝かせた状態でAndroid端末を持つので、remapCoordinateSystem()メソッドにAXIS_X、AXIS_Yを指定しています（❺）。また、表示を縦方向に固定するために、AndroidManifestファイルでは、アクティビティにandroid:screenOrientation="portrait"を指定しています。

　ラジアンを角度に変えて、pitchとroleを取得します（❻）。

 ## ゲーム要素の描画

　ゲーム盤面やドロイド君、隕石を描画するAvoidObstacleViewクラスを見ていきましょう（リスト7-2）。

第7章 チキチキ障害物レース —— センサーとSurfaceViewでゲームを作ろう！

リスト7-2　AvoidObstacleView.java

```
package com.example.kanehiro.avoidobstacle;

import android.content.Context;
import android.content.res.Resources;
import android.graphics.Bitmap;
import android.graphics.BitmapFactory;
import android.graphics.Canvas;
import android.graphics.Color;
import android.graphics.Paint;
import android.graphics.Path;
import android.graphics.Region;
import android.util.Log;
import android.view.MotionEvent;
import android.view.SurfaceHolder;
import android.view.SurfaceView;

import java.util.ArrayList;
import java.util.List;
import java.util.Random;

public class AvoidObstacleView extends SurfaceView
                implements SurfaceHolder.Callback,Runnable {                ──❶

    private static final int GOAL_HEIGHT = 150;       // xhdpiの機種
    private static final int START_HEIGHT = 150;      // xhdpiの機種
    //private static final int GOAL_HEIGHT = 200;     // xxhdpiの機種
    //private static final int START_HEIGHT = 200;    // xxhdpiの機種
    //private static final int GOAL_HEIGHT = 300;     // xxxhdpiの機種
    //private static final int START_HEIGHT = 300;    // xxxhdpiの機種
    private static final int JUMP_HEIGHT = START_HEIGHT - 30;

    private static final int OUT_WIDTH = 50;
    private static final int DROID_POS = OUT_WIDTH + 50;

    private int mWidth;
    private int mHeight;

    private boolean mIsGoal = false;
    private boolean mIsGone = false;

    private boolean mIsAttached;
    private Thread mThread;

    private SurfaceHolder mHolder;
    private Canvas mCanvas = null;
    private Paint mPaint = null;
    private Path mGoalZone;
    private Path mStartZone;
    private Path mOutZoneL;
    private Path mOutZoneR;
    private Region mRegionGoalZone;
    private Region mRegionStartZone;
```

Ⓐ

```java
    private Region mRegionOutZoneL;
    private Region mRegionOutZoneR;

    private Region mRegionWholeScreen;

    private long startTime;
    private long endTime;

    // ドロイド君用のビットマップ
    private Bitmap mBitmapDroid;
    // ドロイド君クラス
    private Droid mDroid;

    // 障害物用のビットマップ
    private Bitmap mBitmapObstacle;
    // 障害物のクラス
    private Obstacle mObstacle;

    // 障害物のリスト
    private List<Obstacle> mObstacleList = new ArrayList<Obstacle>(20); ──────────── Ⓑ

    // 乱数
    private Random mRand;

    public AvoidObstacleView(Context context) { ──────────────────────── ❷
        super(context);
        // SurfaceHolderの取得
        mHolder = getHolder();
        // SurfaceViewイベントの通知先の指定（自身のクラス）
        mHolder.addCallback(this);
    }
    @Override
    public void surfaceCreated(SurfaceHolder holder) {
        mPaint = new Paint(); ────────────────────────────── ❸
        mPaint.setColor(Color.RED);
        mPaint.setAntiAlias(true);

        mWidth = getWidth();
        mHeight = getHeight();

        Resources rsc = getResources();
        // ランチャーのドロイド君の画像Bitmapを生成
        mBitmapDroid = BitmapFactory.decodeResource(rsc, R.mipmap.ic_launcher); ──────── ❹
        // 障害物の画像Bitmapを生成
        mBitmapObstacle = BitmapFactory.decodeResource(rsc, R.mipmap.rock);

        // 盤面のゾーン決め
        zoneDecide(); ──────────────────────────────────── ❺

        // 乱数準備
        mRand = new Random(); ─────────────────────────────── ❻

        newDroid(); ───────────────────────────────────── ❼
```

```
            newObstacle();                                                      ⑧

        mIsAttached = true;                                                     ⑨
        mThread = new Thread(this);                                             ⑩
        mThread.start();                                                        ⑪
    }

    @Override
    public void run() {
        while(mIsAttached) {
            drawGameBoard();                                                    ⑫
        }
    }
    @Override
    public boolean onTouchEvent(MotionEvent event) {                            ⑬
        switch (event.getAction())
        {
            case MotionEvent.ACTION_DOWN:
                if(mRegionStartZone.contains((int)event.getX(), (int)event.getY())) {
                    // ドロイド君と障害物を出す
                    newDroid();
                    newObstacle();
                }

                break;
            default:
                break;
        }
        return true;
    }
    private void zoneDecide() {                                                 ⑭
        mRegionWholeScreen = new Region(0, 0, mWidth, mHeight);
        mGoalZone = new Path();
        mGoalZone.addRect(OUT_WIDTH, 0, mWidth - OUT_WIDTH, GOAL_HEIGHT, Path.Direction.CW);
        mRegionGoalZone = new Region();
        mRegionGoalZone.setPath(mGoalZone, mRegionWholeScreen);

        mStartZone = new Path();
        mStartZone.addRect(OUT_WIDTH, mHeight - START_HEIGHT, mWidth - OUT_WIDTH, mHeight, Path.Direction.CW);
        mRegionStartZone=new Region();
        mRegionStartZone.setPath(mStartZone, mRegionWholeScreen);

        mOutZoneL = new Path();
        mOutZoneL.addRect(0, 0, OUT_WIDTH, mHeight, Path.Direction.CW);
        mRegionOutZoneL = new Region();
        mRegionOutZoneL.setPath(mOutZoneL, mRegionWholeScreen);

        mOutZoneR = new Path();
        mOutZoneR.addRect(mWidth - OUT_WIDTH, 0, mWidth, mHeight, Path.Direction.CW);
        mRegionOutZoneR = new Region();
        mRegionOutZoneR.setPath(mOutZoneR, mRegionWholeScreen);
    }
```

7-3 チキチキ障害物レースを作ろう

```java
public void drawGameBoard() {
    // ボールを落としたか、障害物に衝突したか、あるいはゴールしたとき
    if ((mIsGone) || (mIsGoal)) {                                               ⑮
        return;
    }

    mDroid.move(MainActivity.role, MainActivity.pitch);                         ⑯
    if (mDroid.getBottom() > mHeight) {
        mDroid.setLocate(mDroid.getLeft(), (int) (mHeight - JUMP_HEIGHT));
    }

    try {
        for (Obstacle obstacle : mObstacleList) {                               ⑰
            if (obstacle != null) {
                obstacle.move();
            }
        }
        mCanvas = getHolder().lockCanvas();                                     ⑱
        mCanvas.drawColor(Color.LTGRAY);

        mPaint.setColor(Color.MAGENTA);
        mCanvas.drawPath(mGoalZone, mPaint);
        mPaint.setColor(Color.GRAY);
        mCanvas.drawPath(mStartZone, mPaint);
        mPaint.setColor(Color.BLACK);
        mCanvas.drawPath(mOutZoneL, mPaint);
        mCanvas.drawPath(mOutZoneR, mPaint);

        mPaint.setColor(Color.BLACK);
        mPaint.setTextSize(50);

        // Goal 文字列
        mCanvas.drawText(getResources().getString(R.string.goal), (int)mWidth / 2 - 50, 100 , mPaint);
        // Start 文字列
        mCanvas.drawText(getResources().getString(R.string.start), (int)mWidth / 2 - 50,↵
mHeight-50 , mPaint);

        if(mRegionOutZoneL.contains(mDroid.getCenterX(), mDroid.getCenterY())) { ⑲
            mIsGone = true;
        }
        if(mRegionOutZoneR.contains(mDroid.getCenterX(), mDroid.getCenterY())) {
            mIsGone = true;
        }
        if(mRegionGoalZone.contains(mDroid.getCenterX(), mDroid.getCenterY())) {
            mIsGoal = true;
            // ゴールした
            String msg = goaled();
            mPaint.setColor(Color.WHITE);
            mCanvas.drawText(msg, OUT_WIDTH + 10, GOAL_HEIGHT - 100, mPaint);

        }
```

213

```java
            // 隕石はスタートゾーンにかかると消える
            for (Obstacle obstacle : mObstacleList) {
                if (mRegionStartZone.contains(obstacle.getLeft(), obstacle.getBottom())) {
                    obstacle.setLocate(obstacle.getLeft(), 0);
                }
            }
            if (!mIsGoal) {
                for (Obstacle obstacle : mObstacleList) {
                    if (mDroid.collisionCheck(obstacle)) {
                        String msg = getResources().getString(R.string.collision);
                        mPaint.setColor(Color.WHITE);
                        mCanvas.drawText(msg, OUT_WIDTH + 10, GOAL_HEIGHT - 100, mPaint);
                        mIsGone = true;

                    }
                }
            }

            if (!((mIsGone) || (mIsGoal))) {
                mPaint.setColor(Color.DKGRAY);
                for (Obstacle obstacle : mObstacleList){
                    mCanvas.drawBitmap(mBitmapObstacle, obstacle.getLeft(), obstacle.getTop(), null);
                }

                mCanvas.drawBitmap(mBitmapDroid, mDroid.getLeft(), mDroid.getTop(), null);
            }
            getHolder().unlockCanvasAndPost(mCanvas);
        } catch (Exception e) {
            e.printStackTrace();
        }

    }

    private String goaled() {
        endTime = System.currentTimeMillis();
        // 経過時間
        long erapsedTime = endTime - startTime;
        int secTime = (int)(erapsedTime / 1000);
        return ("Goal! " + secTime + "秒");

    }
    @Override
    public void surfaceChanged(SurfaceHolder holder, int format, int width, int height) {

    }
    @Override
    public void surfaceDestroyed(SurfaceHolder holder) {
        // Bitmapリソースをメモリから解放する
        if (mBitmapDroid != null) {
            mBitmapDroid.recycle();
            mBitmapDroid = null;
        }
        if (mBitmapObstacle != null) {
```

⑳
㉑
㉒
㉓
㉔
㉕

```
            mBitmapObstacle.recycle();
            mBitmapObstacle = null;
        }
        mIsAttached = false;
        while(mThread.isAlive());


    }
    private void newDroid() {  ─────────────────────────────────────── ㉖
        mDroid =   new Droid(DROID_POS,mHeight - JUMP_HEIGHT, mBitmapDroid.getWidth(), ⏎
mBitmapDroid.getHeight());
        mIsGoal = false;
        mIsGone = false;
        startTime = System.currentTimeMillis();
    }
    private void newObstacle() {  ──────────────────────────────────── ㉗
        Obstacle obstacle;

        mObstacleList.clear();

        for (int i =0; i < 20; i++) {
            // left 座標を乱数で求める
            int left = mRand.nextInt(mWidth - (OUT_WIDTH * 2  + mBitmapObstacle.getWidth())) + OUT_WIDTH;
            // top 座標を乱数で求める
            int top = mRand.nextInt(mHeight - mBitmapObstacle.getHeight() * 2 );
            // 1から3の乱数生成
            int speed = mRand.nextInt(3) + 1;
            obstacle = new Obstacle(left, top, mBitmapObstacle.getWidth(), mBitmapObstacle.getHeight(), ⏎
speed);
            mObstacleList.add(obstacle);
        }
    }
}
```

　SurfaceViewクラスを継承するクラスは、SurfaceHolder.Callbackインターフェイスを実装します
（❶）。

　SurfaceHolder.Callbackインターフェイスを実装したクラスは、surfaceCreated()、surface
Changed()、surfaceDestroyed()の3つのコールバックメソッドを実装する必要があります。

　これらのメソッドは表7-3のタイミングで
自動的に呼び出されるので、それぞれ必要な
処理を記述します。

　インプリメントしているのは、Surface
Holder.Callbackだけではありません。
Runnableインターフェイスもインプリメン

**表7-3　SurfaceHolder.Callback
インターフェイスのメソッド**

コールバックメソッド	いつコールバックされるか
surfaceCreated()	SurfaceViewが生成されたとき
surfaceChanged()	SurfaceViewが変更されたとき
surfaceDestroyed()	SurfaceViewが破棄されたとき

トしていますね。Runnableインターフェイスをインプリメントすることで、メインスレッドと関係なく
描画処理を定期的に実行できるようになります。

　Runnableインターフェイスをインプリメントしたクラスはrun()メソッドを実装しなくてはなりません。

SurfaceViewの作成

　まずはコンストラクタから見ていきましょう。MainActivityでAvoidObstacleViewのインスタンスを生成したときにAvoidObstacleView()コンストラクタが呼び出されます（❷）。

　getHolder()で、SurfaceViewをコントロールするSurfaceHolderを取得します。コールバック（イベントの通知先）には、自身のクラスを指定しています。

　SurfaceViewが生成されたときには、surfaceCreated()メソッドが呼び出されます。surfaceCreated()メソッドではゲームの盤面のデザインを行なっています。

　ちなみにSurfaceViewの大きさなどが変化したときに呼び出されるsurfaceChanged()メソッドではなにもしていません。

ゲーム盤面の作成

　surfaceCreated()メソッドを細かく見ていきましょう。まず、Paintオブジェクトを用意します（❸）。CanvasにPaintを使って描画するのは、SurfaceViewクラスでもViewクラスでも同じです。

 Canvas
　　　Androidの2Dグラフィックスの基本機能。Canvasクラスで文字や画像を描画します。

　次にgetWidth()、getHeight()で画面の大きさを取得します。どんな画面の大きさにも対応するのは難しいことですが、このサンプルアプリのテストに使用したGalaxy S3（Width：720、Height：1280。ただし、タイトルバーの高さを引くと1118）と、ある程度、画面のサイズが違っても実行できるようにしたいので、取得した画面の大きさでゲーム盤面の大きさを決めます。ただし、リスト7-2ではコメントにしてありますが（Ⓐ）、ゴールとスタートのサイズは解像度によって変更してください。特にスタートのサイズはhdpiに合わせて変更しないとドロイド君がスタートしません。

　BitmapFactory.decodeResource()メソッドで、Bitmapクラスのオブジェクトを生成します（❹）。

　R.mipmap.ic_launcherは、プロジェクトを作成したときに自動的に配置されるランチャー用のアイコンを指します（図7-5）。

　R.mipmap.rockは、隕石をイメージして作成した画像を指します。Galaxy S3の解像度に合わせて、60×60ピクセルでrock.pngを作成し、mipmap-xhdpiに配置しました（図7-6）。

　もし、xxhdpiの機種をお使いなら、1.5倍の90×90ピクセルぐらいで作成すると良いでしょう。画像作成用のソフトはなんでもかまいませんが、背景を透明にしてください。

　zoneDecide()でゲーム盤面のデザインを決めます（❺）。

　盤面は図7-7のようにゾーンを分けます。ゴール（Goal）ゾーン、スタート（Start）ゾーン、左右のアウト（OUT）ゾーンを引いた残りの部分をドロイド君が進みます。隕石はゴールゾーンから降り、スタートゾーンに差し掛かると消えます。だから、ドロイド君がスタートゾーンにいる限り安全です。隕石にぶつかるか、アウトゾーンに落ちたらドロイド君は消えます。それから、ゴールゾーンに入ってもドロイド君は消えます。

7-3 チキチキ障害物レースを作ろう

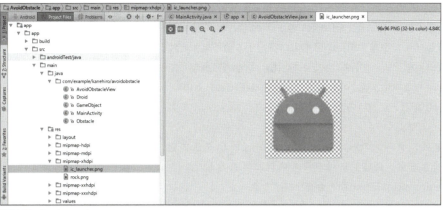

図7-5　ic_launcher.png

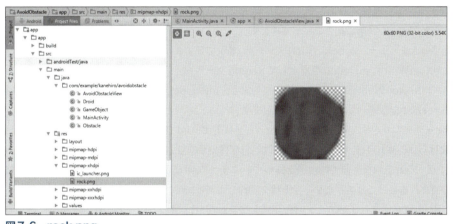

図7-6　rock.png

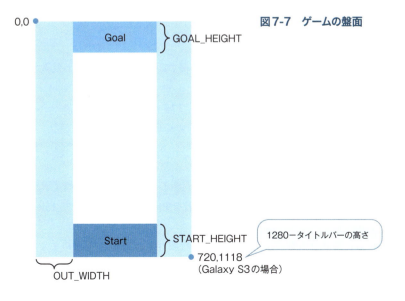

図7-7　ゲームの盤面

各ゾーンの大きさはAvoidObstacleViewクラスの冒頭でGOAL_HEIGHT、START_HEIGHTのように定数宣言しています。画面のサイズが違うAndroid端末で実行する場合は、これらの定数の値を、リスト中のコメント行（❹）を参考に調整してください。ちなみに、図7-8の画像はGOAL_HEIGHT = 300、START_HEIGHT = 300のコードを有効にして、Nexus 6Pで実行したところです。

それぞれのゾーンの形はandroid.graphics.Pathクラスを使って描きます。具体的にはクラスの冒頭で宣言しているprivate Path mGoalZoneなどを使うわけです。

同時にandroid.graphics.Regionクラスを使いますが、Regionはグラフィックス形状の内部を示すことができます。RegionにPathオブジェクトを登録することで、その中にドロイド君や隕石が入ったかどうかを簡単に知ることができます。

順に見ていきましょう。zoneDecide()メソッド（⓮）では、まず引数に0,0,mWidth, mHeightを指定してRegionクラスのインスタンスmRegionWholeScreenを生成しています。mRegionWholeScreenはこのゲームの盤面全体を指します。

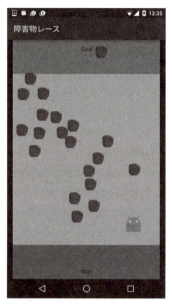

図7-8
GOAL_HEIGHT = 300、
START_HEIGHT = 300で実行

次にPathクラスのインスタンスmGoalZoneを生成して、addRect()メソッドで四角形を作成しています。引数はOUT_WIDTH, 0, mWidth-OUT_WIDTH, GOAL_HEIGHTなので、(x1=50, y1=0, x2=720-50, y2=150)という座標で四角形を描いています。PathにaddRect()しただけなので、実際に図形が画面に描かれるわけではありません。形状を登録しただけです。

次に、Regionクラスのインスタンスを作成して、setPath()メソッドでPathをRegionに追加します。これで、Regionがゴールゾーンの形状を保持します。

以降、zoneDecide()ではあと3つのゾーンについて同様の処理をしていきます。

乱数の準備と隕石／ドロイド君の作成

ここでsurfaceCreated()メソッドに戻りましょう。隕石の出現する座標やスピードを、乱数を使って決めたいので、Randomクラスを使います（❻）。

次に実行しているnewDroid()がドロイド君のインスタンスを生成する処理です（❼）。

newDroid()メソッドを見ていきましょう（㉖）。mDroid = new Droid()でドロイド君のインスタンスを生成します。引数は順に、left（X軸の座標）、top（Y軸の座標）、width（ドロイド君の幅）、height（ドロイド君の高さ）です。

mIsGoalはゴールしたかどうか示すフラグで、mIsGoneは両サイドの黒い部分にドロイド君が落ちたか、あるいは隕石にぶつかったかを示すフラグです。ドロイド君を生成したばかりなので、falseを代入します。

次にゴールまでにかかった時間を計算するために、開始時間（startTime）を求めます。System.currentTimeMillis()は1970年1月1日からの経過時間をミリ秒で返します。

もう一度、surfaceCreated()メソッドに戻ります。

newObstacle()は隕石のインスタンスを生成し、❻のListに追加します（❽）。newObstacle()メソッドを見ていきましょう（㉗）。まず、mObstacleList.clear()でListをクリアしています。このListは何回も使うからです。次のforループで、Obstacleクラスのインスタンスを20個作成して、mObstacleListにadd（追加）します。

forループの中では、RandomクラスのnextInt()メソッドを使って、まず隕石を出現させるx軸の位置を決めます。次にy軸の位置を決め、最後にspeedを決めます。speedの例が一番わかりやすいのですが、nextInt(3)は0から2の範囲の整数値を1つ返します。ですから、1を足してspeedに代入しています。また、surfaceCreated()メソッドに戻ります。

mIsAttachedフラグはThread（スレッド）のコントロールに使います（❾）。

mThreadにスレッドを生成して（❿）、start()メソッドで開始します（⓫）。

スレッドをスタートさせると、その下のrun()メソッドが実行されます。run()メソッドでは、mIsAttachedフラグがtrueの間、drawGameBoard()が繰り返し呼び出されます（⓬）。

drawGameBoard()がゲームの盤面や隕石、ドロイド君を実際に描画する処理です。

ゲーム盤面の描画

drawGameBoard()の詳細を見ていきましょう。⓯でドロイド君が隕石にぶつかったか、アウトゾーンに落ちたか、あるいはゴールしたかを判断しています。trueのときは、returnで呼び出し元に戻ります。

次に、Doridクラスのmove()メソッドにMainActivityのroleとpitchを指定してドロイド君を移動させます（⓰）。

それから、if文を使ってmDroid.getBottom()が盤面の高さより大きいときに、mDroid.setLocateでmHeight - JUMP_HEIGHTの高さに位置付けています。

これは、ドロイド君がスタートゾーンから下に落ちそうになったときのための処理です。この処理の効果で、ドロイド君がスタートゾーンにいる状態で、Android端末を少し起こすと、スタートゾーンでドロイド君がジャンプを繰り返しているように見えます（図7-9）。

tryブロックに進みましょう。隕石のリストmObstacleListから、個々のobstacle（隕石のインスタンス）を取り出し（⓱）、move()で移動させます。obstacleはそれぞれのスピードで、スタートゾーンに向けて移動します。

以降が実際のサーフェイスの描画処理ですが、SurfaceViewでは描画時のちらつきを抑えるためにダブルバッファリングが使えます。

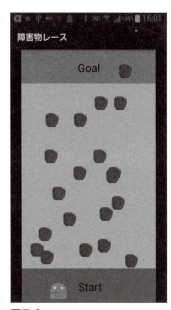

図7-9
ドロイド君がスタートゾーンから
落ちそうになったら、
この位置（mHeight - JUMP_
HEIGHTの高さ）に持っていく

ダブルバッファリング
　実際に表示されている画面の他に、もう1つ表示されてない画面（オフスクリーンバッファ）を持ち、オフスクリーンバッファで描画を進めて、完成したら画面を入れ替える手法です。ダブルバッファリングにより画面のちらつきを抑えることができます。

　SurfaceHolderのlockCanvas()メソッドはサーフェイスの表示をロックして、Canvasオブジェクトを返すので（⓲）、ゴールゾーンやスタートゾーン、アウトゾーンをdrawPath()メソッドで描画していきます。
　drawText()メソッドでは、strings.xml（リスト7-3）から取得した「Goal」と「Start」の文字を描いています。

リスト7-3　strings.xml

```xml
<resources>

    <string name="app_name">障害物レース</string>
    <string name="goal">Goal</string>
    <string name="start">Start</string>
    <string name="finished">ゴールしました！</string>
    <string name="failed">落っこちました！</string>
    <string name="collision">衝突しました！</string>
    <string name="is_continue">続けますか？</string>

</resources>
```

ゴールと衝突の判定

　Regionクラスを使うメリットを実感できるのが、⓳からの処理です。mDroid.getCenterX()、mDroid.getCenterYでドロイド君の中心の位置を取得して、mRegionOutZoneL.contains()メソッドで、その位置が左側のアウトゾーンに含まれるかを判断しています。次に、右側のアウトゾーン、ゴールゾーンと判定を進めていきます。
　アウトゾーンに入っている場合は、フラグmIsGoneをtrueにしています。
　ゴールゾーン（mRegionGoalZone）に入ったときは、フラグmIsGoalをtrueにして、goaled()を呼びます。goaled()メ

図7-10
ゴールしたときの表示

図7-11
衝突したときの表示

ソッド（㉔）では、現在の時間をSystem.currentTimeMillis()で取得して、ドロイド君を出現させたときとの差を求め、1000で割って秒単位にして、文字列として返します。

そして、drawText()メソッドでその文字列をGoalゾーンに描画します（図7-10）。

隕石がスタートゾーンにかかったら、消えるようにするために、㉒からの処理でmRegionStartZoneがobstacle.getLeft()、obstacle.getBottom()を含んでいるか（containsしているか）を判定して、obstacle.setLocate(obstacle.getLeft(), 0)で隕石のY座標を0にしています。これで、スタートゾーンにかかった隕石はまた、ゴールゾーンから降ってくることになります。

㉑のforループでmObstacleListから、obstacleを取り出し、衝突判定を行なうmDroid.collisionCheck()メソッドに引数として渡しています。collisionCheck()はドロイド君と隕石の画像の座標が重なっていたらtrueを返すので、strings.xmlから「衝突しました！」という文字列を取得して、drawText()で描画し（図7-11）、mIsGoneをtrueにしています。

隕石とドロイド君の描画

mIsGoneとmIsGoalのどちらもtrueでなかったら（㉒）、drawBitmap()メソッドでmBitmapObstacle（隕石の画像）を20個描きます。

次にdrawBitmap()でmBitmapDroid（ドロイド君の画像）を描きます。SurfaceHolderのunlockCanvasAndPost()メソッドでアンロックして、SurfaceViewを更新します（㉓）。

lockCanvas()メソッドとunlockCanvasAndPost()メソッドは常にペアで実行する必要があります。

スタートゾーンをタップしたら再開する

これで、ゲームの流れは理解してもらえたと思いますが、衝突した、あるいは、ゴールした後にドロイド君と隕石群を再度、表示する仕組みはonTouchEvent()に記述してあります（⓭）。onTouchEventは、画面がタップされたときに発生します。

event.getAction()で取得したアクションがACTION_DOWNだったら、タッチした位置（event.getX(), event.getY()）が、スタートゾーン（mRegionStartZone）に含まれるかをcontains()メソッドで判断しています。そして、スタートゾーンがタッチされたのなら、newDroid()、NewObstacle()でドロイド君と隕石のインスタンスを生成します。

後始末

SurfaceViewが破棄されたときに呼び出されるsurfaceDestroyed()の処理を見てください（㉕）。Bitmapリソースをメモリから解放するには、recycle()メソッドを実行して、nullを代入します。

それから、mIsAttachedをfalseにして、while(mThread.isAlive())でスレッドの終了を待ちます。

ドロイド君と隕石の共通機能を持つクラス

ドロイド君と隕石はどちらもBitmapで描画するオブジェクトなので、共通の属性や振る舞いを持っています。

共通する部分をGameObjectクラス（リスト7-4）に持たせて、Droidクラス、Obstacleクラスから継承します。

リスト7-4　GameObject.java

```
package com.example.kanehiro.avoidobstacle;

public class GameObject {
    private int left;
    private int top;
    private int width;
    private int height;
    public GameObject(int left, int top, int width, int height) {
        setLocate(left, top);
        this.width = width;
        this.height = height;
    }
    public void setLocate(int left, int top) {
        this.left = left;
        this.top = top;
    }
    public void move(int left, int top) {
        this.left = getLeft() + left;
        this.top = getTop() + top;
    }
    public int getLeft() {
        return left;
    }
    public int getRight() {
        return left + width;
    }
    public int getTop() {
        return top;
    }
    public int getBottom() {
        return top + height;
    }
    public int getCenterX() {
        return (getLeft() + width / 2);
    }
    public int getCenterY() {
        return (getTop() + height / 2);
    }

}
```

　フィールドとしては、表示を開始する左位置（left）、上位置（top）、幅（width）、高さ（height）を
privateで定義します。

　そして、左位置を返すメソッドgetLeft()、右位置を返すメソッドgetRight()、上位置を返すgetTop()、
下位置を返すgetBottom()、X軸の中心位置を返すgetCenterX()、Y軸の中心位置を返すgetCenterY()
をpublicで定義します。

　また、インスタンスを生成するときに呼び出されるコンストラクタGameObject()では、setLocate
(left, top)として出現する位置を指定しています。left, topの値をコンストラクタでleft、topに代入して

● 7-3　チキチキ障害物レースを作ろう

も良いのですが、setLocate()メソッドは、AvoidObstacleViewクラスからも呼び出すので、このように
しています。

また、move()メソッドは移動処理ですが、移動とは現在のx、y座標に変化する値を足すことです。

ドロイド君を表わすクラス

GameObjectクラスを継承するDroidクラス（リスト7-5）では、move()メソッドをオーバーライドし、
collisionCheck()メソッドを追加しました。move()メソッドはroleとpitchの値を2で割ってスーパーク
ラスのmove()メソッドの引数として渡すことで、移動させています（❷）。座標としては値の小さいゴー
ルへ進むようにpitchは符号を反転させています。

collisionCheck()メソッドは、obstacleと座標が重なっていたら、衝突していると判断します（❸）。30
という値を持つSAFE_AREAは、かすっている状態を衝突と判断しないための遊びです（❶）。この値を
小さくすると衝突しやすくなり、大きくすると多少ぶつかっても衝突しているとみなしません。

リスト7-5　Droid.java

```
package com.example.kanehiro.avoidobstacle;

public class Droid extends GameObject {
    private static final int SAFE_AREA = 3Ø;                         ❶

    public Droid(int left, int top, int width, int height) {
        super(left, top, width, height);
    }
    public void move(int role,int pitch) {                          ❷
        super.move(role / 2, -(pitch / 2));
    }
    public boolean collisionCheck(Obstacle obstacle) {              ❸
        if ((this.getLeft() + SAFE_AREA < obstacle.getRight()) &&
                (this.getTop() + SAFE_AREA  < obstacle.getBottom()) &&
                (this.getRight() - SAFE_AREA  > obstacle.getLeft()) &&
                (this.getBottom() - SAFE_AREA  > obstacle.getTop())) {
            return true;
        }
        return false;
    }

}
```

隕石を表わすクラス

Obstacleクラス（リスト7-6）は、インスタンスごとに移動スピードを持つので、speedフィールドを
定義しています（❶）。

また、Obstacleの移動はY軸方向だけなので、move()メソッドをオーバーライドして、スーパークラ
スのmove()メソッドに0とY軸の移動距離（speed）を渡しています（❷）。

223

リスト7-6　Obstacle.java

```java
package com.example.kanehiro.avoidobstacle;

public class Obstacle extends GameObject {
    private int speed;
    public Obstacle(int left, int top, int width, int height,int speed) {      ❶
        super(left, top, width,  height);
        setSpeed(speed);
    }
    public void move() {                                                        ❷
        super.move(0,speed);
    }
    public void setSpeed(int speed) {
        this.speed = speed;
    }
}
```

　以上で完成です。Android端末で動かしてみて、SurfaceViewだと図形がスムーズに動くことを実感してください。また、ゲームの難易度を上げたいときは、隕石の数を増やす、隕石の移動スピードを大きくするなどの方法が考えられます。

Memo　Instant Run

　Android Studio 2の新機能Instant Runを使うと、アプリ開発のスピードアップが期待できます。アプリの再インストールやアクティビティの再起動なしで、修正内容を反映させることができるからです。
　それには、[File] → [Settings] メニューから設定画面を表示し、左側のツリーから「Build,Execution, Deployment」→「Instant Run」を選びます（図A）。

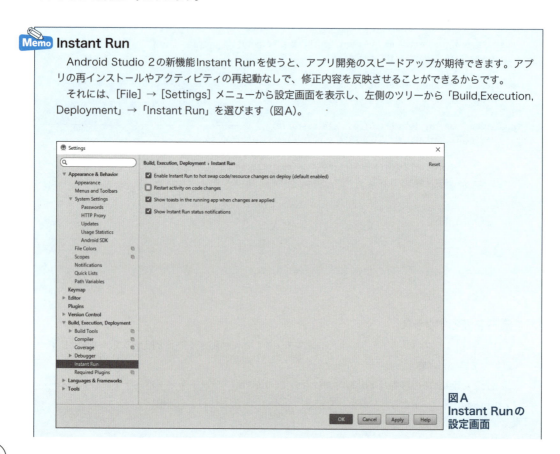

図A
Instant Runの設定画面

Insatnt Runの設定画面で［Enable Instant Run ～］にチェックがついていると、Instant Runが利用できます。その上に、「Update Project」と表示されているときは、それをクリックしてInstant Runに対応させてください。［Restart Activity ～］にチェックがついていない状態だと、アクティビティを再起動することなく、コードの変更を反映させてくれます。

　また、［Show toast ～］にチェックがついていると、変更を反映したことをトースト表示してくれます。

　たとえば、図Bの画面の「指紋認証をします」という文字列を「指紋認証をしてください」に変えてみましょう。具体的には、アプリをAndroid Studioの実行ボタンで起動した後、strings.xmlの文字列を編集します。

　実行ボタン  の横に稲妻がついていますね（図C）。このボタンをクリックします。

　図Dは、トースト表示に「restarted activity」と表示されているように、再インストールなしでアクティビティを再起動した例です。

図B　変更前の画面

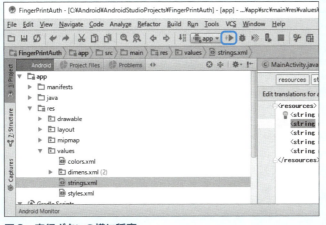

図C　実行ボタンの横に稲妻

図D　変更後の画面

次に、アクティビティを再起動しないケースも確認します。InstantRunSampleというプロジェクトを作成しました。

　Snackbarに表示する「Replace with your own action」という文字列を「Hello」に変更します（図E）。

　こんどは図Fのように「Applied code changes without activity restart」とトースト表示されたのでアクティビティを再起動していませんが、メールアイコンのボタンをタップすると表示される文字が変更されています（図G）。

図E　変更前の画面　　図F　without activity restart　　図G　変更後の画面

　4つ目のチェックボックス［Show Instant Run status notifications］にチェックが付いていると、図Hのように Android Studio 上に通知を表示してくれます。

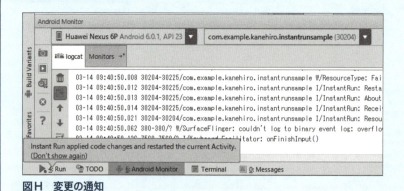

図H　変更の通知

第 **8** 章

パッと撮ってビャッ
──写真はクラウドに残そう！

デジカメやスマホで撮った写真はクラウドにアップすることが一般的になりつつありますね。カメラアプリで撮影した画像をクラウドに保存するアプリを作ってみましょう。

第8章 パッと撮ってビャッ ── 写真はクラウドに残そう！

8-1 作成するAndroidアプリ

　カメラアプリをインテントで呼び出して写真を撮影し、Android端末を投げ上げる動作によってクラウド（Dropbox）に写真をアップするアプリを作成しましょう。投げ上げる動作は加速度センサーで検知します。

　アプリの画面には、撮影した写真を表示するImageViewとカメラアプリを呼び出すボタンとDropboxにログインするボタンを配置します（図8-1）。

　ログインしたら、カメラアプリで写真を撮ります（図8-2）。そして、投げ上げる動作をすると、写真をDropboxにアップロードします（図8-3）。

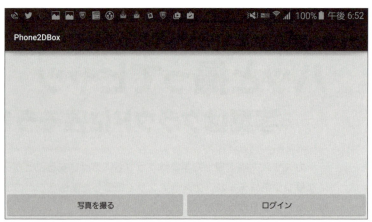

図8-1　「パッと撮ってビャッ」起動画面

図8-2　カメラアプリで写真を撮る

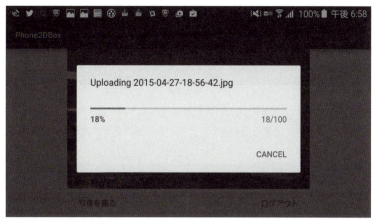

図8-3　Dropboxにアップロードしているところ

　標準のカメラアプリで横持ちで写真を撮り、シュッと右上にスマホを振ると、クラウドにアップロードする指示だと判断します（図8-4）。

横置きで写真を撮って、上に投げるように強く傾ける

図8-4　投げ上げる動作

この章で説明すること
☑ カメラアプリの使い方　　☑ 加速センサーで動作を検知する方法
☑ クラウドサービスの利用について　☑ Dropbox Core API
☑ AsyncTaskによる非同期処理　☑ Runtime Permission

8-2 クラウドの利用

スマホで撮った写真をクラウドにアップするのは、いまや当たり前ですね。後で、画像を加工する場合やブログにアップするときにクラウドにアップしてあると、どこからでもアクセスできるので便利です。

クラウド関連のAPI

Android向けのAPI（Application Programming Interface）を用意しているクラウドサービスはいくつもあります。その代表例としてまずGoogle Driveが挙げられますが、米Microsoft社がサービスを提供しているOneDriveもAndroid向けのAPIを提供しています。

> **Memo OneDrive API**
>
> OneDrive SDKとして提供されるPicker（ピッカー）とSaver（セーバー）を使えば、OneDrive上のデータを取得したり、ファイルをOneDrive上に保存したりできます。
>
> ▼ Android向けのOneDriveピッカーおよびセーバー
>   https://msdn.microsoft.com/ja-jp/library/dn833235.aspx
>
> OneDrive SDKでは、インテントを発行することでファイルのダウンロードやアップロードができるので、Androidのプログラムに簡単にクラウドとのデータのやり取りを組み込むことができます。わかりやすいサンプルが用意されているので、興味のある方はMicrosoft社のサイトからzipファイルをダウンロードして試してみてください。

また、クラウドストレージサービスの老舗ともいうべきDropboxにも、いろいろなAPIが用意されています。本章のアプリではDropboxのAPIを使います。

Dropbox API

Dropboxが提供するAPIは、Dropbox Developers（www.dropbox.com/developers）で確認することができます（図8-5）。

Dropbox APIの最新のバージョンはv2ですが、v2のAPIにはAndroid専用版がありません。もちろん、Java用のAPIを利用できますが、少し手順が複雑になります。そこで、本章ではAPI v1のCore APIを使用します。

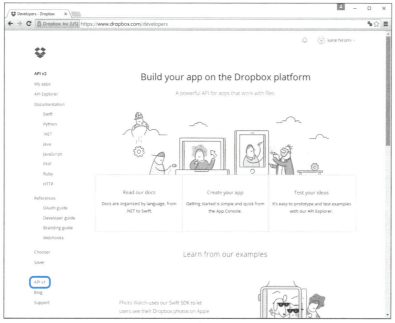

図8-5　Dropbox Developer home（www.dropbox.com/developers）

　API v1のリンクから図8-6を開き、Dropbox APIのCore APIのリンク（API v1(Core API)）をクリックします。

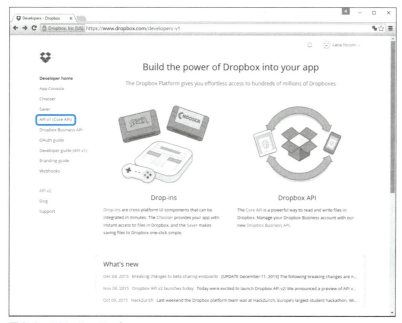

図8-6　API v1のリンク

Androidの「Install SDK」をクリックして（図8-7）、Install Core API SDKsのページ（図8-8）に進みます。そして、「Download Android SDK」のリンクをクリックし、SDKをダウンロードしておきましょう。このSDKはAndroidアプリ作成時に使います。

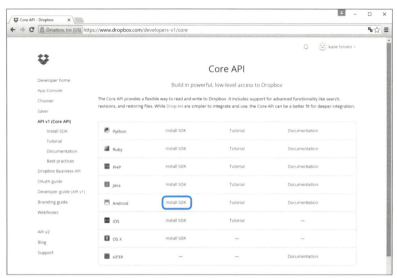

図8-7　各種言語用のSDKやチュートリアル（www.dropbox.com/developers-v1/core）

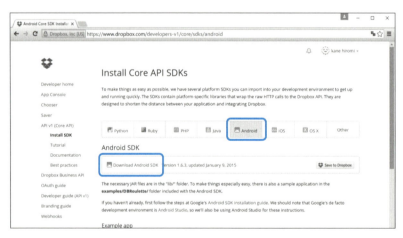

図8-8　Install Core API SDKs（www.dropbox.com/developers-v1/core/sdks/android）

Dropboxにappを作る

　Android Studioでアプリを作る前に、Dropboxにapp（アプリ）を作成する必要があります。Dropboxのアカウントを持っていれば、誰でもappを作成することができるので、もしアカウントがなければ

作成しましょう。以降では、appを作成する手順を説明します。

1. ブラウザでhttps://www.dropbox.com/developers-v1にアクセスします（図8-9）。「App Console」リンクをクリックすると、My appsのページ（図8-10）が開きます。ここで［Create app］のボタンをクリックします。

図8-9　「App Console」をクリックする

2. Create a new Dropbox Platform appのページでは、質問に答えて選択していくと次の質問が表示されます（図8-11）。

図8-10　My appsのページ

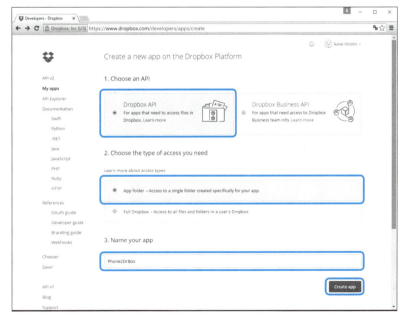

図8-11　質問に答えて選択すると次の質問が表示される

第8章 パッと撮ってピャッ──写真はクラウドに残そう！

> **Q** Choose an API
>
> ［Dropbox API］を選びます。
>
> **Q** Choose the type of access you need
>
> ［App folder– Access to a single folder created specifically for your app.］を選びます。このapp用のフォルダにだけアクセスするappになります。
>
> **Q** Name your app
>
> app名（アプリの名前）を入力します。ここでは「Phone2DrBox」と入力しましたが、他と重複しないapp名を入力する必要があります。

3．［Create app］ボタンをクリックします。

　これでappが作成されます（図8-12）。App folder nameがappと同じ名前になっています。Androidアプリからアップロードする写真（画像ファイル）はPhone2DrBoxフォルダに保存されます。

　App keyとApp secretはAndroidのプログラムに記入する必要があるので、メモ帳などにコピーしておきましょう。App secretは「show」をクリックすると表示されます。

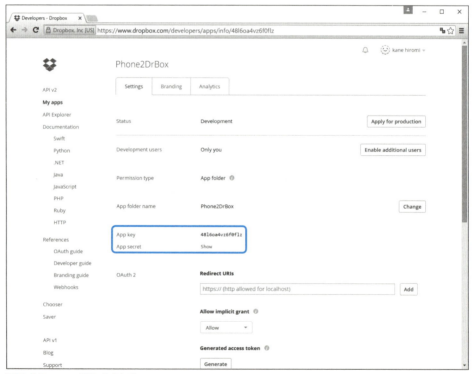

図8-12　appが作成された

234

● 8-3 パッと撮ってビャッを作ろう

8-3 パッと撮ってビャッを作ろう

Androidアプリを作成する準備ができたので、Android Studioでプロジェクトを作成しましょう。

プロジェクトの作成とライブラリの準備

表8-1の設定で、Phone2DBoxプロジェクトを作成します。Dropboxのapp名とAndroidのプロジェクト名は同じでも、違っていてもかまいません。

表8-1 パッと撮ってビャップロジェクト

指定した項目	指定した値
Application Name（プロジェクト名）	Phone2DBox
Company Domain（組織のドメイン）	kanehiro.example.com
Package Name（パッケージ名）※1	com.example.kanehiro.phone2dbox
Project location（プロジェクトの保存場所）	C:¥Android¥AndroidStudioProjects¥Phone2DBox
Minimum SDK（最小SDK）	API 16 Android 4.1
アクティビティの種類	Empty Activity
Activity Name（アクティビティ名）	MainActivity
Layout Name（レイアウト名）	activity_main

※1 パッケージ名は自動で表示される。

プロジェクトを作成したら、先ほどダウンロードしたSDK（dropbox-android-sdk-x.x.x.zip）のlibフォルダにあるjarファイルをコピーしておきます。

SDKのZipを解凍すると、libフォルダにdropbox-android-sdk-x.x.x.jarとjson_simple-1.1.jarがありますので、コピー＆ペーストでapp/libsにコピーします（図8-13）。それから、コピーしたjarファイルを右クリックして［Add as Library］でライブラリに追加します（図8-14）。

また、このプロジェクトではMainActivityクラスに加えて、クラスを2つ追加します（図8-15）。

参照 クラスの作成手順➡クラスの作成：86ページ

表8-2 クラスの構成

クラス名	スーパークラス	主な役割	
MainActivity	AppCompatActivity	Dropboxへのログイン処理とカメラ撮影	プロジェクトウィザードで生成
SwingListener	−	加速度センサーで端末の投げ上げを感知	クラスを新規作成
UploadPicture	AsyncTask	撮影写真のアップロード	

第8章 パッと撮ってピャッ──写真はクラウドに残そう！

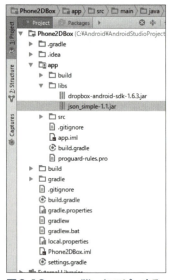

図8-13 app/libsにコピーする

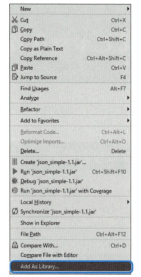

図8-14 ライブラリに追加

図8-15 MainActivityクラスの他に2つのクラスを追加する

画面の定義

それでは、MainActivityの画面定義から見ていきましょう（リスト8-1）。

撮影した写真を表示するためのImageView（❶）とボタンを2つ配置します。idがphoto_buttonのボタン（❷）はIntentを発行して、カメラアプリを呼び出すためのもの、idがsubmitのボタン（❸）はDropboxにログイン、ログアウトするためのものです。初期表示は@string/loginを指定しているので、ログインと表示します。

リスト8-1　activity_main.xml

```
<?xml version="1.0" encoding="utf-8"?>
<LinearLayout xmlns:android="http://schemas.android.com/apk/res/android"
    android:orientation="vertical"
    android:layout_width="match_parent"
    android:layout_height="match_parent"
    >
    <LinearLayout
        android:orientation="vertical"
        android:layout_width="match_parent"
        android:layout_height="match_parent"
        >
        <ImageView
            android:id="@+id/image_view"
            android:layout_width="match_parent"
            android:layout_height="match_parent"
            android:layout_weight="1"
            />
```
❶

```xml
    <LinearLayout
        android:orientation="horizontal"
        android:layout_width="match_parent"
        android:layout_height="wrap_content"
        >
        <Button                                                      ──❷
            android:id="@+id/photo_button"
            android:text="@string/take_picture"
            android:layout_width="match_parent"
            android:layout_height="wrap_content"
            android:layout_weight="1"
            />
        <Button                                                      ──❸
            android:id="@+id/submit"
            android:text="@string/login"
            android:layout_width="match_parent"
            android:layout_height="wrap_content"
            android:layout_weight="1"
            />
    </LinearLayout>
  </LinearLayout>
</LinearLayout>
```

@stringで参照している文字列はリスト8-2のようになります。

リスト8-2　strings.xml

```xml
<resources>
    <string name="app_name">Phone2DBox</string>
    <string name="take_picture">写真を撮る</string>
    <string name="login">ログイン</string>
    <string name="logout">ログアウト</string>
</resources>
```

ユーザー認証の設定

　ログインボタンをタップしてログインしたら、先ほどのsubmitボタンにはログアウトと表示します（図8-16）。

　ログインボタンが押されたら、Dropbox SDKに用意されているアクティビティを呼び出して、ユーザー認証をするわけですが、そのための設定をAndroidManifest.xmlに記述します（リスト8-3）。

図8-16　ログイン後の表示

第8章 パッと撮ってピャッ —— 写真はクラウドに残そう！

リスト8-3　AndroidManifest.xml

```xml
<?xml version="1.0" encoding="utf-8"?>
<manifest xmlns:android="http://schemas.android.com/apk/res/android"
    package="com.example.kanehiro.phone2dbox" >

    <uses-permission android:name="android.permission.INTERNET" />   ──────❶
    <uses-permission android:name="android.permission.WRITE_EXTERNAL_STORAGE"/>  ──────❷

    <application
        android:allowBackup="true"
        android:icon="@mipmap/ic_launcher"
        android:label="@string/app_name"
        android:theme="@style/AppTheme" >
        <activity
            android:name=".MainActivity"
            android:screenOrientation="landscape"
            android:label="@string/app_name">
            <intent-filter>
                <action android:name="android.intent.action.MAIN" />

                <category android:name="android.intent.category.LAUNCHER" />
            </intent-filter>
        </activity>
        <activity
            android:name="com.dropbox.client2.android.AuthActivity"   ──────❸
            android:launchMode="singleTask"
            android:configChanges="orientation|keyboard">
            <intent-filter>
                <!-- Change this to be db- followed by your app key -->
                <data android:scheme="db-4816xxxxxxxxxxx" />   ──────❹
                <action android:name="android.intent.action.VIEW" />
                <category android:name="android.intent.category.BROWSABLE"/>
                <category android:name="android.intent.category.DEFAULT" />
            </intent-filter>
        </activity>

    </application>

</manifest>
```

　ユーザー認証用のアクティビティcom.dropbox.client2.android.AuthActivityを追加して（❸）、intent-filterを記述します。このときに、dataとして、Dropboxの開発者用サイトで取得したApp keyをdb-に続けて記入します（❹）。

図8-17　Dropboxの認証画面

　また、パーミッションには、android.permission.INTERNET（❶）と、写真を外部ファイルとして書き出すためのWRITE_EXTERNAL_STORAGE（❷）を指定します。

　Dropboxのユーザー認証はブラウザ上で行なわれます。アプリ利用時に、図8-17の画面で許可をタップすると認証されます。

●8-3　パッと撮ってビャッを作ろう

　実は、これから作成するアプリをNexus6pなどのAndroid6の端末でテストするとファイルが書き込めないので、画像をアップロードできません。

　Android6の端末で実行するには、Runtime Permissionに対応する必要がありますが、その方法は、本章の最後でまとめて解説します。

Dropboxへのログインとカメラ撮影

　Dropboxへのログイン処理とカメラ撮影を行なうメインアクティビティを見ていきましょう（リスト8-4）。

リスト8-4　MainActivity.java

```java
package com.example.kanehiro.phone2dbox;

import android.app.Activity;
import android.content.ActivityNotFoundException;
import android.content.Intent;
import android.graphics.Bitmap;
import android.graphics.BitmapFactory;
import android.net.Uri;
import android.os.Bundle;
import android.os.Environment;
import android.provider.MediaStore;
import android.support.v7.app.AppCompatActivity;
import android.util.Log;
import android.view.View;
import android.widget.Button;
import android.widget.ImageView;
import android.widget.Toast;

import com.dropbox.client2.DropboxAPI;
import com.dropbox.client2.android.AndroidAuthSession;
import com.dropbox.client2.session.AppKeyPair;

import java.io.File;
import java.text.DateFormat;
import java.text.SimpleDateFormat;
import java.util.Date;
import java.util.Locale;


public class MainActivity extends AppCompatActivity {

    private static final String APP_KEY = "48l6oaxxxxxxxxx";
    private static final String APP_SECRET = "9uxzt6xxxxxxxxx";
    private static final String TAG = "Phone2DBox";

    private DropboxAPI<AndroidAuthSession> mApi;
    private boolean mLoggedIn = false;
```

239

第8章 パッと撮ってビャッ —— 写真はクラウドに残そう！

```java
private Button mTakePicture;
private ImageView mImage;
private Button mSubmit;

private static final int NEW_PICTURE = 1;
private String mCameraFileName;
private File mFile = null;

private final String PHOTO_DIR = "/Photos/";
private SwingListener mSwingListener;

@Override
protected void onCreate(Bundle savedInstanceState) {
    super.onCreate(savedInstanceState);
    AppKeyPair appKeyPair = new AppKeyPair(APP_KEY, APP_SECRET); ──────────────❶

    AndroidAuthSession session = new AndroidAuthSession(appKeyPair); ──────────❷

    mApi = new DropboxAPI<AndroidAuthSession>(session); ───────────────────────❸

    setContentView(R.layout.activity_main);

    mSubmit = (Button)findViewById(R.id.submit);
    mSubmit.setOnClickListener(new View.OnClickListener() {
        @Override
        public void onClick(View v) {
            if (mLoggedIn) {
                logOut(); ────────────────────────────────────────────────────❹
                mSubmit.setText(R.string.login);
            } else {
                mApi.getSession().startOAuth2Authentication(MainActivity.this); ─❺
            }
        }
    });

    mImage = (ImageView)findViewById(R.id.image_view);
    mTakePicture = (Button)findViewById(R.id.photo_button);

    mTakePicture.setOnClickListener(new View.OnClickListener() {
        @Override
        public void onClick(View v) {
            Intent intent = new Intent();
            intent.setAction(MediaStore.ACTION_IMAGE_CAPTURE); ───────────────❻
            Date date = new Date();
            DateFormat df = new SimpleDateFormat("yyyy-MM-dd-kk-mm-ss", Locale.US);

            String newPicFile = df.format(date) + ".jpg";
            String outPath = new File(Environment.getExternalStorageDirectory(), newPicFile)⏎
.getPath();

            File outFile = new File(outPath);

            mCameraFileName = outFile.toString();
```

```
                    Uri outuri = Uri.fromFile(outFile);
                    Log.i(TAG, "uri: " + outuri);

                    intent.putExtra(MediaStore.EXTRA_OUTPUT, outuri); ──────────────⑦
                    Log.i(TAG, "Importing New Picture: " + mCameraFileName);
                    try {
                        startActivityForResult(intent, NEW_PICTURE); ──────────────⑧
                    } catch (ActivityNotFoundException e) {
                        showToast("There doesn't seem to be a camera.");
                    }
                }
        });
        mSwingListener = new SwingListener(this); ───────────────────────────────⑨
        mSwingListener.setOnSwingListener(new SwingListener.OnSwingListener() {
            @Override
            public void onSwing() {
                if (mFile != null) {
                    UploadPicture upload = new UploadPicture(MainActivity.this, mApi, ↵ ──
PHOTO_DIR, mFile);                                                                      ├─⑩
                    upload.execute(); ──────────────────────────────────────────⑪
                }
            }
        });

        mSwingListener.registSensor(); ─────────────────────────────────────────⑫

    }
    @Override
    protected void onSaveInstanceState(Bundle outState) { ──────────────────────⑬
        super.onSaveInstanceState(outState);
        outState.putString("mCameraFileName", mCameraFileName);
    }

    @Override
    protected void onRestoreInstanceState(Bundle savedInstanceState) { ─────────⑭
        super.onRestoreInstanceState(savedInstanceState);
        mCameraFileName = savedInstanceState.getString("mCameraFileName");
    }

    @Override
    protected void onDestroy() {
        super.onDestroy();
        mSwingListener.unregistSensor(); ───────────────────────────────────────⑮
        mSwingListener = null;
    }

    @Override
    protected void onResume() {
        super.onResume();
        AndroidAuthSession session = mApi.getSession();

        if (session.authenticationSuccessful()) {
            try {
```

```java
                session.finishAuthentication();                                                    ⑯
                String accessToken = session.getOAuth2AccessToken();                                ⑰
                mLoggedIn = true;
                mSubmit.setText(R.string.logout);
            } catch (IllegalStateException e) {
                showToast("Couldn't authenticate with Dropbox:" + e.getLocalizedMessage());
                Log.i(TAG, "Error authenticating", e);
            }
        }
    }
    // This is what gets called on finishing a media piece to import
    @Override
    public void onActivityResult(int requestCode, int resultCode, Intent data) {             ⑱
        if (requestCode == NEW_PICTURE) {
            // return from file upload
            if (resultCode == Activity.RESULT_OK) {
                Uri uri = null;
                if (data != null) {
                    uri = data.getData();
                }
                if (uri == null && mCameraFileName != null) {
                    uri = Uri.fromFile(new File(mCameraFileName));
                }
                Bitmap bitmap = BitmapFactory.decodeFile(mCameraFileName);                   ⑲
                mImage.setImageBitmap(bitmap);
                mFile = new File(mCameraFileName);                                           ⑳

                if (uri != null) {
                    showToast("投げ上げ動作で、Dropboxに写真をアップします");               ㉑
                }
            } else {
                Log.w(TAG, "Unknown Activity Result from mediaImport: "
                        + resultCode);
            }
        }
    }
    private void logOut() {
        // Remove credentials from the session
        mApi.getSession().unlink();                                                          ㉒
        mLoggedIn = false;
    }
    private void showToast(String msg) {                                                     ㉓
        Toast error = Toast.makeText(this, msg, Toast.LENGTH_LONG);
        error.show();
    }
}
```

Dropboxへのログイン

　認証まわりの処理はonCreate()で作成しています。Dropboxの開発者用サイトで取得したApp keyと
APP_SECRETからAppKeyPairクラスのインスタンスappKeyPairを作成し（❶）、サーバーとセッショ
ンを張るAndroidAuthSessionクラスの引数に渡して、sessionインスタンスを生成します（❷）。この

セッションを渡して、DropboxAPIクラスのインスタンスmApiを作成します（❸）。

そして、mSubmitボタンのOnClickListenerを仕掛けます。boolean型の変数mLoggedInでログイン中かどうかを判断します。ログインしていないときは、mApi.getSession().startOAuth2Authentication()メソッドでユーザー認証をします（❺）。

引数にMainActivity.thisを指定しているので、コールバックでこのアクティビティに戻ってきます。コールバックされたときの処理をonResume()に記述します。

onResume()ではsession.finishAuthentication()で認証処理を完了します（⓰）。このときにアクセストークン（ユーザー識別情報）がセッションに関連付けられます。session.getOAuth2AccessToken()でアクセストークンを取得できます（⓱）。

その後、mLoggedInをtrueにして、mSubmitボタンのテキストをログアウトに変更しています。

カメラの起動と撮影

次に、onCreate()に記述した写真を撮るボタンが押されたときの処理を見ていきましょう。

標準のカメラアプリを起動するにはインテントに、MediaStore.ACTION_IMAGE_CAPTUREを指定します（❻）。続いて、画像ファイルを返してもらうURI（Uniform Resource Identifier）をセットします（❼）。たとえば、file:///storage/sdcard0/2015-03-26-11-13-21.jpgのようなURIがouturiに作成されます。startActivityForResult()でインテントを発行します（❽）。

これでカメラアプリが起動します（図8-18）。

標準のカメラ以外のアプリがインストールされている場合は選択することができます（図8-19）。

図8-18　カメラアプリが起動したところ

図8-19　カメラアプリが複数インストールされている場合

図8-20は標準のカメラアプリで撮影したところです。［OK］ボタンを押すと、onActivityResult()が呼び出されます（⓲）。mCameraFileNameからビットマップ画像bitmapを作って（⓳）、ImageViewに表示します。また、mCameraFileNameからDropboxにアップロードするためのファイルを作成します（⓴）。

図8-20　標準のカメラアプリで撮影したところ

第8章 パッと撮ってピャッ ── 写真はクラウドに残そう！

> **Memo メンバ変数が初期化されてしまうことへの対処**
>
> 　mCameraFileNameはprivate宣言した変数ですが、カメラアプリのアクティビティをStartActivityForResult()で呼び出すと、戻ってきたときにmCameraFileNameの値は初期化されてしまいます。
> 　Androidではこのような事態にそなえて、値を失わないようにメンバ変数を保存しなければならないタイミングになると、onSaveInstanceState()メソッドがコールされ（⓭）、復帰のタイミングにはonRestoreInstanceState()メソッドがコールされます（⓮）。
> 　これらのメソッドを利用することで、アクティビティのメンバ変数がクリアされることに対処できます。具体的にはアクティビティが破棄され、メンバ変数が初期化されてしまうような場合、onSaveInstanceState(Bundle outState)でBundleオブジェクトにメンバ変数の値をputして、復帰時にonRestoreInstanceState(Bundle savedInstanceState)でBundleオブジェクトからgetメソッドで取り出します。

　そして、Toast表示（Toastクラスによるメッセージ表示）を簡単に実行できるようにしたshowToast()メソッド（㉑㉓）で、「投げ上げ動作で、Dropboxに写真をアップします」と表示します（図8-21）。このアプリのユーザーはDropboxにアップしたい画像だったら、投げ上げ動作をします。そうでなければ次の写真を撮影します。

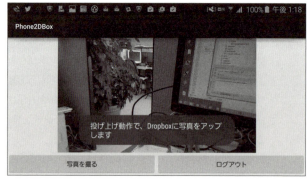

図8-21　Toast表示

　投げ上げ動作を判定するSwingListenerクラスのインスタンスmSwingListenerを作成し（❾）、リスナーにonSwing()メソッドを登録しているのもonCreate()メソッドです。
　onSwing()メソッドでは、Dropboxに画像ファイルをアップロードするために、UploadPictureクラスのインスタンスを生成し（❿）、execute()を実行します（⓫）。
　mSwingListenerのregistSensor()メソッド（⓬）は、加速度センサーをリスナーに登録します。
　onDestroy()メソッドでは、unregistSensor()メソッドでリスナーを解除します（⓯）。
　Dropboxからログアウトするときは、getSession().unlink()を呼び出します（㉒）。logOut()を呼び出すのは（❹）です。

端末投げ上げの感知

　次に、加速度センサーでAndroid端末の投げ上げを感知するSwingListenerクラスを見ていきましょう（リスト8-5）。

8-3 パッと撮ってビャッを作ろう

リスト8-5　SwingListener.java

```java
package com.example.kanehiro.phone2dbox;

import android.content.Context;
import android.hardware.Sensor;
import android.hardware.SensorEvent;
import android.hardware.SensorEventListener;
import android.hardware.SensorManager;

import java.util.List;

public class SwingListener
        implements SensorEventListener {
    private SensorManager mSensorManager;
    private OnSwingListener mListener;
    private Sensor mAccelerometer;

    private long mPreTime;
    private float[] nValues = new float[3];
    private float[] oValues = {0.0f,0.0f,0.0f};

    private int mSwingCount=0;

    private static final int LI_SWING = 50;    ────────────────── ❶
    private static final int CNT_SWING = 3;    ────────────────── ❷

    public SwingListener(Context context) {

        mSensorManager = (SensorManager)context.getSystemService( ──────
                Context.SENSOR_SERVICE); ─────────────────────────── ❸
    }
    public interface OnSwingListener {
        void onSwing();    ──────────────────────────────────────── ❹
    }


    public void setOnSwingListener(OnSwingListener listener) {
        mListener = listener;    ────────────────────────────────── ❺
    }
    public void registSensor() {
        List<Sensor> list = mSensorManager.getSensorList(Sensor.TYPE_ACCELEROMETER);
        if (list.size() > 0) {
            mAccelerometer = list.get(0);
        }
        if (mAccelerometer != null) {
            mSensorManager.registerListener(this, mAccelerometer, SensorManager.SENSOR_DELAY_GAME); ─❻
        }
    }
    public void unregistSensor() {
        if (mAccelerometer != null) {
            mSensorManager.unregisterListener(this);    ──────────── ❼
        }
    }
}
```

8

245

```java
@Override
public void onAccuracyChanged(Sensor arg0, int arg1) {

}

@Override
public void onSensorChanged(SensorEvent event) {                              ❽
    if (event.sensor.getType() != Sensor.TYPE_ACCELEROMETER) {
        return;
    }

    long curTime = System.currentTimeMillis();  // ミリ秒
    long diffTime = curTime - mPreTime;
    // 高い頻度でイベントが発生するので
    // 100msに1回計算するように間引く
    if (diffTime > 100) {                                                      ❾
        // 現在の値を取得
        nValues[0] = event.values[0];
        nValues[1] = event.values[1];
        nValues[2] = event.values[2];
        float speed = (Math.abs(nValues[0] - oValues[0]) + Math.abs(nValues[1] - oValues[1])
                + Math.abs(nValues[2] - oValues[2])) / diffTime * 1000;        ❿

        if (speed > LI_SWING) {                                               ⓫
            mSwingCount++;
            if (mSwingCount > CNT_SWING) {
                if (mListener != null) {
                    mListener.onSwing();                                       ⓬
                }
                mSwingCount = 0;
            }
        } else {                                                              ⓭
            mSwingCount = 0;
        }
        mPreTime = curTime;
        oValues[0] = nValues[0];                                             ⓮
        oValues[1] = nValues[1];
        oValues[2] = nValues[2];
    }
}
```

SwingListenerクラスはSensorEventListenerをインプリメントします。LI_SWING = 50という定数宣言は、投げ上げ動作とみなす速度のしきい値です（❶）。同じく定数のCNT_SWING = 3は、投げ上げ動作の長さというか移動距離を判定するのに使います（❷）。小さな動きを投げ上げ動作と判定しないために使います。

コンストラクタではSensorManagerのインスタンスを取得しています（❸）。インターフェイス内でonSwing()メソッドを宣言しています（❹）。これでこのクラスを使うときはonSwing()メソッドを実装しなくてはいけなくなります。setOnSwingListener()メソッドで、OnSwingListenerをセットします

（❺）。registSensor()メソッドでは、加速度センサーを取得してリスナーを登録します（❻）。unregistSensor()はリスナーの解除です（❼）。

　中心となる処理はonSensorChanged()に記述してあります（❽）。100msに1回計算するようにcurrentTimeMillis()で取得したミリ秒と、以前計算した時間の差を求めて、100より大きいときに処理をします（❾）。

　加速度センサーの3軸の値の変化（oValues配列との差）の絶対値を足し算して、diffTime * 1000で割っています（❿）。1000を掛けているのは単にわかりやすい値にするためです。そして、そのスピードがLI_SWING以上なら，投げ上げ動作が始まったと判断します（⓫）。mSwingCountをインクリメントしていき、スピードがLI_SWINGより大きい状態がCNT_SWINGより多く続いたなら投げ上げ動作と判断します。そして、リスナーがセットされていれば、onSwing()メソッドを呼び出します（⓬）。スピードがLI_SWING以下ならカウントと累計スピードをリセットします（⓭）。最後に比較のために前回値を保存します（⓮）。

画像ファイルのアップロード —— UploadPicture.java

　撮影した写真をアップロードするUploadPicture.javaに進みましょう（リスト8-6）。UploadPicture.javaはCopyrightにもあるように、Core APIのSDKのダウンロードファイルに同梱されていたサンプルをほとんどそのまま利用しています。

　クラスとして作成したUploadPicture.javaを開いて、先ほど解凍したZipの￥examples￥DBRoulette￥src￥com￥dropbox￥android￥sample￥UploadPicture.javaのソースコードをコピー＆ペーストし、リスト8-6のように一部修正を加えています。

リスト8-6　UploadPicture.java

```
/*
 * Copyright (c) 2011 Dropbox, Inc.
 *
 * Permission is hereby granted, free of charge, to any person
 * obtaining a copy of this software and associated documentation
 * files (the "Software"), to deal in the Software without
 * restriction, including without limitation the rights to use,
 * copy, modify, merge, publish, distribute, sublicense, and/or sell
 * copies of the Software, and to permit persons to whom the
 * Software is furnished to do so, subject to the following
 * conditions:
 *
 * The above copyright notice and this permission notice shall be
 * included in all copies or substantial portions of the Software.
 *
 * THE SOFTWARE IS PROVIDED "AS IS", WITHOUT WARRANTY OF ANY KIND,
 * EXPRESS OR IMPLIED, INCLUDING BUT NOT LIMITED TO THE WARRANTIES
 * OF MERCHANTABILITY, FITNESS FOR A PARTICULAR PURPOSE AND
 * NONINFRINGEMENT. IN NO EVENT SHALL THE AUTHORS OR COPYRIGHT
 * HOLDERS BE LIABLE FOR ANY CLAIM, DAMAGES OR OTHER LIABILITY,
 * WHETHER IN AN ACTION OF CONTRACT, TORT OR OTHERWISE, ARISING
```

```
 * FROM, OUT OF OR IN CONNECTION WITH THE SOFTWARE OR THE USE OR
 * OTHER DEALINGS IN THE SOFTWARE.
 */

package com.example.kanehiro.phone2dbox;

import android.app.ProgressDialog;
import android.content.Context;
import android.content.DialogInterface;
import android.content.DialogInterface.OnClickListener;
import android.os.AsyncTask;
import android.widget.Toast;

import com.dropbox.client2.DropboxAPI;
import com.dropbox.client2.DropboxAPI.UploadRequest;
import com.dropbox.client2.ProgressListener;
import com.dropbox.client2.exception.DropboxException;
import com.dropbox.client2.exception.DropboxFileSizeException;
import com.dropbox.client2.exception.DropboxIOException;
import com.dropbox.client2.exception.DropboxParseException;
import com.dropbox.client2.exception.DropboxPartialFileException;
import com.dropbox.client2.exception.DropboxServerException;
import com.dropbox.client2.exception.DropboxUnlinkedException;

import java.io.File;
import java.io.FileInputStream;
import java.io.FileNotFoundException;

/**
 * Here we show uploading a file in a background thread, trying to show
 * typical exception handling and flow of control for an app that uploads a
 * file from Dropbox.
 */
public class UploadPicture extends AsyncTask<Void, Long, Boolean> {

    private DropboxAPI<?> mApi;
    private String mPath;
    private File mFile;

    private long mFileLen;
    private UploadRequest mRequest;
    private Context mContext;
    private final ProgressDialog mDialog;

    private String mErrorMsg;


    public UploadPicture(Context context, DropboxAPI<?> api, String dropboxPath,
                         File file) {
        // We set the context this way so we don't accidentally leak activities
        mContext = context.getApplicationContext();

        mFileLen = file.length();
```

```
        mApi = api;
        mPath = dropboxPath;
        mFile = file;

        mDialog = new ProgressDialog(context);
        mDialog.setMax(100);
        mDialog.setMessage("Uploading " + file.getName());
        mDialog.setProgressStyle(ProgressDialog.STYLE_HORIZONTAL);
        mDialog.setProgress(0);
        mDialog.setButton(ProgressDialog.BUTTON_POSITIVE, "Cancel", new OnClickListener() {
            @Override
            public void onClick(DialogInterface dialog, int which) {     ❶
                // This will cancel the putFile operation
                //mRequest.abort();
                cancel();                                                追加
            }
        });
        mDialog.show();
    }


    @Override
    protected Boolean doInBackground(Void... params) {
        try {
            // By creating a request, we get a handle to the putFile operation,
            // so we can cancel it later if we want to
            FileInputStream fis = new FileInputStream(mFile);
            String path = mPath + mFile.getName();
            mRequest = mApi.putFileOverwriteRequest(path, fis, mFile.length(),     ❷
                    new ProgressListener() {
                        public long progressInterval() {
                            // Update the progress bar every half-second or so
                            return 500;
                        }

                        public void onProgress(long bytes, long total) {
                            publishProgress(bytes);

                        }
                    });
            if (mRequest != null) {
                mRequest.upload();
                return true;
            }

        } catch (DropboxUnlinkedException e) {
            // This session wasn't authenticated properly or user unlinked
            mErrorMsg = "This app wasn't authenticated properly.";
        } catch (DropboxFileSizeException e) {
            // File size too big to upload via the API
            mErrorMsg = "This file is too big to upload";
        } catch (DropboxPartialFileException e) {
            // We canceled the operation
            mErrorMsg = "Upload canceled";
```

```
        } catch (DropboxServerException e) {
            // Server-side exception.  These are examples of what could happen,
            // but we don't do anything special with them here.
            if (e.error == DropboxServerException._401_UNAUTHORIZED) {
                // Unauthorized, so we should unlink them.  You may want to
                // automatically log the user out in this case.
            } else if (e.error == DropboxServerException._403_FORBIDDEN) {
                // Not allowed to access this
            } else if (e.error == DropboxServerException._404_NOT_FOUND) {
                // path not found (or if it was the thumbnail, can't be
                // thumbnailed)
            } else if (e.error == DropboxServerException._507_INSUFFICIENT_STORAGE) {
                // user is over quota
            } else {
                // Something else
            }
            // This gets the Dropbox error, translated into the user's language
            mErrorMsg = e.body.userError;
            if (mErrorMsg == null) {
                mErrorMsg = e.body.error;
            }
        } catch (DropboxIOException e) {
            // Happens all the time, probably want to retry automatically.
            mErrorMsg = "Network error.  Try again.";
        } catch (DropboxParseException e) {
            // Probably due to Dropbox server restarting, should retry
            mErrorMsg = "Dropbox error.  Try again.";
        } catch (DropboxException e) {
            // Unknown error
            mErrorMsg = "Unknown error.  Try again.";
        } catch (FileNotFoundException e) {
        }
        return false;
    }

    @Override
    protected void onProgressUpdate(Long... progress) { ─────────────── ❸
        int percent = (int)(100.0*(double)progress[0]/mFileLen + 0.5);
        mDialog.setProgress(percent);
    }

    @Override
    protected void onPostExecute(Boolean result) { ─────────────────── ❹
        mDialog.dismiss();
        if (result) {
            showToast("写真をアップしました"); ──────────────────────── 変更
        } else {
            showToast(mErrorMsg);
        }
    }
```

```
// NetworkOnMainThreadException が発生しないように、child Thread で abort する
private void cancel() {                                                    ❺
    if (mRequest != null ) {
        new Thread() {
            @Override
            public void run() {                                      追加
                mRequest.abort();
            }
        }.start();
    }
}
private void showToast(String msg) {
    Toast error = Toast.makeText(mContext, msg, Toast.LENGTH_LONG);
    error.show();
}
}
```

> **Memo** **DropboxのSDKサンプルの修正点**
>
> ダウンロードしたSDKサンプル（¥examples¥DBRoulette）では、プログレスダイアログのCancelボタンクリック時の処理でRequest.abort()でアップロードを中止するようになっていましたが、Android 4/5でテストすると、例外NetworkOnMainThreadExceptionが発生しました。そのため、cancel()メソッドを追加し、子Threadを作成して、その中でmRequest.abort()を実行するようにしました（❺）。

AsyncTaskで非同期処理をする

インターネット越しに写真をアップする処理は、Android端末内で実行する処理に比べ、時間のかかる処理です。Androidでは時間のかかる処理は非同期に実行します。

UploadPictureは非同期に処理を行なうAsyncTaskクラスを継承するクラスです。AsyncTaskを使うとバックグラウンドで処理を行ない、その結果をメインアクティビティのUIに反映させることができます。

AsyncTaskはParams、Progress、Resultの3つのパラメータをとります（表8-3）。

表8-3　AsyncTaskのパラメータ

パラメータ	説明
Params	タスクが開始されるときに送られるパラメータ。doInBackground()メソッドの引数
Progress	バックグラウンド処理の進捗状態を示すためのonProgressUpdate()メソッドの引数
Result	バックグラウンド処理が終わったときに実行されるonPostExecute()メソッドの引数

UploadPictureでは、Void、Long、Booleanとパラメータをとります。

doInBackground()メソッドの引数はVoidですが、onProgressUpdateにはLong型で書き込んだByte数が渡ります。onPostExecute()メソッドにはBoolean型で処理結果が渡ります。

また、AsyncTaskをexecuteすると、表8-4の4つのメソッドが実行されます。

表8-4　AsyncTaskのメソッド

メソッド	説明
onPreExecute()	実行前の準備処理を記述する。たとえば、インジケータのセットアップなど
doInBackground(Params...)	バックグラウンドで実行したい処理を記述する
onProgressUpdate(Progress...)	バックグラウンド処理の進捗状況をUIスレッドで表示する場合、ここに処理を記述する
onPostExecute(Result)	バックグラウンド処理が終わり、UIスレッドに反映させる処理を記述する

　AsyncTaskは抽象クラスなので、今回の例のように継承するサブクラスを作る必要があります。そして、少なくともdoInBackground()メソッドをオーバーライドしなければなりません。

　他にもAsyncTaskを使うには、次のような制限があります。

- AsyncTaskのインスタンスはUIスレッドで生成しなければいけない
- AsyncTaskのexecute()メソッドはUIスレッドから呼び出されなければならない
- onPreExecute()、onPostExecute()、doInBackground()、onProgressUpdate()をそれぞれ手動で呼び出してはならない
- AsyncTaskは1回だけ実行できる。2回目を実行しようとすると例外が発生する

　❸のonProgressUpdate()では、ProgressDialogで、

　　進捗具合を書き込んだバイト数 ÷ mFileLen（ファイルの長さ）

で表示します（図8-22）。ProgressDialogでCancelボタンが押されたときの処理は、コンストラクタに記述しています（❶）。

　❹のonPostExecute()では、アップロードが成功したか、なんらかのエラーになったかをトースト表示します（図8-23）。

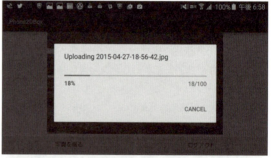

図8-22 ProgressDialogの表示

図8-23 トースト表示

> **Memo 可変長引数**
>
> onProgressUpdate()の引数Long...はJDK1.5で追加されたJava可変長引数です。引数の型の直後に「...」（ピリオド3つ）を付けると、そのメソッドを呼び出す側はその型の引数をいくつでも書けるようになります。
>
> 可変長引数を定義した側（呼び出された側）では、progress[0], progress[1]のようにその引数を配列のようにして扱うことができます。

肝心の画像ファイルを書き込む処理はdoInBackground()にあります。

putFileOverwriteRequest()で、ファイルを書き込みます（❷）。Overwriteは同名のファイルが存在した場合に上書きすることを意味し、Requestはキャンセル可能なことを意味します。

ProgressListenerのonProgress()メソッドはprogressInterval()メソッドが返すミリ秒単位に呼び出され、転送したバイト数を引数にpublishProgress()メソッドを実行します。publishProgress()のコールバックとして、onProgressUpdate()が呼び出されるので、プログレスダイアログの表示が更新されます。

Dropboxのアプリ名Phone2DrBoxのフォルダ内のPhotosフォルダに画像ファイルが保存されています（図8-24）。

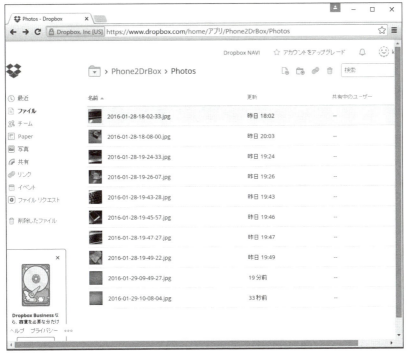

図8-24　Dropboxのアプリ名のフォルダに写真が保存されている

第8章 パッと撮ってビャッ —— 写真はクラウドに残そう！

 Runtime Permission

　本章で作成したアプリをAndroid 6の実機で実行するには、Android 6の新機能であるRuntime Permissionに対応する必要があります。その手順を説明します。

　必要なパーミッションをAndroidManifest.xmlに登録しなくてはいけないのはこれまでと同様です。登録したパーミッションのうち、android.permission.INTERNETなどのノーマルパーミッションは、これまでどおりインストール時に許可されます。

　表8-5にあるリスクの高いパーミッションについては、実行時に許可を求めます。

表8-5　Runtime Permissionの対象となるPermission

Permission	内容
READ_CALENDAR	カレンダーの読み込み
WRITE_CALENDAR	カレンダーの書き込み
CAMERA	カメラ機能
READ_CONTACTS	連絡先の読み込み
WRITE_CONTACTS	連絡先の書き込み
GET_ACCOUNTS	ユーザーが使用しているアカウントの取得
ACCESS_FINE_LOCATION	詳細な位置
ACCESS_COARSE_LOCATION	大まかな位置
RECORD_AUDIO	オーディオの録音（マイク）
READ_PHONE_STATE	電話の状態を取得する
CALL_PHONE	電話をかける（Intentではなく直接電話をかける）
READ_CALL_LOG	通話履歴を取得する
WRITE_CALL_LOG	通話履歴を書き込む
ADD_VOICEMAIL	ボイスメールを追加する
USE_SIP	SIP（Session Initiation Protocol）を使用する
PROCESS_OUTGOING_CALLS	通話発信時のIntentを補足する
BODY_SENSORS	心拍数などの身体センサーを使用する
SEND_SMS	SMSを送信する
RECEIVE_SMS	SMSを受信する
READ_SMS	SMSを読む
RECEIVE_WAP_PUSH	WAP（Wireless Application Protocol）PUSHを受信する
RECEIVE_MMS	MMSを受信する
READ_EXTERNAL_STORAGE	外部ストレージから読み込む
WRITE_EXTERNAL_STORAGE	外部ストレージに書き出す

　android.permission.WRITE_EXTERNAL_STORAGEを使うことで、外部ストレージにファイルを書き出すことができるようになりますが、WRITE_EXTERNAL_STORAGEはRuntime Permissionで実行時に許可を得る必要があるDangerous Permission（危険なパーミッション）です。

Runtime Permissionで使うメソッド

Runtime Permissionは、次の4つのメソッドを組み合わせて実行します。

1. checkSelfPermission()

アプリケーションが指定したパーミッションを持っているかを判断します。CheckSelfPermissionは違うクラスに3つ存在します

Content.checkSelfPermission 　abstract int	（API Level23） checkSelfPermission(String permission)

ContextCompat.checkSelfPermission 　static int	（サポートv4ライブラリ） checkSelfPermission(Context context, String permission)

PermissionChecker.checkSelfPermission 　static int	（サポートv4ライブラリ） checkSelfPermission(Context context, String permission)

いずれも、文字列で許可されているか知りたいパーミッションを指定します。

checkSelfPermissionは、パーミッションが取得済の場合はPERMISSION_GRANTEDを返し、パーミッションが未取得の場合はPERMISSION_DENIEDを返します。

2. requestPermissions()

許可ダイアログを表示して、ユーザーに許可してもらいます（図8-25）。

```
requestPermissions (String[] permissions, int requestCode)
```

許可してほしいパーミッションを配列に指定して、複数のパーミッションを一度に求めることができます。

図8-25　許可ダイアログ

3. shouldShowRequestPermissionRationale()
ユーザーがPermissionを明示的に拒否したかどうかを返します。

```
static boolean    shouldShowRequestPermissionRationale(Activity activity, String permission)
```

trueが返された場合、一度拒否されているので、ユーザーにPermissionがなぜ必要なのかRationale（理論的根拠）を説明して再度許可を求めます（図8-26）。

falseが返された場合、ユーザーはまだ判断を行なっていないので許可を求めるダイアログを表示します。

図8-26　理由を説明し許可を求める

4. onRequestPermissionsResult()
許可ダイアログに対してユーザーが選択した結果を受け取ります。

```
onRequestPermissionsResult(int requestCode, String permissions[], int[] grantResults)
```

ダイアログでパーミッションが許可あるいは拒否されたときに処理を行なうには、ActivityやFragmentのonRequestPermissionsResult()をオーバーライドします。

第1引数には、requestPermissions()の第3引数で指定したrequestCodeが返ってきます。第2引数には、指定したパーミッションが配列で返ってきます。第3引数に、第2引数の配列とペアになる形で、結果が返ってきます。

パッと撮ってビャッのパーミッション
では、本章のアプリにランタイムパーミッションを適用するコードをみていきましょう（リスト8-7）。

リスト8-7　MainActivity.java（一部抜粋）

```
@Override
protected void onCreate(Bundle savedInstanceState) {
    super.onCreate(savedInstanceState);
    AppKeyPair appKeyPair = new AppKeyPair(APP_KEY, APP_SECRET);

    AndroidAuthSession session = new AndroidAuthSession(appKeyPair);

    mApi = new DropboxAPI<AndroidAuthSession>(session);

    setContentView(R.layout.activity_main);

    checkWriteExternalPermission();
```

8-3 パッと撮ってビャッを作ろう

```java
        mSubmit = (Button)findViewById(R.id.submit);

        （略）
    }
    private void checkWriteExternalPermission() {
        if (ActivityCompat.checkSelfPermission(this, Manifest.permission.WRITE_EXTERNAL_STORAGE) != ⏎
PackageManager.PERMISSION_GRANTED) { ──────────────────────────────────── ❶
            if (ActivityCompat.shouldShowRequestPermissionRationale(this,
                    Manifest.permission.WRITE_EXTERNAL_STORAGE)) { ──────────── ❷
                //一度拒否されたとき、Rationale（理論的根拠）を説明して、再度許可ダイアログを出すようにする
                new AlertDialog.Builder(this)
                        .setTitle("許可が必要です")
                        .setMessage("ファイルを保存してアップロードするために、WRITE_EXTERNAL_STOREAGE を⏎
許可してください")

                        .setPositiveButton("OK", new DialogInterface.OnClickListener() {
                            @Override
                            public void onClick(DialogInterface dialog, int which) {
                                // OK button pressed
                                requestWriteExternalStorage();
                            }
                        })
                        .setNegativeButton("Cancel", new DialogInterface.OnClickListener() {
                            @Override
                            public void onClick(DialogInterface dialog, int which) {
                                showToast("外部へのファイルの保存が許可されなかったので、画像を保存できません");
                            }
                        })
                        .show();
            } else {
                // まだ許可を求める前の時、許可を求めるダイアログを表示します。
                requestWriteExternalStorage();
            }
        }
    }
    private void requestWriteExternalStorage() {
        ActivityCompat.requestPermissions(this, ──────────────────────────── ❸
                new String[]{Manifest.permission.WRITE_EXTERNAL_STORAGE},
                MY_PERMISSIONS_REQUEST_WRITE_EXTERNAL_STORAGE);
    }
    @Override
    public void onRequestPermissionsResult(int requestCode, String permissions[], ⏎
int[] grantResults) { ──────────────────────────────────────────────── ❹
        switch (requestCode) {
            case MY_PERMISSIONS_REQUEST_WRITE_EXTERNAL_STORAGE: {
                // ユーザーが許可したとき
                if (grantResults[0] == PackageManager.PERMISSION_GRANTED) {
                    showToast("これで画像をアップロードできます");
                }
                else {
                    // ユーザーが許可しなかったとき
                    // 許可されなかったため機能が実行できないことを表示する
                    showToast("外部へのファイルの保存が許可されなかったので、画像を保存できません");
```

8

```
            }
            return;
        }
    }
}
```

このアプリの目的はファイルを作成してDropBoxにアップすることなので、onCreateメソッドで早々にWRITE_EXTERNAL_STORAGEの許可を求めてしまいます。

そのために、onCreateメソッドの中でcheckWriteExternalPermission()を呼びます。checkWriteExternalPermission()には、許可状態を調べるコードを記述しました。checkSelfPermissionメソッドで許可状態をチェックします（❶）。許可されていなかったら、shouldShowRequestPermissionRationale()メソッドを実行して（❷）、過去に拒否されたのか、まだ許可を求めていないのかを判断します。過去に拒否されている場合は、ダイアログを表示して再度、許可ダイアログを出していいかどうか確認します。そうでない場合はrequestWriteExternalStorage()を実行します。

requestWriteExternalStorage()では、requestPermissions()メソッドを実行して許可ダイアログを表示します（❸）。

onRequestPermissionsResult()（❹）で、許可ダイアログの結果により処理を分けます。ここでは、ユーザーが許可したときとそうでないときでトースト表示するメッセージを変えているだけですが、処理の内容によっては許可されたときに許可が必要な処理を呼び出すようにします。

Memo camera2 API

Android 5では、パフォーマンスが向上した新しいカメラAPIがandroid.hardware.camera2というパッケージで追加されました。

このAPIは、フル解像度で30fpsでの連写（バーストモード）やRAW画像撮影、ISOのマニュアル設定などをサポートしています。

camera2 APIでは、CameraManagerクラスを使って、カメラを設定、オープンして、コールバックに応えて撮影処理を進めていきます。Android DevelopersのサイトでCamera2Basicというサンプルが公開されているので、詳しく知りたい方はごらんください。

http://developer.android.com/samples/Camera2Basic/index.html

第 9 章

いつでもどこでも避難所マップ
──地図&オープンデータの活用

各自治体では活発に電子行政オープンデータを提供しています。生活を安心、便利にするために、また、観光を楽しくするために活用したいものです。本章ではGoogle Maps Android API v2を使い、地図上にオープンデータを展開してみます。

第9章 いつでもどこでも避難所マップ —— 地図&オープンデータの活用

9-1 作成するAndroidアプリ

　政府の進める電子行政オープンデータ戦略によって、オープンデータを市町村のサイトからダウンロードできるようにしている地方自治体が増えています。

　オープンデータとして提供されている情報は観光情報や施設情報です。観光客を呼び込むための名所の案内やトイレマップ、散策コースや住民を災害や急病から守るための避難所のデータ、AEDの設置場所など提供されている情報は多岐にわたります。

　この章では、石川県野々市市の避難所のデータを使って、マップ上に避難所の場所を表示するアプリを作ります（図9-1）。

　紙のマップとスマホのマップを比較してみると、紙のマップの良いところは、小さくたたんで一部の情報だけを見たり、大きく広げて全体を把握できたりするところです。スマホのマップの良いところは、高速な計算能力で人間の判断を助けてくれるところでしょう。

　マップ上の一点をタップしたら、各避難所との距離を求め、近くにある避難所を示してくれるアプリを作ってみます。

図9-1　「いつでもどこでも避難所マップ」完成イメージ

この章で説明すること

☑ Google Maps Android APIの使い方
　・マップにマーカーを表示する
　・マップにpolylineを描画する
　・マップ上の2点間の距離を求める

☑ オープンデータの種類や形態

☑ CSVのパース
　・AssetManagerクラス
　・StringTokenizerクラス

☑ XMLのパース
　・XmlPullParserクラス

☑ リストの並べ替え

9-2 Google Maps Android API の使い方

Android Studioでは、Eclipse＋ADT（Android Development Tools）に比べると少ない手順でGoogle Mapsを利用することができます（図9-2）。

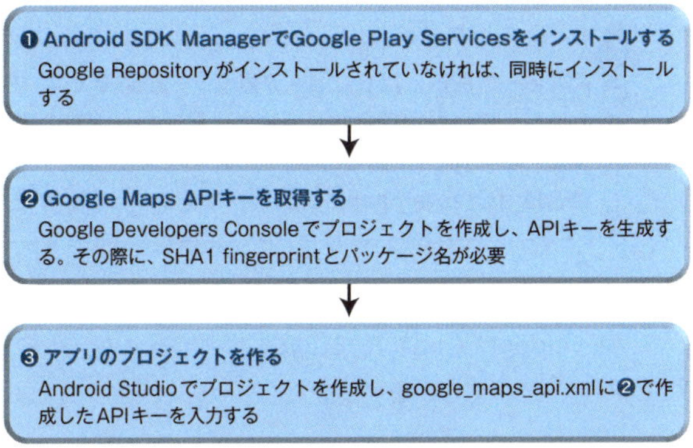

❶ Android SDK ManagerでGoogle Play Servicesをインストールする
Google Repositoryがインストールされていなければ、同時にインストールする

❷ Google Maps APIキーを取得する
Google Developers Consoleでプロジェクトを作成し、APIキーを生成する。その際に、SHA1 fingerprintとパッケージ名が必要

❸ アプリのプロジェクトを作る
Android Studioでプロジェクトを作成し、google_maps_api.xmlに❷で作成したAPIキーを入力する

図9-2
Google Maps Android API v2 を使うまでの手順

❶ Android SDK ManagerでGoogle Play Servicesをインストールする

Google Play Servicesがインストールされていない場合はインストールしましょう。まず、準備として、Android Studioの［Tools］メニューから［Android］→［SDK Manager］とたどりAndroid SDK Managerを起動します。

「SDK Tools」タブを選び、［Google Play services］にチェックを付けて、インストールします（図9-3）。Google Maps Android API v2を使うには、その下にある［Google Repository］も必要になるので、インストールされていない場合は、チェックを付けて同時にインストールします。

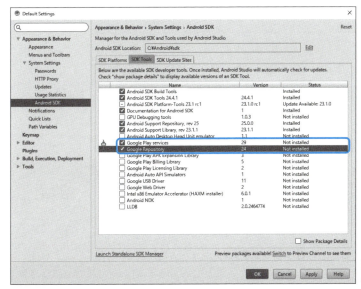

図9-3
Android SDK Manager

第9章 いつでもどこでも避難所マップ ── 地図&オープンデータの活用

❷ Google Maps APIキーを取得する

　Google APIs Consoleでプロジェクトを作成します。ブラウザでhttps://console.developers.google.com/にアクセスし、Google Developers Consoleで、［プロジェクトを作成］（または上部プロジェクトの選択ボックスから「プロジェクトの作成」）を選択します（図9-4）。

>
> APIキーの取得にはGoogleアカウントが必要です（Gmailアカウントと同じです）。もし、Googleアカウントを持っていない場合は、以降の作業を行なう前に取得しておいてください。
> また、Google APIs Consoleにアクセスした際、「Start using the Google APIs console」が表示された場合は［Create project...］ボタンをクリックしてください。

　新しいプロジェクトの作成で、プロジェクト名をMapTestNew03などと入力します（図9-5）。Google Developers Consoleで作成するプロジェクトの名前とAndroid Studioで作成するプロジェクトの名前は違っていてもかまいません。

図9-4　プロジェクトを作成

図9-5　プロジェクト名を入力して［作成］ボタンをクリック

続いて、右側の「Google Maps Android API」をクリックします（図9-6）。

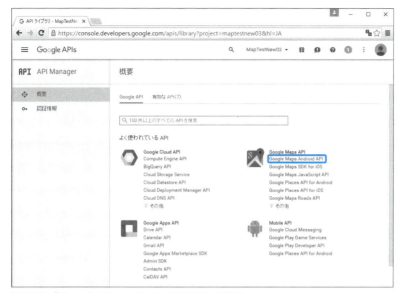

図9-6 「Google Maps Android API」を選ぶ

［有効にする］をクリックすれば、有効になります（図9-7）。

図9-7 Google Maps Android APIを有効にする

Google Maps JavaScript APIなどと間違わないようにしてください。

APIキーの作成

次に左側のメニューの［APIManager］から［認証情報］を選び、［認証情報を作成］を開き、APIキーを選びます（図9-8）。「新しいキーの作成」ダイアログが表示されるので、［Androidキー］をクリックします（図9-9）。

図9-10の画面になります。ここで、［パッケージ名とフィンガープリントを追加］をクリックすると、SHA1 fingerprint（フィンガープリント）とAndroid Studioで作成するプロジェクトのパッケージ名の入力が求められます。

この入力欄に、パッケージ名とSHA-1 fingerprintを入力します。

図9-8　認証情報

図9-9　「新しいキーの作成」で［Androidキー］を選ぶ

Memo SHA-1 fingerprint

SHA-1は認証やデジタル署名などに使われるハッシュ関数です。2の64乗ビット以下の原文から160ビットの「ハッシュ値」を生成します。

fingerprintは日本語にすると「指紋」のことですが、原文をハッシュ関数にかけて得られたハッシュ値を指します。

図9-10　SHA1 fingerprintとパッケージ名の入力

SHA-1 fingerprintの作成

SHA-1ハッシュ値を作成するには、keytoolコマンドを使います。今回はテスト目的なので、デバッグ用証明書debug.keystoreをキーストアファイルに指定します。

 1つのプロジェクトについて、1つ以上のAPIキーを登録することができるので、リリース時にはAPIキーを追加して作成することができます。

keytoolコマンドは、JDKをインストールしたディレクトリのbinサブディレクトリに存在します。筆者の環境では、c:¥Program Files¥Java¥jdk1.7.0_79¥binにあります。

コマンドプロンプトを起動して、cdコマンドでディレクトリを移動し、次のコマンドを実行します。%USERPROFILE%は「c:¥Users¥ユーザー名」を意味します。

```
keytool -list -v -keystore "%USERPROFILE%¥.android¥debug.keystore"
```

キーストアのパスワードが要求されますが、[Enter]キーで進めてください。「証明書のフィンガプリント」が表示されるので、「SHA1:」に続くハッシュ値をコピーしてください（図9-11）。

図9-11　SHA1fingerprintが表示された

 Macでのkeytoolコマンドの実行

Macをお使いの場合は、ターミナルを起動し、以下のように入力してください。

```
keytool -list -keystore ~/.android/debug.keystore
```

先ほどのキー作成の画面（図9-10）で、このSHA1ハッシュ値とパッケージ名（筆者の場合、com.example.kanehiro.maptest）を入力し、[作成]ボタンをクリックします（図9-12）。

Androidアプリのキーが作成されたら、APIキーをメモ帳などにコピーしておきましょう（図9-13）。

第9章 いつでもどこでも避難所マップ —— 地図&オープンデータの活用

図9-12
APIキーが作成された

図9-13
[OK]ボタンを
クリックした後

❸ Android StudioでMapTestプロジェクトを作成する

この後は、Android Studioでの設定になります。

表9-1の設定で新規プロジェクトを作成します。

表9-1 地図を使うプロジェクト

指定した項目	指定した値
Application Name（プロジェクト名）	MapTest
Company Domain（組織のドメイン）	kanehiro.example.com
Package Name（パッケージ名）[1]	com.example.kanehiro.maptest
Project location（プロジェクトの保存場所）	C:¥Android¥AndroidStudioProjects¥MapTest
Minimum SDK（最小SDK）	API 16 Android 4.1
アクティビティの種類	Google Maps Activity
Activity Name（アクティビティ名）	MapsActivity
Layout Name（レイアウト名）	activity_maps
Title（タイトル）	Map

このパッケージ名を
Androidキー作成時
に入力する

[1] パッケージ名は自動で表示される。

266

9-2 Google Maps Android APIの使い方

Add an activity to Mobile画面では、「Google Maps Activity」を選びます（図9-14）。

図9-14　「Google Maps Activity」を選ぶ

プロジェクトが作成されたら、google_maps_api.xmlのgoogle_maps_keyに、コピーしておいたAPIキーを入力します（図9-15）。

<string name="google_maps_key" templateMergeStrategy="preserve" translatable="false">YOUR_KEY_HERE</string>

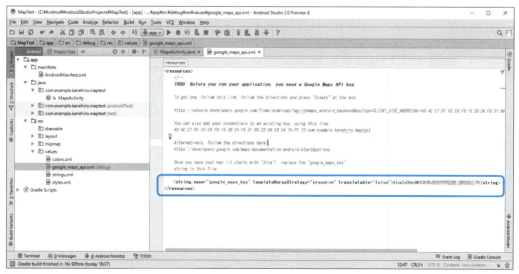

図9-15　google_maps_keyにAPIキーを入力する

第9章 いつでもどこでも避難所マップ —— 地図&オープンデータの活用

では、実機で実行してみましょう（図9-16）。ピンチインやピンチアウトで拡大／縮小ができ、2本の指で回転させるジェスチャーで方位が変わります。左上のコンパス（方位磁針）は回転させると自動で表示されます。

**図9-16
Googleマップが表示された**

 マップの設定

Google Maps Activityテンプレートを選んで作成したプロジェクトでは、図9-17のようにシドニーにピンが立っています。どのようなコードが作成されているかみてみましょう。

リスト9-1　自動生成されたMapsActivity.java

```
package com.example.kanehiro.myapplication;

import android.support.v4.app.FragmentActivity;
import android.os.Bundle;

import com.google.android.gms.maps.CameraUpdateFactory;
import com.google.android.gms.maps.GoogleMap;
import com.google.android.gms.maps.OnMapReadyCallback;
import com.google.android.gms.maps.SupportMapFragment;
import com.google.android.gms.maps.model.LatLng;
import com.google.android.gms.maps.model.MarkerOptions;

public class MapsActivity extends FragmentActivity implements OnMapReadyCallback {

    private GoogleMap mMap;
```

● 9-2　Google Maps Android APIの使い方

```java
@Override
protected void onCreate(Bundle savedInstanceState) {
    super.onCreate(savedInstanceState);
    setContentView(R.layout.activity_maps);
    // Obtain the SupportMapFragment and get notified when the map is ready to be used.
    SupportMapFragment mapFragment = (SupportMapFragment) getSupportFragmentManager()
            .findFragmentById(R.id.map);
    mapFragment.getMapAsync(this);
}

@Override
public void onMapReady(GoogleMap googleMap) {                                    ❶
    mMap = googleMap;

    // Add a marker in Sydney and move the camera                                ❷
    LatLng sydney = new LatLng(-34, 151);
    mMap.addMarker(new MarkerOptions().position(sydney).title("Marker in Sydney"));
    mMap.moveCamera(CameraUpdateFactory.newLatLng(sydney));
}
}
```

　マップの準備ができたときにコールバックされるonMapReady()（❶）でLatLng（緯度経度）オブジェクトを生成し、addMarker()メソッドでマップにピンを立て、moveCamera()メソッドで視点を移動しています。

> **Memo　コールバック**
>
> 　　コールバックとは、電話をかけて、すぐに切り、かけ直してもらうことを語源に持つプログラミングの用語で、「引数として渡される関数」のこと。CやC++言語では関数ポインタを引数として渡すことでコールバックを実現しますが、関数への参照を渡せないJavaではインターフェイスを使ってコールバックを実現します。

　さて、地図の設定はJavaのコードだけでなく、activity_maps.xmlにMap要素を指定することで、変更できます（リスト9-2）。

リスト9-2　Map要素を追加したactivity_maps.xml

```xml
<fragment xmlns:android="http://schemas.android.com/apk/res/android"
    xmlns:tools="http://schemas.android.com/tools"
    xmlns:map="http://schemas.android.com/apk/res-auto"                          ❶
    android:layout_width="match_parent"
    android:layout_height="match_parent"
    android:id="@+id/map"
    tools:context=".MapsActivity"
    android:name="com.google.android.gms.maps.SupportMapFragment"                ❷
    map:cameraTargetLat="36.730028"
    map:cameraTargetLng="137.014307"
    map:cameraZoom="15.0"
```

第9章 いつでもどこでも避難所マップ──地図&オープンデータの活用

```
map:cameraBearing="0.0"
map:cameraTilt="0.0"
map:mapType="normal"                                      ❸
map:uiCompass="true"
map:uiZoomControls="true"
map:uiZoomGestures="true"
map:uiRotateGestures="true"
map:uiScrollGestures="true"
map:uiTiltGestures="true"
/>
```

図9-17は、シドニーに移動しないようにonMapReady()メソッドの// Add a marker in Sydney and move the camera（リスト9-1 ❷）以降のコードは削除した状態です。

図9-17
Map要素を指定したマップの表示

Map要素の指定

　fragmentに、Map要素（表9-2）を追加するには、xmlns:mapの指定が必要です（❶）。Support MapFragmentがMapクラスの指定です（❷）。

表9-2　Map要素

Map要素	説明
map:cameraTargetLat="double"	地図の中心となる緯度
map:cameraTargetLng="double"	地図の中心となる経度
map:cameraZoom="float"	カメラのズームレベル（0.0がもっとも広域表示）
map:cameraBearing="float"	カメラの向きを角度で指定（北が0度　反時計回り）
map:cameraTilt="float"	カメラの傾き（チルト）角（真上を0度した場合の傾き）
map:mapType="none | normal | satellite | hybrid | terrain"	none：なし、normal：標準、satellite：衛星写真、hybrid：地図と衛星写真、terrain：地形図
map:uiCompass="true | false"	コンパスの有効／無効
map:uiZoomControls="true | false"	ズームコントロール（画面右下の＋－ボタン）の有効／無効
map:uiZoomGestures="true | false"	ジェスチャーによるズームコントロールの有効／無効
map:uiRotateGestures="true | false"	ジェスチャーによる地図の回転の有効／無効
map:uiScrollGestures="true | false"	ジェスチャーによる地図のスクロールの有効／無効
map:uiTiltGestures="true | false"	ジェスチャーによる地図の傾きの有効／無効

では、順にMaps要素の機能を見ていきましょう。

map:cameraTargetLatとmap:cameraTargetLngで地図の中心とする座標（緯度、経度）をdouble型で指定することができます。

map:cameraZoomはfloat型でカメラのズームレベルを指定します。0.0がもっとも広域（縮小）表示です。図9-18のように表示されます。

map:cameraBearingはカメラの向きです。北が0度で、反時計回りに方位角を指定します。map:cameraTiltは真上を0度とした場合の傾きです。

map:mapTypeは次の文字列で指定します（❸）。

- none ：なし
- normal ：通常
- satellite ：衛星（図9-19）
- hybrid ：地図と衛星写真（図9-20）
- terrain ：地形図（図9-21）

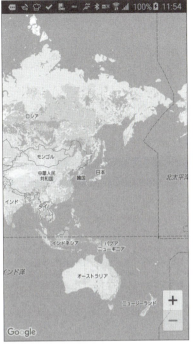

図9-18　ズームレベル：0.0

mapType以降のMap要素はtrueかfalseの2値で有効／無効を指定する要素です。

図9-19
map:mapType="satellite"

図9-20
map:mapType="hybrid"

図9-21
map:mapType="terrain"

第**9**章 いつでもどこでも避難所マップ ── 地図&オープンデータの活用

map:uiCompassはコンパスの表示の有無を指定します。マップを回転させるとデフォルトでコンパスが表示されますが、falseを指定すると回転してもコンパスが表示されません。

map:uiTiltGesturesは画面が傾くかどうかを指定します。画面を傾ける操作は2本の指をスライドさせることです。2本の指を上から下にスライドさせると傾きます。下から上にスライドさせると傾きがなくなります。

これがマップの表示に関する基本です。ウィザードで「Google Maps Activity」を選ぶと、Android Manifest.xml（リスト9-3）にマップを使うためのパーミッションが自動で設定されるので便利です。

Runtime Permissionへの対応と現在地の表示

android.permission.ACCESS_FINE_LOCATIONは、詳細な位置情報へのアクセスを許可するパーミッションです（リスト9-3❶）。

リスト9-3　AndroidManifest.xml

```
<?xml version="1.0" encoding="utf-8"?>
<manifest xmlns:android="http://schemas.android.com/apk/res/android"
    package="com.example.kanehiro.maptest">

    <!--
         The ACCESS_COARSE/FINE_LOCATION permissions are not required to use
         Google Maps Android API v2, but you must specify either coarse or fine
         location permissions for the 'MyLocation' functionality.
    -->
    <uses-permission android:name="android.permission.ACCESS_FINE_LOCATION" />───────────❶

    <application
        android:allowBackup="true"
        android:icon="@mipmap/ic_launcher"
        android:label="@string/app_name"
        android:supportsRtl="true"
        android:theme="@style/AppTheme">

        <!--
             The API key for Google Maps-based APIs is defined as a string resource.
             (See the file "res/values/google_maps_api.xml").
             Note that the API key is linked to the encryption key used to sign the APK.
             You need a different API key for each encryption key, including the release key that is used to
             sign the APK for publishing.
             You can define the keys for the debug and release targets in src/debug/ and src/release/.
        -->
        <meta-data
            android:name="com.google.android.geo.API_KEY"
            android:value="@string/google_maps_key" />

        <activity
            android:name=".MapsActivity"
            android:label="@string/title_activity_maps">
```

272

```
            <intent-filter>
                <action android:name="android.intent.action.MAIN" />

                <category android:name="android.intent.category.LAUNCHER" />
            </intent-filter>
        </activity>
    </application>

</manifest>
```

android.permission.ACCESS_FINE_LOCATIONを使うことで、現在地をマップ上に表示できます
が、第8章の表8-5（P.254）にあるようにACCESS_FINE_LOCATIONは、Runtime Permissionの対
象となるDangerous Permissionです。Android 6の実機でも動作するようにRuntime Permissionに
対応させましょう。Runtime Permissionのメソッドについては、第8章の説明を参照してください。

では、コードをみていきましょう。

リスト9-4 MapsActivity.java

```
package com.example.kanehiro.maptest;

import android.Manifest;
import android.content.DialogInterface;
import android.content.pm.PackageManager;
import android.support.v4.app.ActivityCompat;
import android.support.v4.app.FragmentActivity;
import android.os.Bundle;
import android.support.v7.app.AlertDialog;
import android.widget.Toast;

import com.google.android.gms.maps.GoogleMap;
import com.google.android.gms.maps.OnMapReadyCallback;
import com.google.android.gms.maps.SupportMapFragment;

public class MapsActivity extends FragmentActivity implements OnMapReadyCallback {
    private static final int MY_PERMISSIONS_REQUEST_ACCESS_FINE_LOCATION = 1;
    private GoogleMap mMap;

    @Override
    protected void onCreate(Bundle savedInstanceState) {
        super.onCreate(savedInstanceState);
        setContentView(R.layout.activity_maps);
        SupportMapFragment mapFragment = (SupportMapFragment) getSupportFragmentManager()
                .findFragmentById(R.id.map);
        mapFragment.getMapAsync(this);
    }

    private void requestAccessFineLocation() { ──────────────────────────❶
        ActivityCompat.requestPermissions(this,
                new String[]{Manifest.permission.ACCESS_FINE_LOCATION},
                MY_PERMISSIONS_REQUEST_ACCESS_FINE_LOCATION);
```

```java
    }

    @Override
    public void onMapReady(GoogleMap googleMap) {
        mMap = googleMap;
        // Dangerous な Permission はリクエストして許可をもらわないと使えない
        if (ActivityCompat.checkSelfPermission(this, Manifest.permission.ACCESS_FINE_LOCATION) != ⏎
PackageManager.PERMISSION_GRANTED) { ──────────────────────────────────────────❷
            if (ActivityCompat.shouldShowRequestPermissionRationale(this,
                    Manifest.permission.ACCESS_FINE_LOCATION)) { ───────────────❸
                // 一度拒否されたとき、Rationale（理論的根拠）を説明して、再度許可ダイアログを出すようにする
                new AlertDialog.Builder(this)
                        .setTitle("許可が必要です")
                        .setMessage("移動に合わせて地図を動かすためには、ACCESS_FINE_LOCATION を許可して⏎
ください")

                        .setPositiveButton("OK", new DialogInterface.OnClickListener() {
                            @Override
                            public void onClick(DialogInterface dialog, int which) {
                                // OK button pressed
                                requestAccessFineLocation();
                            }
                        })
                        .setNegativeButton("Cancel",  new DialogInterface.OnClickListener() {
                            @Override
                            public void onClick(DialogInterface dialog, int which) {
                                showToast("GPS機能が使えないので、地図は動きません");
                            }
                        })
                        .show();
            } else {
                // まだ許可を求める前のとき、許可を求めるダイアログを表示する
                requestAccessFineLocation();
            }
        } else {
            // 許可されている場合
            myLocationEnable();
        }

    }
    @Override
    public void onRequestPermissionsResult(int requestCode, String permissions[], int[] ⏎
grantResults) { ─────────────────────────────────────────────────────────────❹
        switch (requestCode) {
            case MY_PERMISSIONS_REQUEST_ACCESS_FINE_LOCATION: {
                // ユーザーが許可したとき
                // 許可が必要な機能を改めて実行する
                if (grantResults[0] == PackageManager.PERMISSION_GRANTED) {
                    myLocationEnable();
                }
                else {
                    // ユーザーが許可しなかったとき
                    // 許可されなかったため機能が実行できないことを表示する
                    showToast("GPS機能が使えないので、地図は動きません");
```

```
                    // 以下を実行すると、java.lang.RuntimeException になる
                    // mMap.setMyLocationEnabled(true);
            }
            return;
        }
    }
}
private void myLocationEnable() {                                                              ❺
    if (ActivityCompat.checkSelfPermission(this, Manifest.permission.ACCESS_FINE_LOCATION) !=
PackageManager.PERMISSION_GRANTED) {
        return;
    }
    mMap.setMyLocationEnabled(true);
}
private void showToast(String msg) {
    Toast error = Toast.makeText(this, msg, Toast.LENGTH_LONG);
    error.show();
    }
}
```

マップが準備されたら実行されるonMapReady()でsetMyLocationEnabled(true)とすることでマップ上に青い丸で現在地を表示することができます。この表示にはACCESS_FINE_LOCATIONのパーミッションが必要なのでcheckSelfPermissionで許可状態をチェックします（❷）。許可されていなかったら、shouldShowRequestPermissionRationale()メソッドを実行して（❸）、過去に拒否されたのか、まだ許可を求めていないのかを判断します。過去に拒否されている場合は、ダイアログ（図9-22）を表示して再度、許可ダイアログを出していいかどうか確認します。

図9-22 許可ダイアログ

図9-23
再度、許可ダイアログを出したいので理論的根拠を説明

requestAccessFineLocation()で許可ダイアログ（図9-23）を表示します（❶）。onRequestPermissionsResult()で（❹）、許可ダイアログの結果により処理を分けます。ユーザーが許可したときはmyLocationEnable()を呼び出して（❺）、setMyLocationEnabled(true)を実行します。

許可されなかった場合は、GPSが使えないことをトースト表示しています。許可されていない状態で、setMyLocationEnabled(true)を実行するとRuntimeExceptionが発生します。

9-3　オープンデータの活用

　政府の進める電子行政オープンデータ戦略によって、オープンデータを市町村のサイトからダウンロードできるようにしている地方自治体が増えています。最近、筆者が調べたところでは、横浜市、福井県鯖江市、福井県坂井市、石川県金沢市／野々市市、筆者の住んでいる富山県では南砺市、砺波市、高岡市などが市のサイトから、統計情報や施設情報、あるいはコミュニティバスの時刻表などのデータを利用可能にしています。

　オープンデータはWeb APIとして、HTTP経由でプログラムを実行することで取得できるものと、XMLやCSV形式でダウンロード可能にしてあるものがあります。

オープンデータの入手

　ここでは、野々市市と鯖江市のAED設置施設と避難所のオープンデータを読み込んでみましょう。

▼ ののいちガイドマップ　オープンデータ

「施設情報」の「AED設置施設　[xml]　[csv]」

▼ データシティ鯖江　オープンデータ

「施設情報」の「避難所、一時避難所等」→「XML」

図9-24　野々市市のオープンデータのページ

図9-25　鯖江市のオープンデータのページ

CSVの読み込み

　CSV（Comma Separated Values）は、その名前のとおり、いくつかの項目をカンマ（,）で区切ったテキストデータです。ファイルの拡張子は.csvです。形式としての指定が、カンマで区切ることだけなので、どんな順番で項目が並んでいるかだけがわかれば利用することができます。

　では野々市市のAED設置施設のCSVデータを読み込んでみます。CSVデータで気をつけるべきところは、CSVデータは文字エンコーディングをShift-JISとして保存されていることが多いので、Androidで使えるように、ダウンロードしたらUTF-8に変更して保存し直しましょう。

プロジェクトの作成とデータ配置

　AED設置施設のCSVデータはヘッダーとして、項目名が付いているので、どの項目がなにを意味するのかがわかります（リスト9-5）。また、数字しか含まない項目もすべてダブルクォートで囲まれているので、全項目を文字列として扱えば良いことがわかります。単純明快なCSVデータです。

リスト9-5　AED設置施設のCSVデータの一部

```
施設ID,カテゴリID,カテゴリ名,施設名,よみ,住所,郵便番号,電話,FAX,メールアドレス,緯度,経度,URL,
最終更新日,開館時間,休館日,入場料,説明,末尾ダミー
"17","23","救急指定病院","金沢脳神経外科病院","かなざわのうしんけいげかびょういん","野々市市郷町262-2","",
"076-246-5600","076-246-3914","","36.5265361300","136.5877551000","http://www.nouge.net/","1303114015"
,"","","","脳・内・神内　",""
"19","23","救急指定病院","舩木病院","ふなきびょういん","野々市市太平寺4-71","","076-248-6686","076-248-7
443","","36.5311007300","136.6067838000","","1302223363","","","","内・外・胃・肛・リハ",""
"20","23","救急指定病院","公立松任石川中央病院","まっとういしかわちゅうおうびょういん","白山市倉光3-8","","
076-275-2222","076-248-3264","","36.5107721900","136.5661881000","http://www.mattohp.jp/","1179296961
","","","","白山市、川北町、野々市市　医療事務組合　総合病院",""
```

　表9-3の設定で新規プロジェクトを作成します。

表9-3　CSVをパースするプロジェクト

指定した項目	指定した値
Application Name（プロジェクト名）	ParseCSV
Company Domain（組織のドメイン）	kanehiro.example.com
Package Name（パッケージ名）※1	com.example.kanehiro.parsecsv
Project location（プロジェクトの保存場所）	C:¥Android¥AndroidStudioProjects¥ParseCSV
Minimum SDK（最小SDK）	API 16 Android 4.1
アクティビティの種類	Empty Activity
Activity Name（アクティビティ名）	MainActivity
Layout Name（レイアウト名）	activity_main

※1　パッケージ名は自動で表示される。

Androidでは、ローカルファイルはassetsディレクトリに配置すると、AssetManagerを使って簡単に読み込むことができます。

Android Studioの場合、src直下のmainにassetsディレクトリを作成します。mainディレクトリを選択した状態で右クリックして［New］→［Directory］を選び、directory nameに「assets」と入力してください。そして、作成したディレクトリにリスト9-5のCSVデータをaed.csvという名前でコピーします（図9-26）。

図9-26　src/mainにassetsディレクトリを作成し、aed.csvを配置した

TextViewによるCSVデータの表示

画面レイアウトファイルactivity_main.xmlでは、RelativeLayoutの中に、ScrollViewを配置し、その中にTextViewを入れます（リスト9-6）。データが多くて、一画面に収まらなくても、スクロールして見ることができるようにするためです。

リスト9-6　activity_main.xml

```xml
<?xml version="1.0" encoding="utf-8"?>
<RelativeLayout xmlns:android="http://schemas.android.com/apk/res/android"
    xmlns:tools="http://schemas.android.com/tools" android:layout_width="match_parent"
    android:layout_height="match_parent" android:paddingLeft="@dimen/activity_horizontal_margin"
    android:paddingRight="@dimen/activity_horizontal_margin"
    android:paddingTop="@dimen/activity_vertical_margin"
    android:paddingBottom="@dimen/activity_vertical_margin" tools:context=".MainActivity">
    <ScrollView
        android:layout_width="match_parent"
        android:layout_height="match_parent">
        <TextView android:layout_width="match_parent"
            android:layout_height="wrap_content" android:id="@+id/txt01"/>
    </ScrollView>
</RelativeLayout>
```

メインアクティビティでCSVデータを読み込みます。CSVのパース（解析）をしているのはonCreate()メソッドです（リスト9-7）。

リスト9-7　MainActivity.javaのonCreate()メソッド

```java
protected void onCreate(Bundle savedInstanceState) {
    super.onCreate(savedInstanceState);
    setContentView(R.layout.activity_main);
    TextView tv01 = (TextView)findViewById(R.id.txt01);
    AssetManager assetManager = getResources().getAssets();         ──❶
    try {
        InputStream is = assetManager.open("aed.csv");               ──❷
        InputStreamReader inputStreamReader = new InputStreamReader(is);
        BufferedReader bufferReader = new BufferedReader(inputStreamReader);  ──❸
```

9-3 オープンデータの活用

```java
        String line = "";
        StringBuilder strBuild = new StringBuilder();
        while ((line = bufferReader.readLine()) != null) {
            StringTokenizer st = new StringTokenizer(line, ",");        ──❹
            while (st.hasMoreTokens()) {                                ──❺
                strBuild.append(st.nextToken());
                strBuild.append(",");
            }
            strBuild.append("¥n");
        }
        tv01.setText(strBuild.toString());
        bufferReader.close();
    } catch (IOException e) {
        e.printStackTrace();
    }
}
```

　getResources().getAssets()でAssetManagerを取得します（❶）。AssetManagerのopen()メソッドにcsvファイルを指定して、InputStreamを取得します（❷）。

　InputStreamReaderを、BufferedReader()を使って1行ずつ読み込みます（❸）。

　bufferReader.readLine()で読み込んだ1行のCSVデータは、StringTokenizerクラスを使うと簡単にパースできます。

書式　StringTokenizerのコンストラクタ

StringTokenizer(文字列, デリミタ)

　StringTokenizerのコンストラクタにline（""）とデリミタ（区切り文字）としてカンマ(,)を指定すると（❹）、hasMoreTokens()メソッドで続きの項目があるか判断できます（❺）。そして、nextToken()メソッドで次の項目が取得できます。

　また、countTokens()メソッドを使うと項目数を取得することができます。

　このように、AndroidではCSVファイルを簡単に読み込むことができます（図9-27）。

図9-27　aed.csvをTextViewに表示した

第9章 いつでもどこでも避難所マップ──地図&オープンデータの活用

XMLデータの読み込み

次に、野々市市の避難所のXMLデータと鯖江市の避難所のXMLデータを読み込んでみましょう。

> **Memo XMLの基礎知識**
>
> XMLデータを利用するプログラムを作成する前に、XMLについておさらいをしておきましょう。
>
> XML（Extensible Markup Language：拡張可能なマーク付け言語）はメタ言語です。メタ言語とは言語を規定するための言語です。わかりにくいですね。Webページを作るHTML（HyperText Markup Language）と比較すると簡単です。
>
> HTMLでは、<TABLE>～</TABLE>や<TH>～</TH>、<TD>～</TD>のように決まったタグを使って、文章や画像をブラウザでどう見せるかを記述していきます。具体的には<TH>人名</TH>、<TD>伊藤博文</TD>などと記述するわけです。HTMLでは、タグにはさまれたテキストをどのように見せるかを定義することはできますが、そのテキストがなんであるかを表現することはできません。人間が見て初めて、そのテキストの意味がわかります。
>
> これに対しXMLでは、利用者がマーク付け言語（タグ）を作成することができます。<人名>伊藤博文</人名>のようにテキストの内容をマークアップすることができるのです。
>
> XML文書は要素（element）が集まって構成されますが、1つの要素は内容が開始タグと終了タグではさまれています（図A）。
>
>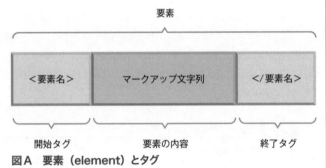
>
> **図A　要素（element）とタグ**

XMLデータの特徴

まず、野々市市の避難所のXMLデータ（リスト9-8）と鯖江市のXMLデータ（リスト9-9）を比較してみましょう。

リスト9-8　野々市市の避難所のXMLデータ

```
<?xml version="1.0" encoding="utf-8" ?>
<markers>
<marker lid="7711" cid="321" cat_title="拠点避難所" title="野々市小学校" yomi="ののいちしょうがっこう" adress="野々市市本町5-3-1" zip="" phone="076-248-0084" fax="076-294-2510" email="" lat="36.5319906800" lng="136.6092836000" url="http://education.city.nonoichi.ishikawa.jp/nonoichisyo/" update="1369987294" openhours="" holidays="" fee="" description="面積990平方メートル 収容人員390人 本町4丁目、本町5丁目、白山町、太平寺" type="0" />
<marker lid="168" cid="321" cat_title="拠点避難所" title="御園小学校" yomi="みそのしょうがっこう" adress="野々市市稲荷4-128" zip="" phone="076-248-3201" fax="076-294-5463" email="" lat="36.5376699900" lng="136.6045637000" url="http://education.city.nonoichi.ishikawa.jp/misonosyo/" update="1370056202" openhours="" holidays="" fee="" description="面積810平方メートル 収容人員320人 稲荷、三日市町、三日市新町、二日市町、徳用町、長池、郷町、野代、御経塚、あやめ、あすなろ団地" type="0" />
```

```
<marker lid="169" cid="321" cat_title="拠点避難所" title="菅原小学校" yomi="すがはらしょうがっこう" adre
ss="野々市市菅原20-1" zip="" phone="076-246-6066" fax="076-294-2512" email="" lat="36.5253815000" lng=
"136.6159633000" url="http://education.city.nonoichi.ishikawa.jp/sugaharasyo/" update="1370056356" op
enhours="" holidays="" fee="" description="面積930平方メートル 収容人員370人 本町3丁目、住吉町、菅原町、
菅原団地" type="0" />
<marker lid="170" cid="321" cat_title="拠点避難所" title="富陽小学校" yomi="ふようしょうがっこう" adress
="野々市市中林5-70" zip="" phone="076-246-4380" fax="076-294-5449" email="" lat="36.5130826100" lng="1
36.6040249000" url="http://education.city.nonoichi.ishikawa.jp/fuyousyo/" update="1370056500" openhou
rs="" holidays="" fee="" description="面積950平方メートル 収容人員380人 中林丸の内、藤平、新庄、粟田" typ
e="0" />
<marker lid="171" cid="321" cat_title="拠点避難所" title="館野小学校" yomi="たちのしょうがっこう" adress
="野々市市押野3-71" zip="" phone="076-248-0622" fax="076-294-2518" email="" lat="36.5406198900" lng="1
36.6171925000" url="http://education.city.nonoichi.ishikawa.jp/tachinosyo/" update="1370056657" openh
ours="" holidays="" fee="" description="面積780平方メートル 収容人員310人 本町1丁目、本町1丁目県住、横宮
町、押野、丸木" type="0" />
<marker lid="172" cid="321" cat_title="拠点避難所" title="野々市中学校" yomi="ののいちちゅうがっこう" ad
ress="野々市市三納3丁目1" zip="" phone="076-246-0115" fax="076-294-5427" email="" lat="36.5246214500"
lng="136.6084340000" url="http://education.city.nonoichi.ishikawa.jp/nonoichityu/" update="1370056841
" openhours="" holidays="" fee="" description="面積1200平方メートル 収容人員480人 三納、位川、藤平田、藤
平田2丁目、矢作" type="0" />
<marker lid="173" cid="321" cat_title="拠点避難所" title="布水中学校" yomi="ふすいちゅうがっこう" adress
="野々市市押野2-100" zip="" phone="076-248-0039" fax="076-294-5419" email="" lat="36.5388400000" lng="
136.6124430000" url="http://education.city.nonoichi.ishikawa.jp/fusuityu/" update="1370056987" openho
urs="" holidays="" fee="" description="面積860平方メートル 収容人員340人 本町6丁目、若松町、押越" type="
0" />
<marker lid="10840" cid="321" cat_title="拠点避難所" title="金沢工業大学" yomi="かなざわこうぎょうだいが
く" adress="野々市市扇が丘7-1" zip="" phone="076-248-1100" fax="" email="" lat="36.5288725200" lng="13
6.6269851000" url="http://www.kanazawa-it.ac.jp/" update="1370057342" openhours="" holidays="" fee=""
description="面積2170平方メートル 収容人員860人 本町2丁目、高橋町、扇が丘" type="0" />
<marker lid="10841" cid="321" cat_title="拠点避難所" title="石川県立大学" yomi="いしかわけんりつだいがく
" adress="野々市市末松1丁目308" zip="" phone="076-227-7220" fax="" email="" lat="36.5074199200" lng="1
36.5971267000" url="http://www.ishikawa-pu.ac.jp/" update="1370057550" openhours="" holidays="" fee="
" description="面積920平方メートル 収容人員360人 上林、中林、末松、清金" type="0" />
<marker lid="10842" cid="321" cat_title="拠点避難所" title="野々市明倫高校" yomi="ののいちめいりんこうこ
う" adress="野々市市下林3丁目309" zip="" phone="076-246-3191" fax="" email="" lat="36.5258334700" lng="
136.6008121000" url="http://www.ishikawa-c.ed.jp/~meirih/" update="1370057778" openhours="" holida
ys="" fee="" description="面積2450平方メートル 収容人員980人 下林、清金3丁目、堀内、堀内新町、田尻町、蓮花
寺町、柳町" type="0" />
</markers>
```

リスト9-9　鯖江市の避難所のXMLデータの一部

```
<?xml version="1.0" encoding="UTF-8"?>
<dataroot xmlns:od="urn:schemas-microsoft-com:officedata" xmlns:xsi="http://www.w3.org/2001/
XMLSchema-instance"  xsi:noNamespaceSchemaLocation="refuge.xsd" generated="2012-06-18T17:27:32">
<refuge>
<no>1</no>
<areano>1</areano>
<area>鯖江 </area>
<typeno>1</typeno>
<type>避難所 </type>
<name>惜陰小学校 </name>
```

第9章 いつでもどこでも避難所マップ──地図&オープンデータの活用

```
<address>日の出町6—37</address>
<tel>+81-778-51-2866</tel>
<latitude>35.942551</latitude>
<longitude>136.186417</longitude>
<url>http://www3.city.sabae.fukui.jp/xml/refuge2/#1</url>
</refuge>
<refuge>
<no>2</no>
<areano>1</areano>
<area>鯖江</area>
<typeno>1</typeno>
<type>避難所</type>
<name>進徳小学校</name>
<address>長泉寺町2丁目5—1</address>
<tel>+81-778-53-1503</tel>
<latitude>35.954194</latitude>
<longitude>136.18506</longitude>
<url>http://www3.city.sabae.fukui.jp/xml/refuge2/#2</url>
</refuge>
<refuge>
```

　野々市市のXMLデータでは1つの避難所をmakerという要素名で表わしています。鯖江市のXMLデータではrefugeと表わしています。このように要素名は自由に命名してかまいません。

　でも、同じ避難所をXMLデータとして表現しているのに、両者のデータの形式には大きな違いがありますね。野々市市のXMLデータは名前、住所、緯度、経度などの避難所の各項目をすべてmaker要素の属性として定義しています。

　それに対し、鯖江市のXMLデータはname要素に名前、address要素に住所のように各項目を要素として定義しています。

　すべての項目を属性としている野々市市の形式は、あまりおすすめはできませんが、XMLには、なにを属性にして、なにを要素にするという取り決めはありません。ですから、どちらが正しくて、どちらが間違っているというわけではありません。知ってほしいのは、XMLデータにはこのように「ゆれ」があるということです。

プロジェクトの作成とデータ配置

　では、両方のXMLデータを読み込んでみましょう。

　表9-4の設定でプロジェクトを作成します。そして、src/mainディレクトリにassetsディレクトリを作成し、野々市市と鯖江市の避難所のXMLデータを配置します（図9-28）。

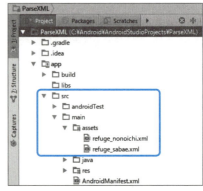

図9-28　XMLデータを配置した

9-3　オープンデータの活用

表9-4　XMLをパースするプロジェクト

指定した項目	指定した値
Application Name（プロジェクト名）	ParseXML
Company Domain（組織のドメイン）	kanehiro.example.com
Package Name（パッケージ名）※1	com.example.kanehiro.parsexml
Project location（プロジェクトの保存場所）	C:¥Android¥AndroidStudioProjects¥ParseXML
Minimum SDK（最小SDK）	API 16 Android 4.1
アクティビティの種類	Empty Activity
Activity Name（アクティビティ名）	MainActivity
Layout Name（レイアウト名）	activity_main

※1　パッケージ名は自動で表示される。

　画面レイアウトはCSVをパースするプロジェクトと同じです。前掲のリスト9-6のように、Scroll Viewの中にTextViewを配置します。

野々市市の場合

　野々市市のXMLデータは、メインアクティビティのparseNonoichi()メソッドでパースします（リスト9-10）。野々市市のXMLデータからは、title（名前）、lat（緯度）、lng（経度）を取得します（図9-29）。

リスト9-10　野々市市のXMLデータをパースするメソッド

```
public String parseNonoichi() {
    StringBuilder strBuild = new StringBuilder();

    AssetManager assetManager = getResources().getAssets();
    try {
        // XMLファイルのストリーム情報を取得
        InputStream is = assetManager.open("refuge_nonoichi.xml");
        InputStreamReader inputStreamReader = new InputStreamReader(is);
        XmlPullParser parser = Xml.newPullParser();                              ❶
        parser.setInput(inputStreamReader);

        int eventType = parser.getEventType();
        while (eventType != XmlPullParser.END_DOCUMENT) {                        ❷
            switch (eventType) {
                case XmlPullParser.START_TAG:
                    String tag = parser.getName();                              ❸
                    if ("marker".equals(tag)) {
                        strBuild.append(parser.getAttributeValue(null, "title")); ❹
                        strBuild.append(",");
                        strBuild.append(parser.getAttributeValue(null, "lat"));
                        strBuild.append(",");
                        strBuild.append(parser.getAttributeValue(null, "lng"));
                    }
                    break;
                case XmlPullParser.END_TAG:
                    String endTag = parser.getName();                           ❺
                    if ("marker".equals(endTag)) {
```

283

```
                    strBuild.append("\n");
                }
                break;
            case XmlPullParser.TEXT:
                break;
        }
        eventType = parser.next();                                      ──⑥
    }
} catch (XmlPullParserException e) {                                    ──⑦
    e.printStackTrace();
} catch (IOException e) {
    e.printStackTrace();
}
return strBuild.toString();
}
```

XMLをパースするにはXmlPullParserを使います。XmlクラスのNewPullParer()メソッドでXmlPullParserのインスタンスparserを生成します（❶）。そして、setInput()メソッドでInputStreamをセットします。

XmlPullParserでは、next()メソッドでイベントを読み込みながら、処理を進めていきます（❻）。イベントには表9-5のようなタイプがあります。

図9-29　野々市市のXMLデータをパースした

表9-5　XmlPullParserのイベントタイプ

イベントタイプ（定数）	意味
START_DOCUMENT	パーサーが初期化されて最初に返すイベント
START_TAG	開始タグを読み込んだときのイベント ●このタグが現われたら、 ・getAttributeCount()で、属性の数を取得できる ・getAttributeName(i)で属性名を取得できる ・getAttributeValue(i)で属性の値をインデックス番号で取得できる ・getAttributeValue(namespace,name)で属性の値を名前で取得できる ・nextText()メソッドで、現在位置の次のテキストを取得できる
TEXT	タグ内のテキストを読み込んだときのイベント ●このタグが現われたら、 ・getText()メソッドでテキストを取得できる
END_TAG	終了タグを読み込んだときのイベント
END_DOCUMENT	ドキュメントの終端に来たときのイベント

While文でイベントタイプがEND_DOCUMENTになるまでループします（❷）。START_TAGが現われたら、getName()で現在の要素の名前を取得します（❸）。"marker"に一致するなら、1つの避難所のタグです。属性とした項目が定義されているので、getAttributeValue(null,"title")のように項目名で値を取得します。title（名前）とlat（緯度）、lng（経度）を取得しています（❹）。

次に、END_TAGが来て、それが"maker"だったら、改行を入れています（❺）。必要な情報がすべて

9-3　オープンデータの活用

marker要素の属性として取得できるのでパースは簡単です。

　XmlPullParserクラスによるXMLのパース処理も例外を返すので、try～catchで囲みます。例外 XmlPullParserExceptionは、たとえば、END_TAGイベントが現われたのに、nextText()でテキストを 取得しようとしたときに発生します（❼）。もちろん、XMLデータのタグが順番どおりに並んでいないと きも発生します。

鯖江市の避難所の表示

　鯖江市のXMLデータは、メインアクティビティのparseSabae()メソッドでパースします（リスト 9-11）。鯖江市のXMLデータからは、type（種別）、name（名前）、latitude（緯度）、longitude（経度） を取得します（図9-30）。

リスト9-11　鯖江市のXMLデータをパースするparseSabae()メソッド

```java
public String parseSabae() {
    StringBuilder strBuild = new StringBuilder();
    String type ="";
    String name ="";
    String lat ="";
    String lng ="";

    AssetManager assetManager = getResources().getAssets();
    try {
        // XMLファイルのストリーム情報を取得
        InputStream is = assetManager.open("refuge_sabae.xml");
        InputStreamReader inputStreamReader = new InputStreamReader(is);
        XmlPullParser parser = Xml.newPullParser();
        parser.setInput(inputStreamReader);

        int eventType = parser.getEventType();
        while (eventType != XmlPullParser.END_DOCUMENT) {
            switch (eventType) {
                case XmlPullParser.START_TAG:
                    String tag = parser.getName();                          // ❶
                    if ("type".equals(tag)) {
                        type = parser.nextText();                           // ❷
                    } else if ("name".equals(tag)) {
                        name = parser.nextText();
                    } else if ("latitude".equals(tag)) {
                        lat = parser.nextText();
                    } else if ("longitude".equals(tag)) {
                        lng = parser.nextText();
                    }
                    break;
                case XmlPullParser.END_TAG:
                    String endTag = parser.getName();
                    if ("refuge".equals(endTag)) {                          // ❸
                        strBuild.append(name);
                        strBuild.append(" ");
                        strBuild.append(type);
```

285

```
                        strBuild.append(" ");
                        strBuild.append(lat);
                        strBuild.append(" ");
                        strBuild.append(lng);
                        strBuild.append("¥n");
                    }
                    break;
                case XmlPullParser.TEXT:
                    break;
            }
            eventType = parser.next();
        }
    } catch (XmlPullParserException e) {
        e.printStackTrace();
    } catch (IOException e) {
        e.printStackTrace();
    }
    return strBuild.toString();
}
```

　鯖江市のXMLデータは避難所 (refuge) の各項目が、要素として開始タグ、終了タグで囲まれていますから、いろいろなタグを読み込みます (❶)。要素の名前がtype、name、latitude、longitudeに一致するとき、nextText()メソッドで開始タグの次にあるテキストを取得します (❷)。

　そして、END_TAGが"refuge"のときは、1つの避難所の終わりなので、StringBuilderで文字列を連結しています (❸)。

図9-30　鯖江市のXMLデータをパースした

9-4 いつでもどこでも避難所マップを作ろう

それでは、野々市市の避難所をマーカーとして表示する避難所マップを作成していきましょう。本章の冒頭でアプリの概要を簡単に紹介しましたが、もう少し詳しくアプリの内容を説明しましょう。

作成する避難所マップの仕様

避難所のXMLデータは、lat、lngとして緯度、経度を持っているので、マップ上にマーカーとして表示します（図9-31）。

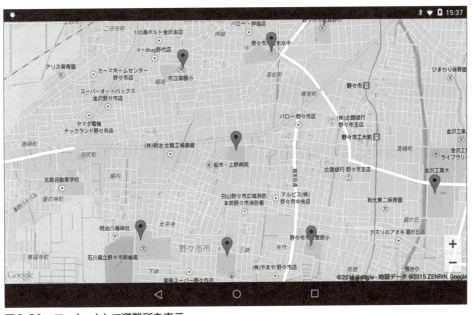

図9-31　マーカーとして避難所を表示

マーカーをタップしたら、避難所の名前と住所を表示できるように、XMLデータからは住所も取得します（図9-32）。

マップ上のどこかをタップしたら、各避難所までの距離を求めます（図9-33）。そして、わかりやすくするために近い避難所3つとそれ以外の避難所のマーカーの色を変えます。図9-33では色がわかりにくいですが、近くの3つのマーカーを赤色、それ以外のマーカーをマゼンダにしています。

それだけではわかりにくいので、タップした場所から、近くの3つのマーカーに線を引きます。直線に見えますが、大圏コースで線を引いています。

そして、一番近い避難所までの距離がわかるように、マーカーの上部に表示されるInfoWindowで表示します。

図9-32　マーカーをタップしたら、避難所の名前と住所を表示する

図9-33　マップ上のどこかをタップしたら

大圏コース

　大圏（Greate Circle）コースとは、地球が大きな円であることを反映して2点を円弧で結ぶ航路のことです。最短距離になるので、航空機や船舶の航路を決める際に利用されます。

　距離が短いと直線にしか見えませんが、遠くから線を引くと円弧を描きます（図A）。

図A　アメリカと結んだ

　近い避難所の判断にルートや標高差は考慮していないので、比較できるようにすべてのマーカーに距離を表示します（図9-34）。

　このような仕様で避難所マップを作成していきます。

図9-34　距離はすべてのマーカーに表示する

第9章 いつでもどこでも避難所マップ —— 地図&オープンデータの活用

プロジェクトの作成

表9-6の設定でプロジェクトを作成しましょう。

表9-6 避難所マッププロジェクト

指定した項目	指定した値
Application Name（プロジェクト名）	MapRefuge
Company Domain（組織のドメイン）	kanehiro.example.com
Package Name（パッケージ名）※1	com.example.kanehiro.maprefuge
Project location（プロジェクトの保存場所）	C:¥Android¥AndroidStudioProjects¥MapRefuge
Minimum SDK（最小SDK）	API 16 Android 4.1
アクティビティの種類	Google Maps Activity
Activity Name（アクティビティ名）	MapsActivity
Layout Name（レイアウト名）	activity_maps
Title（タイトル）	Map

※1 パッケージ名は自動で表示される。

また、このプロジェクトではメインアクティビティの MapsActivityクラスに加えて、クラスを1つ追加します（図9-35）。

参照 クラスの作成手順➡クラスの作成：86ページ

図9-35 MapsActivityクラスの他に 1つのクラスを追加する

表9-7 クラスの構成

クラス名	スーパークラス	主な役割	
MapsActivity	FragmentActivity	マップの描画や操作を行なう	プロジェクトウィザードで生成
Refuge	—	避難所の情報を保持する	クラスを新規作成

Google Maps APIキーの準備

　Google Maps APIキーを取得するため、Google Developers Consoleでもプロジェクトを作成してください（図9-36）。「MapRefugeNew01」という名前で作成していますが、Androidのプロジェクト名と同じでも、違っていてもかまいません。

参照 プロジェクトの作成手順➡❷Google Maps APIキーを取得する：262ページ

9-4　いつでもどこでも避難所マップを作ろう

図9-36　Google Developers Consoleでもプロジェクトを作成

　プロジェクトを作成したら、Google Maps Android APIを有効にします（図9-37）。

図9-37　Google Maps Android APIを有効に

　APIキーの作成方法は9-2節で説明しましたが、keytoolで生成したSHA1 fingerprintとパッケージ名を入力してAndroidアプリキーのAPIキーを作成してください。

参照　キーの作成手順➡APIキーの作成：264ページ

　AndroidアプリキーのAPIキーはgoogle_maps_api.xmlに入力します（図9-38）。

図9-38　AndroidアプリキーのAPIキー

291

assetsディレクトリを作って、避難所のXMLファイルをコピーします（図9-39）。

参照　ディレクトリの作成手順➡プロジェクトの作成とデータ配置：277ページ

図9-39　assetsディレクトリを作って、XMLファイルをコピー

画面の定義

　画面レイアウトファイルactivity_maps.xmlは、ウィザードで作成されたものそのままです（リスト9-12）。マップの設定はコードで行ないます。

リスト9-12　activity_maps.xml

```
<fragment xmlns:android="http://schemas.android.com/apk/res/android"
    xmlns:tools="http://schemas.android.com/tools" android:layout_width="match_parent"
    android:layout_height="match_parent" android:id="@+id/map" tools:context=".MapsActivity"
    android:name="com.google.android.gms.maps.SupportMapFragment" />
```

　strings.xmlでは、title_activity_mapsに避難所マップと入力します（リスト9-13）。これでこのアプリを実機にインストールしたときに、アプリ一覧画面のアイコンの下に避難所マップと表示されます。

リスト9-13　strings.xml

```
<resources>
    <string name="app_name">MapRefuge</string>
    <string name="title_activity_maps">避難所マップ</string>
</resources>
```

避難所情報の保持

　Refugeは避難所を表わすクラスです（リスト9-14）。name（名前）とaddress（住所）、latitude（緯度）、longitude（経度）フィールドの他にタップされた場所から近いかどうかをboolean型のnearフィールド、タップされた場所からの距離をint型のdistanceフィールドで持ちます。クラスと同名のコンストラクタの他には、getterとsetterメソッドを宣言しています。

リスト9-14　Refuge.java

```java
package com.example.kanehiro.maprefuge;

public class Refuge {
    private String name;
    private String address;
    private double latitude;
    private double longitude;
    private boolean near;
    private int distance;

    public Refuge(String name, String address, double latitude, double longitude){
        this.name = name;
        this.address = address;
        this.latitude = latitude;
        this.longitude = longitude;
        this.near = false;
        this.distance = 0;
    }
    public String getName() {
        return name;
    }
    public String getAddress() {
        return address;
    }
    public double getLat() {
        return latitude;
    }
    public double getLng() {
        return longitude;
    }
    public boolean isNear() {
        return near;
    }
    public int getDistance() {
        return distance;
    }
    public void setNear(boolean near) {
        this.near = near;
    }
    public void setDistance(float distance) {
        this.distance = (int)distance;
    }
}
```

第9章 いつでもどこでも避難所マップ —— 地図&オープンデータの活用

 getterとsetter

　Javaでは一般にクラスを作成するとき、フィールドはprivateにして、外部から値を直接、取得したり、書き換えたりできないようにします。そして、値を取り出すgetterメソッドと値をセットするsetterメソッドをpublicで用意します。

　クラスを使うコードからは直接、フィールドにアクセスできないようにして、getterやsetterメソッドを経由してアクセスしてもらうようにするのです。そして、想定外の値がセットされないようにsetterメソッドでチェック処理を行ないフィールドを外部から守ります。

　getterメソッドはフィールド名の先頭を大文字にして、getFieldnameとします。たとえば、getName()です。

　setterメソッドも同様にフィールド名の先頭を大文字にして、setFieldnameとします。たとえば、setDistance()です。

 ## 避難所マップの描画と操作

　処理の中心はMapsActivityクラスです（リスト9-15）。

リスト9-15　MapsActivity.java

```java
package com.example.kanehiro.maprefuge;


import android.content.res.AssetManager;
import android.graphics.Color;
import android.location.Location;
import android.os.Bundle;
import android.support.v4.app.FragmentActivity;
import android.util.Xml;

import com.google.android.gms.maps.CameraUpdate;
import com.google.android.gms.maps.CameraUpdateFactory;
import com.google.android.gms.maps.GoogleMap;
import com.google.android.gms.maps.OnMapReadyCallback;
import com.google.android.gms.maps.SupportMapFragment;
import com.google.android.gms.maps.UiSettings;
import com.google.android.gms.maps.model.BitmapDescriptor;
import com.google.android.gms.maps.model.BitmapDescriptorFactory;
import com.google.android.gms.maps.model.CircleOptions;
import com.google.android.gms.maps.model.LatLng;
import com.google.android.gms.maps.model.Marker;
import com.google.android.gms.maps.model.MarkerOptions;
import com.google.android.gms.maps.model.PolylineOptions;

import org.xmlpull.v1.XmlPullParser;
import org.xmlpull.v1.XmlPullParserException;

import java.io.IOException;
import java.io.InputStream;
```

9-4 いつでもどこでも避難所マップを作ろう

```java
import java.io.InputStreamReader;
import java.util.ArrayList;
import java.util.Collections;
import java.util.Comparator;
import java.util.List;

public class MapsActivity extends FragmentActivity implements OnMapReadyCallback {

    private GoogleMap mMap;                                                      ❶
    // 避難所リスト
    private List<Refuge> mRefugeList = new ArrayList<Refuge>();                  ❷

    @Override
    protected void onCreate(Bundle savedInstanceState) {
        super.onCreate(savedInstanceState);
        setContentView(R.layout.activity_maps);
        SupportMapFragment mapFragment = (SupportMapFragment) getSupportFragmentManager()
                .findFragmentById(R.id.map);
        mapFragment.getMapAsync(this);                                          ❸
    }

    @Override
    protected void onResume() {
        super.onResume();
    }

    @Override
    public void onMapReady(GoogleMap googleMap) {                               ❹
        mMap = googleMap;
        UiSettings settings = mMap.getUiSettings();                            ❺

        settings.setCompassEnabled(true);
        // ズームイン・アウトボタンの有効化
        settings.setZoomControlsEnabled(true);
        // 回転ジェスチャーの有効化
        settings.setRotateGesturesEnabled(true);
        // スクロールジェスチャーの有効化
        settings.setScrollGesturesEnabled(true);
        // Tlitジェスチャー(立体表示)の有効化
        settings.setTiltGesturesEnabled(true);
        // ズームジェスチャー(ピンチイン・アウト)の有効化
        settings.setZoomGesturesEnabled(true);

        mMap.setMapType(GoogleMap.MAP_TYPE_NORMAL);

        mRefugeList.clear();
        parseXML();                                                            ❻
        addMaker();                                                            ❼

        Refuge refuge = mRefugeList.get(0);
        if (refuge != null) {
            CameraUpdate cu = CameraUpdateFactory.newLatLngZoom(new LatLng(refuge.getLat(), refuge.↵
getLng()), 15);
```

295

第9章 いつでもどこでも避難所マップ ── 地図&オープンデータの活用

```java
            mMap.moveCamera(cu);                                                   ⑧
        }
        mMap.setOnMapClickListener(new GoogleMap.OnMapClickListener() {            ⑨
            @Override
            public void onMapClick(LatLng latLng) {
                calcDistance(latLng);
                sortRefugeList();
                updateMaker();
                addLine(latLng);
            }
        });

    }

    private void addLine(LatLng point){                                           ⑩

        CircleOptions circleOptions = new CircleOptions()
                .center(point)
                        //.fillColor(Color.LTGRAY)
                .radius(3);
        mMap.addCircle(circleOptions);
        for (Refuge refuge : mRefugeList) {
            if (refuge != null) {
                if (refuge.isNear()) {
                    PolylineOptions polyOptions = new PolylineOptions();
                    polyOptions.add(point);
                    polyOptions.add(new LatLng(refuge.getLat(), refuge.getLng()));
                    polyOptions.color(Color.GRAY);
                    polyOptions.width(3);
                    polyOptions.geodesic(true); // true：大圏コース、false：直線
                    mMap.addPolyline(polyOptions);
                }
            }
        }
    }

    private void updateMaker() {                                                  ⑪
        int i = 0;
        mMap.clear();
        for (Refuge refuge : mRefugeList) {
            if (refuge != null) {
                MarkerOptions options = new MarkerOptions();
                options.position(new LatLng(refuge.getLat(), refuge.getLng()));
                options.title(refuge.getName() + " " + refuge.getDistance() + "m");
                options.snippet(refuge.getAddress());
                BitmapDescriptor icon;
                if (i > 2) {
                    icon = BitmapDescriptorFactory.defaultMarker(BitmapDescriptorFactory.HUE_MAGENTA);
                    refuge.setNear(false);
                } else {
                    icon = BitmapDescriptorFactory.defaultMarker(BitmapDescriptorFactory.HUE_RED);
                    refuge.setNear(true);
                }
```

```java
                options.icon(icon);
                Marker marker = mMap.addMarker(options);
                if (i == 0) {
                    marker.showInfoWindow();
                }
                i++;
            }
        }
    }
    private void sortRefugeList(){
        Collections.sort(mRefugeList, new Comparator<Refuge>() {                    ⑫
            @Override
            public int compare(Refuge lhs, Refuge rhs) {
                return lhs.getDistance() - rhs.getDistance();
            }
        });
    }
    private void calcDistance(LatLng point){                                        ⑬
        // タッチした場所と避難所の距離を求める
        double startLat = point.latitude;
        double startLng = point.longitude;
        // 結果を格納するための配列
        float[] results = new float[3];
        for (Refuge refuge : mRefugeList) {
            if (refuge != null) {
                Location.distanceBetween(startLat, startLng, refuge.getLat(), refuge.getLng(), results);
                refuge.setDistance(results[0]);
            }
        }


    }
    private void parseXML() {                                                       ⑭
        // AssetManager の呼び出し
        AssetManager assetManager = getResources().getAssets();
        try {

            // XML ファイルのストリーム情報を取得
            InputStream is = assetManager.open("refuge_nonoichi.xml");
            InputStreamReader inputStreamReader = new InputStreamReader(is);
            XmlPullParser parser = Xml.newPullParser();
            parser.setInput(inputStreamReader);
            String title="";
            String address="";
            String lat = "";
            String lon = "";

            int eventType = parser.getEventType();
            while (eventType != XmlPullParser.END_DOCUMENT) {
                switch (eventType) {
                    case XmlPullParser.START_TAG:
                        String tag = parser.getName();
                        if ("marker".equals(tag)) {
```

第9章 いつでもどこでも避難所マップ —— 地図&オープンデータの活用

```java
                            title = parser.getAttributeValue(null, "title");
                            address = parser.getAttributeValue(null, "adress");
                            lat = parser.getAttributeValue(null, "lat");
                            lon = parser.getAttributeValue(null, "lng");
                        }
                        break;
                    case XmlPullParser.END_TAG:
                        String endTag = parser.getName();
                        if ("marker".equals(endTag)) {
                            newRefuge(title, address,Double.valueOf(lat), Double.valueOf(lon));————⑮
                        }
                        break;
                    case XmlPullParser.TEXT:
                        break;
                }
                eventType = parser.next();
            }
        } catch (XmlPullParserException e) {
            e.printStackTrace();
        } catch (IOException e) {
            e.printStackTrace();
        }

    }
    private void newRefuge(String title, String address, double lat, double lon) {————⑯
        Refuge refuge;
        refuge = new Refuge(title, address, lat, lon);
        mRefugeList.add(refuge);

    }
    private void addMaker() {————————————————————————————————————⑰
        for (Refuge refuge : mRefugeList) {
            if (refuge != null) {
                MarkerOptions options = new MarkerOptions();
                options.position(new LatLng(refuge.getLat(), refuge.getLng()));
                options.title(refuge.getName());
                options.snippet(refuge.getAddress());
                mMap.addMarker(options);
            }
        }
    }
}
```

マップの設定

コードからマップを操作するために、GoogleMapのインスタンスをmMapという名前で扱います
（❶）。また、避難所のインスタンスのリストをmRefugeListとして生成します（❷）。

getMapAsync()メソッド（❸）で、MapFragmentを取得して、onMapReady()コールバックメソッド
（❹）でマップに関する設定をします。

298

マップのUIの設定は、GoogleMapのgetUiSettings()メソッドでUiSettingsを取得して設定します（❺）。setCompassEnabled()でコンパスの有効化、setZoomControlsEnabled()でズームイン／アウトボタンの有効化、setRotateGesturesEnabled()で回転ジェスチャーの有効化などをしています。

parseXML()メソッドで野々市市の避難所のXMLをパースします（❻）。parseXML()の中を見ていきましょう（⓮）。

markerタグが来たら、titleやadress、lat、lngを取得するのは、9-2節のパース処理と同じですが、markerのEND_TAGが来たら、これらを引数としてnewRefuge()メソッドを実行します（⓯）。

 adressは「address」のミススペルだと思いますが、XMLデータがadressになっているのでそのまま使っています。

newRefuge()メソッド（⓰）では、Refugeオブジェクトを生成して、mRefugeListに追加します。

マーカーの作成

onMapReady()メソッドに戻ります。parseXML()メソッドの次は、addMarker()メソッドを実行しています（❼）。

addMarker()メソッド（⓱）では、mRefugeListから、Refugeオブジェクトを1つ1つ取り出して、地図にマーカーを立てます。

マーカーを作成するには、MarkerOptionsクラスを使います。MarkerOptionsクラスのインスタンスに、緯度／経度のペアであるLatLngクラスのposition、titleに名前、snippetに住所を設定します。そして、GooleMapクラスのaddMarker()メソッドでマーカーを立てます。

次に、CameraUpdateクラスを使ってmRefugeListの最初の避難所を地図の中心にしています（❽）。ここまでがマップの設定、避難所のマーカーの追加処理です。

タップした地点と近い避難所を線で結ぶ

続いて、MapClickListenerを登録していきます（❾）。マップがクリックされたときは、タップした地点と各避難所の距離を求めるcalcDistance()メソッド、タップした地点から近い順にmRefugeListを並べ替えるsortRefugeList()メソッド、マーカーを書き換えるupdateMaker()メソッド、タップした地点と近い避難所を線で結ぶaddLine()メソッドを実行します。

calcDistance()メソッドから見ていきましょう（⓭）。タップされた地点の緯度、経度を表わすLatLng型のpointを受け取り、開始地点のLat（緯度）、Lng（経度）を取得します。開始地点と各避難所の緯度、経度からLocationクラスのdistance Between()メソッドで距離を求めることができますが、結果を受け取るためにfloat型の要素を3つ持つ配列resultsを用意しています。距離は配列の0番目の要素として求められます。

避難所を近い順に並べ替えるsortRefugeList()メソッドでは、Collectionsクラスのsort()メソッド（⓬）で、mRefugeListをソートします。独自の基準で並べ替えるためにはcompare()メソッドを実装するComparatorオブジェクトを引数に渡します。

compare()メソッドは順序付けのために2つの引数を比較します。第1引数が第2引数より小さい場合は負の値、等しい場合は0、第1引数が第2引数より大きい場合は正の値を返すように実装します。そのためにgetDistance()メソッドで取得した距離を引き算します。これで、距離の短い避難所順にmRefugeListは並べ替わります。

次に、updateMaker()メソッドでマーカーを書き換えます（⓫）。mMap.clear()はマップ上のマーカーや図形を消去します。小さい順にRefugeオブジェクトを取り出して、titleには名前と距離を表示します。iを使って何個目のオブジェクトかを求めて、マーカーの色を変えています。同時に、iが2以下のときは、Refugeクラスのメソッドで、nearフィールドをtrue（真）にします。また、iが0のときは、InfoWindowを開いています。

最後にaddLine()メソッド（❿）で、線を引きます。タップした地点を示すためにCircleOptionsクラスを使って、円を作成し、addCircle()メソッドでマップに追加します。

そして、RefugeクラスのisNear()がtrueを返す避難所にPolylineOptionsクラスでpolylineを設定し、タップされたpointから避難所の位置（緯度／経度）へ、MapクラスのaddPolyline()メソッドで線を引きます。

第10章

ジョギングの友
──ドロイド君と走ろう

本章では、Google Map Android APIを使って地図の上にジョギングの記録として移動経路を描いたり、走行時間や距離を計測してSQLiteデータベースに記録します。身近なデータをスマホのデータベースに保存すると、いつでも自分の活動を振り返ることができます。

第10章 ジョギングの友 ── ドロイド君と走ろう

10-1 作成するAndroidアプリ

　ジョギングやウォーキングを日々の生活の一部とされている方はたくさんいると思います。この章ではジョギングやウォーキングの励みとなるように、ジョギングの記録をとるアプリを作ってみましょう。

　ジョギング中は走ったルートをマップ上にポリラインとして描画します（図10-1）。同時に時間と距離を測り、Android端末の画面上に表示します。

　走り終えたら、時間と距離から時速を求めます。また、緯度、経度から住所を取得して、ともにデータベースに保存します。そして、データベースに保存したジョギングの記録を一覧表示できるようにします（図10-2）。

図10-1　「ジョギングの友」歩行中画面

図10-2　「ジョギングの友」一覧表示画面

Mapがロングクリックされたら一覧表示のJogViewアクティビティを呼び出す

この章で説明すること

- ☑ トグルボタン（ToggleButton）　　☑ クロノメーター（Chronometer）
- ☑ SQLiteデータベース　　☑ GPSセンサー　　☑ FusedLocationProviderApi
- ☑ GoogleApiClient　　☑ LocationListener　　☑ Geocoderによる住所の取得
- ☑ AsyncTaskLoaderによる非同期処理　　☑ CursorLoader
- ☑ コンテンツプロバイダ（ContentProvider）　　☑ CursorAdapter　　☑ DialogFragment

10-2 SQLite データベースの基礎

まず、基礎知識としてSQLiteデータベースについて知っておきましょう。

コンピュータでは、大量のデータを高速に扱いたいときにはデータベースを利用しますが、Androidでも SQLiteデータベースを使って、大量のデータを高速に扱うことができます。

SQLiteはデータの保存に単一のファイルを利用する軽量なリレーショナルデータベース管理システム（RDBMS）です。リレーショナルデータベース用の問い合わせ言語であるSQLのサブセットが利用できます。サーバー型のデータベースではなく、ファイル型のデータベースなので、複数のユーザーIDやパスワードを管理する機能はありません。

また、SQLiteはアプリに含む形で利用される場合が多く、iPhoneでもSQLiteが利用されています。

データ型は表10-1のように種類が少なく、他のデータ型はこの表内のどれかのデータ型に変換して保存されます。

表10-1　SQLiteのデータ型

データ型	内容
NULL	NULL
INTEGER	符号付整数（long）
REAL	浮動小数点（double）
TEXT	テキスト（String）
BLOB	バイナリデータ

SQLiteの場合、データ型といっても他のリレーショナルデータベースと違い、データ登録時に厳密なデータ型のチェックは行なわれません。データ型と違う型のデータも登録できてしまいます。たとえば、テキスト型のフィールドに整数を登録できてしまいますが、データ型が無視されるわけではありません。データ型は、登録されているデータを評価するときに使用されます。

SQLiteのデータベースを利用するために、事前になにかを準備する必要はありません。SQL文でデータベースを作ってすぐに利用できます。

自分のアプリで使っているSQLiteのデータベースは別途、コンテンツプロバイダ（Content Provider）を使って公開しない限り、他のアプリからアクセスすることはできません。

> **Memo** **ContentProviderとCursorLoader**
>
> AndroidではContentProviderクラスを使うと、あるアプリのデータを別のアプリに公開することができます。本章のサンプルでは、SQLiteデータベースのデータをCursorLoaderで非同期に取得できるようにするためにContentProviderを使います。
>
> CursorLoaderはAsyncTaskLoaderクラスのサブクラスで、ContentProviderから非同期にデータをロードします。

第10章 ジョギングの友──ドロイド君と走ろう

Androidで利用するSQLiteのクラス

Androidでは以下のクラスやインターフェイスを利用することで、SQLiteデータベースを簡単に利用することができます。

SQLiteOpenHelperクラス

データベースの作成、データベーススキーマのバージョン管理を行なうためのヘルパークラスです。SQLiteOpenHelper抽象クラスを継承してデータベースの作成、アップグレード処理を実装します。具体的には、抽象メソッドであるonCreate()とonUpdate()をオーバーライドします。

テーブルにはprimary key（主キー）として_idという名前のフィールドを作成すると良いでしょう。_idという名前の主キーがあると想定して作られているクラスがあるからですが、都合が悪いときは、as修飾子で別名として_idを付けることもできます。

SQLiteDatabaseクラス

insert()、update()、query()をはじめとするデータベースに対する各種操作用のメソッドを提供するクラスです。主要なメソッドを表10-2に示します。

表10-2　SQLiteDatabaseクラスの主なメソッド

メソッド	説明
execSQL()	一文のSQLステートメントを実行する。SELECTのようにデータを返すステートメントには使わない
insert()	テーブルに行（レコード）を追加する。正常に追加できた場合は追加した行のRowIDを返し、エラーになった場合は-1を返す
query()	検索条件を指定し、データを取得する。検索結果をCursor（カーソル）として返す
update()	指定した条件に一致するレコードを更新する。更新したレコードの数（行数）を返す
delete()	指定した条件に一致するレコードを削除する。削除したレコード数を返す
close()	データベースを閉じる

ContentValuesクラス

列名（キー）と値を一組にして保持するためのクラスです。SQLiteDatabaseクラスのinsert()メソッドやupdate()メソッドに列名と値を与えるために使います。

put()メソッドで、列名と値をContentValuesインスタンスに格納し、getString()などのgetxxxx()メソッドで、列名を指定して値を取得することができます。getxxxx()メソッドはデータ型に合わせて複数用意されています。

Cursorインターフェイス

SQLiteDatabaseクラスのquery()メソッドが返す検索結果カーソルのインターフェイスです。カーソルを使って検索結果のレコード数を取得したり、カーソルが指し示すレコードを前後に移動したりすることができます。また、カーソルが指し示すレコードから、列を指定して値を取得することができます。

カーソルはclose()メソッドで閉じてやる必要があります。

10-3 ジョギングの友を作ろう

　さて、これからジョギングの友を作成していきますが、単に、現在地をマップ上に表示するだけなら、第9章でやってみたようにsetMyLocationEnabled(true)をマップのプロパティの設定後に実行するだけで済みます。

　しかし、現在地を表示するアイコンをカスタマイズしたり、通った軌跡をポリラインとして描画したりしようとすると、FusedLocationProviderApiやGoogleApiClient、LocationListenerなどを使う必要が出てきます。

> **Memo 地図上に現在地表示で使うクラス**
>
> ● **FusedLocationProviderApi**
> 　Android端末では、GPS、Wi-Fi、電話基地局から位置情報を取得できます。GPSから短いサイクルで位置情報を取得する方法が一番正確ですが、バッテリの残量の減り方が激しいです。これら3つの取得元から、最適な方法を選んでくれるのがFusedLocationProviderApiです。
>
> ● **GoogleApiClient**
> 　Google Playサービスへのエントリポイント（入り口）です。GoogleApiClient.Builderで生成し、ConnectionCallbacksとOnConnectionFailedListenerをインプリメントして使います。
>
> ● **LocationListener**
> 　LocationManagerから、位置が変わったら通知を受け取ります。そのためにはFusedLocationProviderApiクラスのrequestLocationUpdates()メソッドでLocationListenerを登録します。

プロジェクトの作成

　では、JogRecordプロジェクトを作っていきましょう（表10-3）。

表10-3　JogRecordプロジェクト

指定した項目	指定した値
Application Name（プロジェクト名）	JogRecord
Company Domain（組織のドメイン）	kanehiro.example.com
Package Name（パッケージ名）[※1]	com.example.kanehiro.jogrecord
Project location（プロジェクトの保存場所）	C:¥Android¥AndroidStudioProjects¥JogRecord
Minimum SDK（最小SDK）	API 16 Android 4.1
アクティビティの種類	Google Maps Activity
Activity Name（アクティビティ名）	MapsActivity
Layout Name（レイアウト名）	activity_maps
Title（タイトル）	Map

※1　パッケージ名は自動で表示される。

Android Studioでプロジェクトを作成したら、第9章で説明した手順でGoogle Consoleを使ってGoogle Map Android API v2のAPIキーを取得し、google_maps_api.xmlに書き込んでください。

参照 APIキーの取得手順➡❷Google Maps APIキーを取得する：262ページ

参照 google_maps_api.xmlへの書き込み➡❸Android StudioでMapTestプロジェクトを作成する：266ページ

 ## 画面の定義

まず、地図を含むメインの画面レイアウトであるactivity_maps.xmlから見ていきましょう（リスト10-1）。

リスト10-1　activity_maps.xml

```xml
<RelativeLayout xmlns:android="http://schemas.android.com/apk/res/android"
    xmlns:tools="http://schemas.android.com/tools"
    android:layout_width="match_parent"
    android:layout_height="match_parent"
    android:paddingLeft="@dimen/activity_horizontal_margin"
    android:paddingRight="@dimen/activity_horizontal_margin"
    android:paddingTop="@dimen/activity_vertical_margin"
    android:paddingBottom="@dimen/activity_vertical_margin"
    tools:context=".MapsActivity" >
    <ToggleButton                                                           ❶
        android:layout_width="wrap_content"
        android:layout_height="wrap_content"
        android:textOn="@string/text_on"
        android:textOff="@string/text_off"
        android:id="@+id/toggleButton"
        android:layout_alignParentTop="true"
        android:layout_alignParentLeft="true"
        android:layout_alignParentStart="true"
        />

    <TextView
        android:layout_width="wrap_content"
        android:layout_height="wrap_content"
        android:layout_toRightOf="@+id/toggleButton"
        android:text="@string/eltime"
        android:id="@+id/textView1"
    />
    <Chronometer                                                            ❷
        android:layout_width="wrap_content"
        android:layout_height="wrap_content"
        android:id="@+id/chronometer"
        android:format="@string/chronometer_format"
        android:layout_toRightOf="@+id/textView1"
        android:layout_marginLeft="4dp"
        android:layout_alignBaseline="@+id/textView1"
        />
    <TextView
```

```
        android:layout_width="wrap_content"
        android:layout_height="wrap_content"
        android:layout_marginLeft="10dp"
        android:layout_toRightOf="@+id/chronometer"
        android:text="@string/distance"
        android:id="@+id/textView2"
        />
    <TextView
        android:layout_width="wrap_content"
        android:layout_height="wrap_content"
        android:layout_toRightOf="@+id/textView2"
        android:layout_marginLeft="4dp"
        android:textStyle="bold"
        android:text="0.000km"
        android:id="@+id/disText"
        />
    <TextView
        android:layout_width="wrap_content"
        android:layout_height="wrap_content"
        android:layout_toRightOf="@+id/toggleButton"
        android:layout_below="@+id/textView1"
        android:text="@string/position"
        android:id="@+id/textView4"
        />
    <TextView
        android:layout_width="wrap_content"
        android:layout_height="wrap_content"
        android:layout_toRightOf="@+id/textView4"
        android:layout_below="@+id/textView2"
        android:layout_marginLeft="4dp"
        android:text="ここに住所を表示"
        android:id="@+id/address"
        />

    <fragment xmlns:android="http://schemas.android.com/apk/res/android"
        xmlns:tools="http://schemas.android.com/tools"
        android:layout_width="match_parent"
        android:layout_height="match_parent"
        android:layout_below="@+id/toggleButton"
        android:layout_marginTop="10dp"
        android:id="@+id/map" tools:context=".MapsActivity"
        android:name="com.google.android.gms.maps.SupportMapFragment" />
</RelativeLayout>
```

　MapとTextViewについては、説明の必要はないでしょう。トグルボタン（ToggleButton）とクロノ
メーター（Chronometer）について説明します。

　トグルボタンは、ボタンを押すごとにオンとオフが切り替わるボタンです（❶）。android:textOnには
オン状態のボタン表示メッセージ、android:textOffにはオフ状態のボタン表示メッセージを設定します。
ボタンがオンになっているかどうかはメッセージだけでなく、下線の色でもわかります。

　ボタンがオンのときは、Stopと表示し、ボタンがオフのときはStartと表示するようにします（図10-
3）。トグルボタンは2つの状態を表現するのに適したUI部品です。

クロノメーターはタイマーや経過時間の表示に適したUI部品です（❷）。

android:formatの@string/chronometer_formatにstrings.xmlの中で指定したのは%sです。これで、図10-3のように00:02や00:03というようにmm:ssの形式で経過時間が表示されます。また、1時間を経過すると、自動的にh:mm:ssのように表示されます。

なお、@dimenで参照しているパディングの値は、valuesフォルダのdimens.xmlを参照しています（リスト10-2）。

図10-3　トグルボタンによるオン／オフ

リスト10-2　values/dimens.xml

```xml
<?xml version="1.0" encoding="utf-8"?><resources>
    <dimen name="activity_horizontal_margin">8dp</dimen>
    <dimen name="activity_vertical_margin">8dp</dimen>
</resources>
```

クラスの構成

このプロジェクトではメインアクティビティのMapsActivityクラスに加えて、7つのクラスを追加します（図10-4）。

参照 クラスの作成手順➡クラスの作成：86ページ

Androidアプリの開発では、時間のかかる処理にはローダ（Loader）を使うことが推奨されています。

もっとも時間がかかりそうなのは、Geocoderクラスを使ってネット越しに緯度、経度から住所を取得する処理です。これは、AsyncTaskLoaderクラスを使って非同期に実行します。

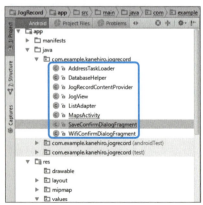

図10-4　MapsActivityクラスの他に7つのクラスを追加する

 **Geocoder**
　このクラスを使うと、住所から緯度、経度を取得したり、逆ジオコーディングといって経度、緯度から住所を求めたりできます。

表10-4　クラスの構成

クラス名	スーパークラス	主な役割	
MapsActivity	FragmentActivity	マップを表示する	プロジェクトウィザードで生成
		LocationListenerを実装して、位置が変わったときにFusedLocationProviderApiから通知を受け取る	
		ConnectionCallbacks, OnConnectionFailedListenerを実装して、GoogleApiClientのイベントを取得する	
		GoogleApiClientオブジェクトのconnect()メソッドでGoogle Playサービスに接続する	
		FusedLocationProviderApiオブジェクトのrequestLocationUpdates()メソッドで位置の更新をリクエストする	
		onLocationChanged()メソッドで地図の移動、住所の取得、移動線の描画、移動距離の累計をする	
		走行の記録をデータベースに保存する	
AddressTaskLoader	AsyncTaskLoader	GeocoderクラスのgetFromLocation()メソッドで緯度、経度から住所を取得する	クラスを新規作成
DatabaseHelper	SQLiteOpenHelper	jogrecord.dbデータベースやjogrecordテーブルの生成をしてくれるヘルパークラス	
JogRecordContentProvider	ContentProvider	jogrecordテーブルのレコードをCursorLoaderに提供する	
		jogrecordテーブルへレコードを追加する	
JogView	ListActivity	LoaderManager.LoaderCallbacksを実装してCursorを取得する	
ListAdapter	CursorAdapter	Cursorから各フィールドの値を取得し、ListViewの各行に編集する	
SaveConfirmDialogFragment	DialogFragment	データベースへの保存確認のAlertDialogを表示する	
WifiConfirmDialogFragment	DialogFragment	WiFiをオフにするか確認するAlertDialogを表示する	

　もう1つ、時間のかかりそうなのは、ジョギングの記録をSQLiteデータベースから取得する処理です。以前のSimpleCursorAdapterでデータベースからカーソル（Cursor）を取得してListViewに表示する方法が簡単でしたが、現在はデータベースをコンテンツプロバイダとして公開してCursorLoaderで非同期で取得する方法が推奨されています。

ローダAPI

　ローダについて少し予習しておきましょう。

第10章 ジョギングの友――ドロイド君と走ろう

APIレベル11から、アクティビティやフラグメントで、非同期にデータをロードするためのローダAPIが追加されています。

ローダ化されたAsyncTaskLoaderクラスはAPIレベル3からすでに存在するAsyncTaskクラスに比べ、UI処理との分離性が高くなっています（表10-5）。

表10-5　ローダAPIのクラスとインターフェイス

クラス／インターフェイス	説明
LoaderManager	Loaderインスタンスを管理するための抽象クラス
LoaderManager.LoaderCallbacks	クライアントがLoaderManagerと双方向にやり取りするためのコールバックインターフェイス
Loader	ローダの基底クラス。非同期のデータロードを実行する抽象クラス
AsyncTaskLoader	APIレベル3から利用できるAsyncTaskのラッパークラス
CursorLoader	ContentProviderからデータを非同期にロードする

CursorLoaderクラスはコンテンツプロバイダ（Content Provider）からデータを非同期にロードして、Cursorを返します。SQLiteデータベースをコンテンツプロバイダとして公開すれば、CursorLoaderで非同期にデータを取得できます。

CursorLoaderはAsyncTaskLoaderを継承しているので、この2つのクラスは同じように扱うことができます（図10-5）。

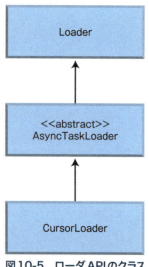

図10-5　ローダAPIのクラス

マップの表示とジョギング情報の記録

それでは、処理の中心となるMapsActivityクラスから見ていきましょう（リスト10-3）。

リスト10-3　MapsActivity.java

```
package com.example.kanehiro.jogrecord;

import android.Manifest;
import android.app.DialogFragment;
import android.app.LoaderManager;
import android.content.ContentValues;
```

```
import android.graphics.Color;
import android.location.Address;
import android.location.Location;
import android.net.Uri;
import android.net.wifi.WifiManager;
import android.os.Bundle;
import android.os.SystemClock;
import android.support.v4.app.ActivityCompat;
import android.support.v4.app.FragmentActivity;
import android.support.v7.app.AlertDialog;
import android.view.WindowManager;
import android.widget.Chronometer;
import android.widget.CompoundButton;
import android.widget.TextView;
import android.widget.Toast;
import android.widget.ToggleButton;

import com.google.android.gms.common.ConnectionResult;
import com.google.android.gms.common.api.GoogleApiClient;
import com.google.android.gms.common.api.GoogleApiClient.ConnectionCallbacks;
import com.google.android.gms.common.api.GoogleApiClient.OnConnectionFailedListener;
import com.google.android.gms.location.FusedLocationProviderApi;
import com.google.android.gms.location.LocationListener;
import com.google.android.gms.location.LocationRequest;
import com.google.android.gms.location.LocationServices;
import com.google.android.gms.maps.CameraUpdateFactory;
import com.google.android.gms.maps.GoogleMap;
import com.google.android.gms.maps.OnMapReadyCallback;
import com.google.android.gms.maps.SupportMapFragment;
import com.google.android.gms.maps.model.BitmapDescriptor;
import com.google.android.gms.maps.model.BitmapDescriptorFactory;
import com.google.android.gms.maps.model.CameraPosition;
import com.google.android.gms.maps.model.LatLng;
import com.google.android.gms.maps.model.MarkerOptions;
import com.google.android.gms.maps.model.PolylineOptions;

import java.text.SimpleDateFormat;
import java.util.ArrayList;
import java.util.List;

public class MapsActivity extends FragmentActivity implements OnMapReadyCallback,
        ConnectionCallbacks, OnConnectionFailedListener, LocationListener,
        LoaderManager.LoaderCallbacks<Address> {
    private static final int MY_PERMISSIONS_REQUEST_ACCESS_FINE_LOCATION = 1;
    private static final int MY_PERMISSIONS_REQUEST_WRITE_EXTERNAL_STORAGE = 2;
    private static final int ADDRESSLOADER_ID = Ø;
    // INTERVAL:5ØØ ,FASTESTINTERVAL:16 できれいな線が描けた
    private static final int INTERVAL = 5ØØ;
    private static final int FASTESTINTERVAL = 16;


    private GoogleMap mMap;
    private GoogleApiClient mGoogleApiClient;
```

ⓐ1

```java
private static final LocationRequest REQUEST = LocationRequest.create()
        .setInterval(INTERVAL)                    // 位置情報の更新間隔をミリ秒で設定 ──────────❷
        .setFastestInterval(FASTESTINTERVAL)
        .setPriority(LocationRequest.PRIORITY_HIGH_ACCURACY);    // 位置情報取得要求の優先順位
private FusedLocationProviderApi mFusedLocationProviderApi = LocationServices.FusedLocationApi;
private List<LatLng>  mRunList = new ArrayList<LatLng>();
private WifiManager mWifi;
private boolean mWifiOff = false;
private long mStartTimeMillis;
private double mMeter = 0.0;            // メートル
private double mElapsedTime =0.0;      // ミリ秒
private double mSpeed = 0.0;
private DatabaseHelper mDbHelper;
private boolean mStart = false;
private boolean mFirst = false;
private boolean mStop = false;
private boolean mAsked = false;
private Chronometer mChronometer;


@Override
protected void onSaveInstanceState(Bundle outState) { ───────────────────────❸
    super.onSaveInstanceState(outState);
    // メンバー変数が初期化されることへの対処
    outState.putBoolean("ASKED",mAsked);
}

@Override
protected void onRestoreInstanceState(Bundle savedInstanceState) { ─────────────❹
    super.onRestoreInstanceState(savedInstanceState);
    mAsked = savedInstanceState.getBoolean("ASKED");
}

@Override
protected void onCreate(Bundle savedInstanceState) {
    super.onCreate(savedInstanceState);
    setContentView(R.layout.activity_maps);

    // 画面をスリープにしない
    getWindow().addFlags(WindowManager.LayoutParams.FLAG_KEEP_SCREEN_ON);

    mGoogleApiClient = new GoogleApiClient.Builder(this) ──────────────────❺
            .addConnectionCallbacks(this)
            .addOnConnectionFailedListener(this)
            .addApi(LocationServices.API)
            .build();

    SupportMapFragment mapFragment = (SupportMapFragment) getSupportFragmentManager()
            .findFragmentById(R.id.map);
    mapFragment.getMapAsync(this); ──────────────────────────────❻

    mDbHelper = new DatabaseHelper(this); ──────────────────────────❼
```

```
        ToggleButton tb = (ToggleButton) findViewById(R.id.toggleButton);
        tb.setChecked(false);           //OFFへ変更

        //ToggleのCheckが変更したタイミングで呼び出されるリスナー
        tb.setOnCheckedChangeListener(new CompoundButton.OnCheckedChangeListener() {
            @Override
            public void onCheckedChanged(CompoundButton buttonView, boolean isChecked) {
                //トグルキーが変更された際に呼び出される
                if (isChecked) {                                                            ⓐ8
                    startChronometer();
                    mStart = true;
                    mFirst = true;
                    mStop = false;
                    mMeter = 0.0;
                    mRunList.clear();
                } else {
                    stopChronometer();
                    mStop = true;
                    calcSpeed();
                    saveConfirm();
                    mStart = false;
                }
            }
        });
    }
    private void startChronometer() {
        mChronometer = (Chronometer) findViewById(R.id.chronometer);
        // 電源ON時からの経過時間の値をベースに
        mChronometer.setBase(SystemClock.elapsedRealtime());
        mChronometer.start();
        mStartTimeMillis=System.currentTimeMillis();
    }
    private void stopChronometer() {
        mChronometer.stop();
        // ミリ秒
        mElapsedTime =SystemClock.elapsedRealtime() - mChronometer.getBase();
    }
    @Override
    protected void onResume() {
        super.onResume();
        if (!mAsked) {                                                                      ⓐ9
            //Log.v("exec mAsked","" + mAsked);
            wifiConfirm();
            mAsked = !mAsked;
        }

        mGoogleApiClient.connect();                                                         ⓐ10
    }
    @Override
    public void onMapReady(GoogleMap googleMap) {
        mMap = googleMap;
        mMap.setOnMapLongClickListener(new GoogleMap.OnMapLongClickListener() {
```

第10章 ジョギングの友 ── ドロイド君と走ろう

```java
        @Override
        public void onMapLongClick(LatLng latLng) {                          ──●11
            Intent intent = new Intent(MapsActivity.this,JogView.class);
            startActivity(intent);
        }
    });

    // Dangerousな Permissionはリクエストして許可をもらわないと使えない
    if (ActivityCompat.checkSelfPermission(this, Manifest.permission.ACCESS_FINE_LOCATION) != ⏎
PackageManager.PERMISSION_GRANTED) {                                          ──●12
        if (ActivityCompat.shouldShowRequestPermissionRationale(this,
                Manifest.permission.ACCESS_FINE_LOCATION)) {
            //一度拒否された時、Rationale（理論的根拠）を説明して、再度許可ダイアログを出すようにする
            new AlertDialog.Builder(this)
                    .setTitle("許可が必要です")
                    .setMessage("移動に合わせて地図を動かすためには、ACCESS_FINE_LOCATIONを許可してください")
                    .setPositiveButton("OK", new DialogInterface.OnClickListener() {
                        @Override
                        public void onClick(DialogInterface dialog, int which) {
                            // OK button pressed
                            requestAccessFineLocation();
                        }
                    })
                    .setNegativeButton("Cancel",  new DialogInterface.OnClickListener() {
                        @Override
                        public void onClick(DialogInterface dialog, int which) {
                            showToast("GPS機能が使えないので、地図は動きません");
                        }
                    })
                    .show();
        } else {
            // まだ許可を求める前の時、許可を求めるダイアログを表示します。
            requestAccessFineLocation();
        }
    }
}
private void requestAccessFineLocation() {                                    ──●13
    ActivityCompat.requestPermissions(this,
            new String[]{Manifest.permission.ACCESS_FINE_LOCATION},
            MY_PERMISSIONS_REQUEST_ACCESS_FINE_LOCATION);

}
@Override
public void onRequestPermissionsResult(int requestCode, String permissions[], ⏎
int[] grantResults) {                                                        ──●14
    switch (requestCode) {
    case MY_PERMISSIONS_REQUEST_ACCESS_FINE_LOCATION: {
        // ユーザーが許可したとき
        // 許可が必要な機能を改めて実行する
        if (grantResults[0] == PackageManager.PERMISSION_GRANTED) {
            //
        }
        else {
```

```
                        // ユーザーが許可しなかったとき
                        // 許可されなかったため機能が実行できないことを表示する
                        showToast("GPS機能が使えないので、地図は動きません");
                        // 以下は、java.lang.RuntimeException になる
                        // mMap.setMyLocationEnabled(true);
                    }
                    return;
                }
                case MY_PERMISSIONS_REQUEST_WRITE_EXTERNAL_STORAGE: {
                    // ユーザーが許可したとき
                    // 許可が必要な機能を改めて実行する
                    if (grantResults[0] == PackageManager.PERMISSION_GRANTED) {
                        saveConfirmDialog();
                    }
                    else {
                        // ユーザーが許可しなかったとき
                        // 許可されなかったため機能が実行できないことを表示する
                        showToast("外部へのファイルの保存が許可されなかったので、記録できません");
                    }
                    return;
                }

            }
        }

        private void wifiConfirm(){
            mWifi = (WifiManager)getSystemService(WIFI_SERVICE);

            if(mWifi.isWifiEnabled()) {
                wifiConfirmDialog();
            }
        }
        private void wifiConfirmDialog() {
            DialogFragment newFragment = WifiConfirmDialogFragment.newInstance(
                    R.string.wifi_confirm_dialog_title, R.string.wifi_confirm_dialog_message);

            newFragment.show(getFragmentManager(), "dialog");

        }

        public void wifiOff() {
            mWifi.setWifiEnabled(false);
            mWifiOff=true;
        }
        @Override
        public void onConnected(@Nullable Bundle bundle) {

            if (ActivityCompat.checkSelfPermission(this, Manifest.permission.ACCESS_FINE_LOCATION) != ⏎
    PackageManager.PERMISSION_GRANTED) {
                return;
            }
            mFusedLocationProviderApi.requestLocationUpdates(mGoogleApiClient, REQUEST, this); ————ⓐ15
```

```
    }
    @Override
    public void onLocationChanged(Location location){
        // stop後は動かさない
        if (mStop) {
            return;
        }
        CameraPosition cameraPos = new CameraPosition.Builder()
                .target(new LatLng(location.getLatitude(),location.getLongitude())).zoom(19)
                .bearing(0).build();
        mMap.animateCamera(CameraUpdateFactory.newCameraPosition(cameraPos));  ———————————ⓐ16

        //マーカー設定
        mMap.clear();
        LatLng latlng = new LatLng(location.getLatitude(), location.getLongitude());
        MarkerOptions options = new MarkerOptions();
        options.position(latlng);
        // ランチャーアイコン
        BitmapDescriptor icon = BitmapDescriptorFactory.fromResource(R.mipmap.ic_launcher);
        options.icon(icon);
        mMap.addMarker(options);  ——————————————————————————————————————ⓐ17

        if (mStart) {
            if (mFirst) {
                Bundle args = new Bundle();
                args.putDouble("lat", location.getLatitude());
                args.putDouble("lon", location.getLongitude());

                getLoaderManager().restartLoader(ADDRESSLOADER_ID, args, this);  ————————ⓐ18
                mFirst = !mFirst;
            } else {
                // 移動線を描画
                drawTrace(latlng);
                // 走行距離を累積
                sumDistance();
            }
        }

    }
    private void drawTrace(LatLng latlng) {  ——————————————————————————————ⓐ19
        mRunList.add(latlng);
        if (mRunList.size() > 2) {
            PolylineOptions polyOptions = new PolylineOptions();
            for (LatLng polyLatLng : mRunList) {
                polyOptions.add(polyLatLng);
            }
            polyOptions.color(Color.BLUE);
            polyOptions.width(3);
            polyOptions.geodesic(false);
            mMap.addPolyline(polyOptions);
        }
    }
```

10-3 ジョギングの友を作ろう

```java
private void sumDistance() {                                                      ⓐ20

    if (mRunList.size() < 2) {
        return;
    }
    mMeter=0;
    float[] results = new float[3];
    int i = 1;
    while (i<mRunList.size()){
        results[0]=0;
        Location.distanceBetween(mRunList.get(i-1).latitude, mRunList.get(i-1).longitude,
                mRunList.get(i).latitude, mRunList.get(i).longitude, results);
        mMeter += results[0];
        i++;
    }
    // distanceBetweenの距離はメートル単位
    double disMeter = mMeter / 1000;
    TextView disText = (TextView) findViewById(R.id.disText);
    disText.setText(String.format("%.2f"+" km", disMeter));
}
private void calcSpeed() {                                                         ⓐ21
    sumDistance();
    mSpeed = (mMeter/1000) / (mElapsedTime /1000) * 60 * 60;
}
private void saveConfirm(){                                                        ⓐ22
    // Dangerousな Permissionはリクエストして許可をもらわないと使えない
    if (ActivityCompat.checkSelfPermission(this, Manifest.permission.WRITE_EXTERNAL_STORAGE) != 🔲
PackageManager.PERMISSION_GRANTED) {
        if (ActivityCompat.shouldShowRequestPermissionRationale(this,
                Manifest.permission.WRITE_EXTERNAL_STORAGE)) {
            //一度拒否された時、Rationale（理論的根拠）を説明して、再度許可ダイアログを出すようにする
            new AlertDialog.Builder(this)
                    .setTitle("許可が必要です")
                    .setMessage("ジョギングの記録を保存するためには、WRITE_EXTERNAL_STORAGEを許可してください")
                    .setPositiveButton("OK", new DialogInterface.OnClickListener() {
                        @Override
                        public void onClick(DialogInterface dialog, int which) {
                            // OK button pressed
                            requestWriteExternalStorage();
                        }
                    })
                    .setNegativeButton("Cancel",  new DialogInterface.OnClickListener() {
                        @Override
                        public void onClick(DialogInterface dialog, int which) {
                            showToast("外部へのファイルの保存が許可されなかったので、記録できません");
                        }
                    })
                    .show();
        } else {
            // まだ許可を求める前の時、許可を求めるダイアログを表示します。
            requestWriteExternalStorage();
        }
    } else {
```

10

```java
            saveConfirmDialog();
        }

    }
    private void requestWriteExternalStorage() {
        ActivityCompat.requestPermissions(this,
                new String[]{Manifest.permission.WRITE_EXTERNAL_STORAGE},
                MY_PERMISSIONS_REQUEST_WRITE_EXTERNAL_STORAGE);

    }
    private void saveConfirmDialog() {
        String message ="時間:";
        TextView disText = (TextView) findViewById(R.id.disText);

        message = message + mChronometer.getText().toString() + " " +
                "距離" + disText.getText() + "¥n" +
                "時速" + String.format("%.2f"+" km", mSpeed);

        DialogFragment newFragment = SaveConfirmDialogFragment.newInstance(
                R.string.save_confirm_dialog_title, message);

        newFragment.show(getFragmentManager(), "dialog");

    }

    @Override
    protected void onPause() {
        super.onPause();
        if (mGoogleApiClient.isConnected() ) {
            stopLocationUpdates();
        }
        mGoogleApiClient.disconnect();

    }
    @Override
    protected void onStop() {
        super.onStop();
        // 自プログラムがオフにした場合はWIFIをオンにする処理
        if (mWifiOff) {
            mWifi.setWifiEnabled(true);
        }
    }
    protected void stopLocationUpdates() {
        mFusedLocationProviderApi.removeLocationUpdates(mGoogleApiClient, this);
    }
    @Override
    public void onConnectionSuspended(int cause) {
        // Do nothing
    }
    @Override
    public void onConnectionFailed(ConnectionResult result) {
```

```
        // Do nothing
    }

    @Override
    public Loader<Address> onCreateLoader(int id, Bundle args) {                    ●27
        double lat = args.getDouble("lat");
        double lon = args.getDouble("lon");
        return new AddressTaskLoader(this, lat,lon);
    }

    @Override
    public void onLoadFinished(Loader<Address> loader, Address result) {            ●28
        if (result != null) {
            StringBuilder sb = new StringBuilder();
            for (int i = 1; i < result.getMaxAddressLineIndex() + 1; i++) {
                String item = result.getAddressLine(i);
                if (item == null) {
                    break;
                }

                sb.append(item);
            }
            TextView address = (TextView) findViewById(R.id.address);

            address.setText(sb.toString());
        }
    }

    @Override
    public void onLoaderReset(Loader<Address> loader) {

    }
    public void saveJogViaCTP(){                                                    ●29

        String strDate = new SimpleDateFormat("yyyy/MM/dd").format(mStartTimeMillis);

        TextView txtAddress = (TextView)findViewById(R.id.address);

        ContentValues values = new ContentValues();
        values.put(DatabaseHelper.COLUMN_DATE, strDate);
        values.put(DatabaseHelper.COLUMN_ELAPSEDTIME,mChronometer.getText().toString());
        values.put(DatabaseHelper.COLUMN_DISTANCE, mMeter);
        values.put(DatabaseHelper.COLUMN_SPEED, mSpeed);
        values.put(DatabaseHelper.COLUMN_ADDRESS, txtAddress.getText().toString());
        Uri uri = getContentResolver().insert(JogRecordContentProvider.CONTENT_URI, values);
        showToast("データを保存しました");
    }

    public void saveJog(){                                                         ●30
        SQLiteDatabase db = mDbHelper.getWritableDatabase();

        String strDate = new SimpleDateFormat("yyyy/MM/dd").format(mStartTimeMillis);
```

```
            TextView txtAddress = (TextView)findViewById(R.id.address);

            ContentValues values = new ContentValues();
            values.put(DatabaseHelper.COLUMN_DATE, strDate);
            values.put(DatabaseHelper.COLUMN_ELAPSEDTIME,mChronometer.getText().toString());
            values.put(DatabaseHelper.COLUMN_DISTANCE, mMeter);
            values.put(DatabaseHelper.COLUMN_SPEED, mSpeed);
            values.put(DatabaseHelper.COLUMN_ADDRESS, txtAddress.getText().toString());
            try {
                db.insert(DatabaseHelper.TABLE_JOGRECORD, null, values);
            } catch (Exception e) {
                showToast("データの保存に失敗しました");
            } finally {
                db.close();
            }
        }
    }
    private void showToast(String msg) {
        Toast error = Toast.makeText(this, msg, Toast.LENGTH_LONG);
        error.show();
    }
}
```

　MapsActivityクラスは、OnMapReadyCallbackとLocationListener、GoogleApiClient.Connection Callbacks、GoogleApiClient.OnConnectionFailedListenerを実装しています。それから、Address TaskLoaderのコールバックを受け取るために、LoaderManager.LoaderCallbacksも実装しています（❶1）。

　LocationRequestクラスのREQUESTには、setInterval(INTERVAL)で更新間隔を指定します（❶2）。INTERVALは500なので、0.5秒を指定したことになります。0.5秒は短い更新間隔なので、バッテリの消耗が早くなりますが、ジョギングやウォーキングのときはこのように短い更新間隔でないと軌跡がうまく描けません。車などでもっと高速に移動する場合は、もう少し大きな値でもかまわないでしょう。

　setPriority(LocationRequest.PRIORITY_HIGH_ACCURACY)で指定しているのは要求の優先順位です。HIGH_ACCURACY（高い正確性）は正確性を要求します。

private変数mAskedの値の保存

　MapsActivityでは、Wi-Fiをオフにするかどうかを一覧表示から戻ってくるたびにダイアログを表示してたずねることがないように、一度、たずねたかどうかをprivate宣言したmAskedで記憶するようにしていますが、一覧表示からMapsActivityに戻ってくるたびに、この値が初期化されてしまいます。

　Androidではこのような事態にそなえて、値を失わないようにメンバ変数を保存しなければならないタイミングになると、onSaveInstanceState()メソッドがコールされ（❶3）、復帰のタイミングにはonRestoreInstanceState()メソッドがコールされます（❶4）。

　これらのメソッドを利用することで、アクティビティのメンバ変数がクリアされることに対処できます。具体的にはアクティビティが破棄され、メンバ変数が初期化されてしまうような場合、onSaveInstanceState(Bundle outState)でBundleオブジェクトにメンバ変数の値をputして、復帰時にonRestoreInstanceState(Bundle savedInstanceState)でBundleオブジェクトからgetメソッドで取り出します。

他に、PRIORITY_BALANCED_POWER_ACCURACY（ブロックレベルの正確性）やPRIORITY_LOW_POWER（シティレベルの正確性）、PRIORITY_NO_POWERなどの定数を指定することができます。

onCreate()メソッドに進みましょう。GoogleApiClient.Builderを使ってGoogleApiClientを生成します。コールバックとリスナー、そしてaddApi()メソッドにLocationServicesクラスのAPIフィールドを指定します（❸5）。

次に、getMapAsync()で非同期にマップを取得します。（❸6）。

そして、DatabaseHelperクラスのインスタンスmDbHelperを生成しています（❸7）。

データベースとテーブルの作成

DatabaseHelperではデータベースとテーブルを作成します（リスト10-4）。

リスト10-4　DatabaseHelper.java

```
package com.example.kanehiro.jogrecord;

import android.content.Context;
import android.database.sqlite.SQLiteDatabase;
import android.database.sqlite.SQLiteOpenHelper;

public class DatabaseHelper extends SQLiteOpenHelper {                          ❶
    private static final String DBNAME = "jogrecord.db";
    private static final int DBVERSION = 1;
    public static final String TABLE_JOGRECORD = "jogrecord";
    public static final String COLUMN_ID = "_id";
    public static final String COLUMN_DATE = "date";
    public static final String COLUMN_ELAPSEDTIME = "eltime";
    public static final String COLUMN_DISTANCE = "distance";
    public static final String COLUMN_SPEED = "speed";
    public static final String COLUMN_ADDRESS = "address";
    private static final String CREATE_TABLE_SQL =
            "create table " + TABLE_JOGRECORD  + " "
                    + "(" + COLUMN_ID +" integer primary key autoincrement,"
                    + COLUMN_DATE + " text not null,"
                    + COLUMN_ELAPSEDTIME + " text not null,"
                    + COLUMN_DISTANCE + " real not null,"
                    + COLUMN_SPEED + " real not null,"
                    + COLUMN_ADDRESS + " text null)";

    public DatabaseHelper(Context context) {
        super(context, DBNAME, null, DBVERSION);                               ❷
    }

    @Override
    public void onCreate(SQLiteDatabase db) {                                   ❸
        db.execSQL(CREATE_TABLE_SQL);
    }
```

```
@Override
public void onUpgrade(SQLiteDatabase db, int oldVersion, int newVersion) {
}
}
```

　DatabaseHelperクラスはSQLiteOpenHelperクラスを継承します（❶）。スーパークラスのコンストラクタを呼び出すと（❷）、DBNAMEで示されるデータベースが存在しないときは、データベースが作成されます。そして、データベースの生成後に、onCreate()メソッドが呼び出されます。

　onCreate()（❸）では、データベースのexecSQL()メソッドで、create tableで始まるテーブル生成のSQL文を実行し、jogrecordテーブルを作成しています。だから、MapsActivity側から見ると、DatabaseHelperクラスのインスタンスを生成するだけで、データベースjogrecord.dbとjogrecordテーブルが作成されるわけです。

　jogrecordテーブル（表10-6）には、ジョギングやウォーキングをした日、走った時間、距離、時速、そしてスタート地点の緯度、経度から求めた住所を記録します。主キーはautoincrement属性を指定した_idです。autoincrement属性を付けると、レコード保存時に重複しない値を_idに発生させてくれます。

　距離と時速はREAL型にします。住所はTEXT型です。日付も日付型がないので、書式化してTEXT型として記録します。eltime（経過時間）はREALとして記録しても良いのですが、特に集計などをしないので、アクティビティに表示した書式のままTEXTとして保存します。

表10-6　jogrecordテーブル

項目名	データ型	内容	null許可
_id	INTEGER	主キー （オートインクリメント）	―
date	TEXT	日付	not null
eltime	TEXT	経過時間	not null
distance	REAL	距離（m）	not null
speed	REAL	時速	not null
address	TEXT	住所	null

Wi-Fiをオフにするかの確認

　MapsActivity（リスト10-3）に戻りましょう。getMapAsync()メソッドでマップが準備できると、onMapReadyメソッドが呼び出されます。onMapReady()メソッドでは、Mapがロングクリックされたときには、一覧表示のJogViewアクティビティを呼び出すようにLongClickListenerを登録します（❷11）。

　次は、Android 6のRuntime Permissionの処理です（❷12）。やっていることは第8章、第9章と同じですが、このアクティビティでは、ジョギングに合わせてマップの中心点を動かすためにACCESS_FINE_LOCATIONのパーミッションと、データベースにジョギングの結果を記録するためにWRITE_EXTERNAL_STORAGEのパーミッションを求めます。ここにRuntime Permissionのメリットがあります。requestAccessFineLocation（❷13）でリクエストするパーミッションは、ACCESS_FINE_LOCATIONだけです。WRITE_EXTERNAL_STORAGEのパーミッションは後で、データベースに記録するタイミングでリクエストします。

　onRequestPermissionsResult()メソッド（❷14）では、リクエストしたパーミッションを判断して後

処理をします。

　ですから、Android 6以前のように「全部許可しないと、アプリをインストールできない」というAll or nothingの状態と違い、「ACCESS_FINE_LOCATIONだけを許可してマップ上にルートは表示するけど、外部記憶には書き込みたくないのでWRITE_EXTERNAL_STORAGEは許可しない」という使い方ができるのです。

　この後の処理は、トグルボタンのオン／オフに合わせて進んでいきます（ⓐ8）。

　オンになったら、startChronometer()でクロノメーターをスタートさせ、各種フラグを初期設定します。また、移動経路を描くためのLatLng型のリストであるmRunListをclear()します。

　オフになったら、stopChronometer()でクロノメーターを止め、calcSpeed()で時速を計算し、saveConfirm()を呼び出します。

　少し先に飛びますが、saveConfirm()メソッド（ⓐ22）のRuntime Permissionの処理をみていきましょう。ここでは、checkSelfPermission()メソッドで、WRITE_EXTERNAL_STORAGEが許可されているか判断してします。

　許可されている場合に、saveConfirmDialog()で走行記録を保存するかどうかAlertDialogを表示して確認します。AlertDialogは、DialogFragmentを使って表示します。

　そうでない場合は、requestWriteExternalStorage()で許可を求めます。そこで許可した場合は、onRequestPermissionsResult()メソッド（ⓐ14）で再度、saveConfirmDialog()メソッドを実行します。

　ここでonResume()メソッド（ⓐ9）に戻りましょう。mAskedがfalseのときはWi-Fiをオフにするか、まだたずねていないので、wifiConfirm()でAlertDialogを表示します（図10-6）。もし、ダイアログでYESが選択されたら、wifiOff()のmWifi.setWifiEnabled(false)でWi-Fiをオフにしています。なぜ、このような処理をしているかというと、市街地を歩いていると近くのWi-Fiをキャッチして、現在地が大きくブレることがあったからです。

　WifiConfirmDialogFragment()で生成しているWifiConfirmDialogFragmentクラスのコードも見ていきましょう（リスト10-5）。

図10-6　Wi-Fiをオフにするかたずねるダイアログ

リスト10-5　WifiConfirmDialogFragment.java

```
package com.example.kanehiro.jogrecord;

import android.app.AlertDialog;
import android.app.Dialog;
import android.app.DialogFragment;
import android.content.DialogInterface;
import android.os.Bundle;
```

第10章 ジョギングの友――ドロイド君と走ろう

```java
public class WifiConfirmDialogFragment extends DialogFragment {
    private static final String ARG_TITLE = "title";
    private static final String ARG_MESSAGE = "message";

    private int mTitle;
    private int mMessage;

    public static WifiConfirmDialogFragment newInstance(int title, int message) {
        WifiConfirmDialogFragment fragment = new WifiConfirmDialogFragment();
        Bundle args = new Bundle();
        args.putInt(ARG_TITLE, title);
        args.putInt(ARG_MESSAGE, message);
        fragment.setArguments(args);
        return fragment;
    }

    @Override
    public Dialog onCreateDialog(Bundle savedInstanceState) {
        if (getArguments() != null) {
            mTitle = getArguments().getInt(ARG_TITLE);
            mMessage = getArguments().getInt(ARG_MESSAGE);
        }
        return new AlertDialog.Builder(getActivity())
            .setTitle(mTitle)
            .setMessage(mMessage)
            .setNegativeButton(R.string.alert_dialog_no,
                new DialogInterface.OnClickListener() {
                    @Override
                    public void onClick(DialogInterface dialog, int whichButton) {
                        // do nothing
                    }
                }
            )
            .setPositiveButton(R.string.alert_dialog_yes,
                new DialogInterface.OnClickListener() {
                    @Override
                    public void onClick(DialogInterface dialog, int whichButton) {
                        ((MapsActivity)getActivity()).wifiOff();
                    }
                }
            )
            .create();
    }
}
```

　　WifiConfirmDialogFragmentのnewInstance()メソッドでは、引数として渡ってきたタイトルとメッセージをBundleオブジェクトに登録して、setArguments()メソッドでWifiConfirmDialogFragmentクラスのインスタンスにセットして返します。

　　次に、MapsActivity側でnewFragment.show()メソッドが実行されると。onCreateDialog()メソッドが呼び出されます。onCreateDialog()メソッドでは、Bundleオブジェクトからタイトルとメッセージ

を取り出して、AlertDialog.Builder()でAlertDialogを作成します。

そして、setPositiveButtonで［YES］ボタンを作成し、クリックされたら、MapsActivityのwifiOff()メソッドを実行するようにリスナーを登録します。その際に、MapsActivityはFragmentActivityなので、getActivity()を使っています。

設定している文字列はリスト10-6を参照してください。

リスト10-6　strings.xml

```
<resources>
    <string name="app_name">JogRecord</string>
    <string name="title_activity_maps">JogRecord</string>
    <string name="wifi_confirm_dialog_title">WIFI をオフにしますか</string>
    <string name="wifi_confirm_dialog_message">市街地を走ると、WiFi をひろって現在地が飛ぶことがあります
</string>
    <string name="alert_dialog_yes">YES</string>
    <string name="alert_dialog_no">NO</string>
    <string name="alert_dialog_ok">OK</string>
    <string name="alert_dialog_cancel">CANCEL</string>
    <string name="save_confirm_dialog_title">この走行を記録しますか</string>
    <string name="text_on">Stop</string>
    <string name="text_off">Start</string>
    <string name="eltime">経過時間 </string>
    <string name="chronometer_format">%s</string>
    <string name="distance">移動距離 </string>
    <string name="position">スタート地点 </string>
    <string name="view">一覧 </string>
    <string name="ret">戻る </string>

    <string name="empty">表示するデータがありません </string>
    <string name="second">秒 </string>
    <string name="km">km</string>
    <string name="speed">時速 </string>
    <string name="action_view">一覧 </string>
    <string name="action_quit">終了 </string>
</resources>
```

住所の取得

MapsActivity（リスト10-3）に戻ります。mGoogleApiClient.connect()でGoogle Playサービスに接続します（●10）。接続したら、onConnectedが呼び出されるので、FusedLocationProviderApiオブジェクトのrequestLocationUpdates()メソッドにREQUESTオブジェクトを渡して、位置の更新をリクエストします（●15）。このときに、ACCESS_FINE_LOCATIONが許可されていないとAndroid 6では例外が発生するので、その前の行で、checkSelfPermission()メソッドで確認しています。これで、onLocationChanged()メソッドが呼び出されるようになります。onLocationChanged()メソッドではCameraPositionを生成して、animateCamera()メソッドで地図の中心を取得した緯度、経度に動かします（●16）。

そして、現在地にはドロイド君のランチャーアイコンをマーカーとして追加します（●17）。

第10章 ジョギングの友 — ドロイド君と走ろう

さて、スタートしてmFirstフラグがtrueのときは、現在の緯度、経度から住所を取得します。それが ❶18の処理です。

getLoaderManager().restartLoader()、もしくは、initLoader()を実行すると、onCreateLoader()メソッドが呼び出されます。

書 式 **Loaderの初期化を行なうinitLoader()とrestartLoader()**

initLoader (int id, Bundle args, LoaderCallbacks<D> callback)

restartoader (int id, Bundle args, LoaderCallbacks<D> callback)

引数		説明
第1引数	id	onCreateLoader()メソッドの第1引数に渡される
第2引数	args	onCreateLoader()メソッドの第2引数に渡される
第3引数	callback	LoaderCallbackインターフェイスを継承したクラスを指定する

＊初期化時にローダは一度実行される。

---

onCreateLoader()では、緯度と経度を与えてAddressTaskLoaderを生成しています（❶27）。restartLoader()は、もし、ローダが現在実行中なら、自動的に中断してくれます。

AsyncTaskLoaderを使うアクティビティ側では、表10-7の3つのメソッドを実装します。これらのメソッドは図10-7のように実行されます。

表10-7　LoaderCallbacksインターフェイスのコールバックメソッド

メソッド	内容
onCreateLoader()	ローダがinitLoader()などで新しく作成されたときに呼び出される
onLoadFinished()	ローダ内の処理が終了したときに呼び出される
onLoaderReset()	ローダがリセットされたときに呼び出される。restartLoader()が呼ばれたときなど

AsyncTaskLoaderの処理を見ていきましょう（リスト10-7）。

リスト10-7　AddressTaskLoader.java

```java
package com.example.kanehiro.jogrecord;

import android.content.AsyncTaskLoader;
import android.content.Context;
import android.location.Address;
import android.location.Geocoder;
import android.util.Log;

import java.io.IOException;
import java.util.List;
import java.util.Locale;

public class AddressTaskLoader extends AsyncTaskLoader<Address> {
    private Geocoder mGeocoder = null;
    private double mLat;
```

```
    private double mLon;

    public AddressTaskLoader(Context context,double lat,double lon) {
        super(context);
        mGeocoder = new Geocoder(context, Locale.getDefault());

        mLat = lat;
        mLon = lon;
    }

    @Override
    public Address loadInBackground() {
        Address result = null;
        try {
            List<Address> results = mGeocoder.getFromLocation(mLat, mLon, 1);   // 1は候補数
            if (results != null && !results.isEmpty()) {
                result = results.get(0);
            }
        } catch (IOException e) {
            Log.e("AddressTaskLoader", e.getMessage());
        }
        return result;

    }

    @Override
    protected void onStartLoading() {
        forceLoad();
    }
}
```

onCreateLoader()がAddressTaskLoaderを生成すると、AddressTaskLoader側ではonStartLoading()メソッド、loadInBackground()メソッドが実行されます（図10-7）。loadInBackground()に記述したバックグラウンド処理が終わると、呼び出した側のonLoadFinished()メソッドが呼び出されます（リスト10-3 ❷28）。onLoadFinished()には処理結果としてAddressオブジェクトが渡って来るので、ここでUIまわりの更新処理を行ないます。具体的には、TextViewに住所をセットします。

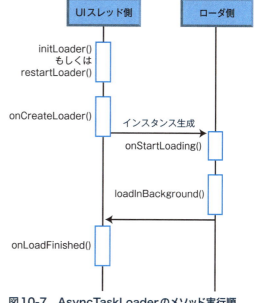

図10-7　AsyncTaskLoaderのメソッド実行順

走行ルートの描画と走行記録の保存

mFirstフラグがtrueでないとき、つまり、位置取得の2回目以降は、drawTrace()メソッドで移動線を描きます（❶19）。LatLngオブジェクトをmRunListに追加して、各点を結んでいくことで、軌跡を描画します。次にsumDistance()メソッドで走行距離を求めます（❶20）。sumDistance()メソッドでは、mRunListの隣同志の座標間の距離をLocationオブジェクトのdistanceBetween()メソッドで求めて、累計します。

❶21のcalcSpeed()メソッドは、トグルボタンがオフになったときに呼び出されます。距離を時間で割って時速を求めています。

そして、saveConfirm()経由で呼び出されるsaveConfirmDialog()で保存するかどうかをたずねるAlertDialog（図10-8）を表示します（❶23）。

SaveConfirmDialogFragmentクラスでは、［OK］ボタンを押したときに、データベースへ走行記録を追加します（リスト10-7）。

図10-8　記録確認のダイアログ

リスト10-7　SaveConfirmDialogFragment.java

```java
package com.example.kanehiro.jogrecord;

import android.app.AlertDialog;
import android.app.Dialog;
import android.app.DialogFragment;
import android.content.DialogInterface;
import android.os.Bundle;

public class SaveConfirmDialogFragment extends DialogFragment {
    private static final String ARG_TITLE = "title";
    private static final String ARG_MESSAGE = "message";

    private int mTitle;
    private String mMessage;

    public static SaveConfirmDialogFragment newInstance(int title, String message) {
        SaveConfirmDialogFragment fragment = new SaveConfirmDialogFragment();
        Bundle args = new Bundle();
        args.putInt(ARG_TITLE, title);
        args.putString(ARG_MESSAGE, message);
        fragment.setArguments(args);
        return fragment;
    }

    @Override
    public Dialog onCreateDialog(Bundle savedInstanceState) {
        if (getArguments() != null) {
            mTitle = getArguments().getInt(ARG_TITLE);
```

10-3 ジョギングの友を作ろう

```java
            mMessage = getArguments().getString(ARG_MESSAGE);
        }
        return new AlertDialog.Builder(getActivity())
            .setTitle(mTitle)
            .setMessage(mMessage)
            .setNegativeButton(R.string.alert_dialog_cancel,
                new DialogInterface.OnClickListener() {
                    @Override
                    public void onClick(DialogInterface dialog, int whichButton) {
                        // do nothing
                    }
                }
            )
            .setPositiveButton(R.string.alert_dialog_ok,
                new DialogInterface.OnClickListener() {
                    @Override
                    public void onClick(DialogInterface dialog, int whichButton) {
                        //((MapsActivity)getActivity()).saveJog();
                        ((MapsActivity)getActivity()).saveJogViaCTP();  ──────────❶
                    }
                }
            )
            .create();
    }
}
```

　コメント化してあるsaveJog()はテーブルに直接レコードを追加するメソッドです。最終的には、コンテンツプロバイダを経由して、テーブルにレコードを追加するsaveJogViaCTP()メソッドを使いますが、直接テーブルにレコードを追加する方法も説明しておきます。

　saveJog()メソッド（リスト10-2❷30）では、まず、ヘルパークラスのgetWritableDatabase()メソッドで書き込み可能なデータベースを取得します。

　そして、先に説明したとおりContentValuesクラスのインスタンスを使って、列名（キー）と値のペアを記憶します。それをinsert文に引数として渡します。

　insert文による追加が終わったら、データベースはdb.close()で閉じます。

　次に、その上にあるコンテンツプロバイダを経由してレコードを登録するsaveJogViaCTP()メソッド（❷29）とsaveJogメソッドを比較してみましょう。簡単にいうと、コンテンツプロバイダを使う場合は、データベースの取得とクローズが不要になります。

　onPause()メソッド（❷24）では、stopLocationUpdates()を呼び出します。

　stopLocationUpdates()メソッド（❷26）では、FusedLocationProviderApiクラスのremoveLocationUpdatesで位置情報の更新を止めます。

　そして、mGoogleApiClientをdisconnect（接続断）します。

　onStop()（❷25）では、自プログラムがWi-Fiを利用不可にしたのであれば、利用可能にしています。というのは、Wi-Fiをオフにした後、オンにすることをつい忘れてしまいがちだからです。

　以上、MapsActivityの処理をざっと説明しました。

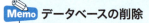

データベースの削除

実機に作成したデータベースを削除したい場合は、［設定］→［アプリケーション管理］で該当のアプリを選び、［データを消去］を実行してください（図A）。
Android 6（Nexus 6P）の場合は、［アプリ情報］の中から、ストレージをタップすると［データを消去］ボタンが表示されます。

図A　［データを消去］でデータベースを削除する

SQLiteデータベースをコンテンツプロバイダとして公開する

次に、SQLiteデータベースをコンテンツプロバイダとして公開する部分を見ていきましょう。

コンテンツプロバイダ（ContentProvider）とは、あるアプリが持っているデータを他のアプリから使えるようにするための仕組みです（図10-9）。たとえば、電話番号やメールアドレスを記録した連絡先を他のアプリから利用することができます。逆に、自分のアプリのデータをコンテンツプロバイダを使って、他のアプリに公開することができます。

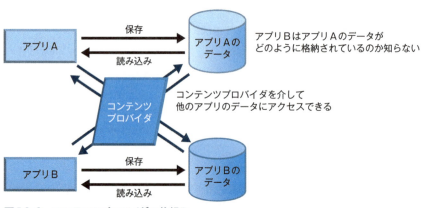

図10-9　コンテンツプロバイダの仕組み

ここでは、SQLite Database → ContentProvider → CursorLoaderという流れで、データベースのデータを非同期に取得することが目的です。だから、他のアプリにはデータを公開しません。他のアプリにデータを公開するか否かはマニフェストファイルのproviderタグのandroid:exported要素で指定することができます。

コンテンツプロバイダでは、

```
content://(authority)/(path)/
```

```
content://(authority)/(path)/(_id)
```

のような形式のコンテンツURI (Uniform Resource Identifier) を受け取り、処理します。authorityの部分にはユニークな名前を付けます。たとえば、com.example.kanehiro_acer.jogrecord.JogRecord ContentProviderのように、「パッケージ名.クラス名」の形式になります。pathの部分はSQLiteの場合はテーブル名になります。_idはレコードの指定です。

では、SQLiteデータベースをコンテンツプロバイダとして公開するJogRecordContentProviderクラスを見ていきましょう (リスト10-8)。

リスト10-8 JogRecordContentProvider.java

```java
package com.example.kanehiro.jogrecord;

import android.content.ContentProvider;
import android.content.ContentValues;
import android.content.UriMatcher;
import android.database.Cursor;
import android.database.sqlite.SQLiteDatabase;
import android.database.sqlite.SQLiteQueryBuilder;
import android.net.Uri;

public class JogRecordContentProvider extends ContentProvider {
    private DatabaseHelper mDbHelper;

    private static final int JOGRECORD = 10;
    private static final int JOGRECORD_ID = 20;
    private static final String AUTHORITY = "com.example.kanehiro.jogrecord.JogRecordContentProvider";

    private static final String BASE_PATH = "jogrecord";
    public static final Uri CONTENT_URI = Uri.parse("content://" + AUTHORITY + "/" + BASE_PATH);

    private static final UriMatcher uriMatcher = new UriMatcher(UriMatcher.NO_MATCH);
    static {
        uriMatcher.addURI(AUTHORITY, BASE_PATH, JOGRECORD); ─────────────────── ❶
        uriMatcher.addURI(AUTHORITY, BASE_PATH + "/#", JOGRECORD_ID); ─────────── ❷
    }
    @Override
```

第10章 ジョギングの友 —— ドロイド君と走ろう

```java
public boolean onCreate() {
    mDbHelper = new DatabaseHelper(getContext());
    return false;
}
@Nullable
@Override
public Cursor query(Uri uri, String[] projection, String selection, String[] selectionArgs,
String sortOrder) {
    SQLiteQueryBuilder queryBuilder = new SQLiteQueryBuilder();

    queryBuilder.setTables(DatabaseHelper.TABLE_JOGRECORD);

    int uriType = uriMatcher.match(uri);
    switch (uriType) {
        case JOGRECORD :
            break;
        case JOGRECORD_ID:
            queryBuilder.appendWhere(DatabaseHelper.COLUMN_ID + "="
                    + uri.getLastPathSegment());
            break;
        default:
            throw new IllegalArgumentException("Unknown URI: " + uri);
    }

    SQLiteDatabase db = mDbHelper.getWritableDatabase();
    Cursor cursor = queryBuilder.query(db, projection, selection,
            selectionArgs, null, null, sortOrder);

    return cursor;
}
@Nullable
@Override
public Uri insert(Uri uri, ContentValues values) {
    int uriType = uriMatcher.match(uri);
    SQLiteDatabase sqlDB = mDbHelper.getWritableDatabase();
    long id = 0;
    switch (uriType) {
        case JOGRECORD:
            id = sqlDB.insert(DatabaseHelper.TABLE_JOGRECORD, null, values);
            break;
        default:
            throw new IllegalArgumentException("Unknown URI: " + uri);
    }
    getContext().getContentResolver().notifyChange(uri, null);
    return Uri.withAppendedPath(uri, String.valueOf(id));
}

@Override
public int delete(Uri uri, String selection, String[] selectionArgs) {
    return 0;
}
```

③
④
⑤
⑥
⑦
⑧

```
    @Nullable
    @Override
    public String getType(Uri uri) {
        return null;
    }
    @Nullable
    @Override
    public int update(Uri uri, ContentValues values, String selection, String[] selectionArgs) {
        return 0;
    }

}
```

　与えられたコンテントURIを判断するために、UriMatcherクラスを使います。UriMatcherの
addURI()メソッドで、まず、パスのパターンを登録します（❶❷）。

　addURI()メソッドの第1引数AUTHORITYは、コンテンツプロバイダを識別するための文字列（com.
example.kanehiro_acer.jogrecord.JogRecordContentProvider）です。

　第2引数はデータの種類を示すパスのパターンです。❷のBASE_PATH + "/#"がレコード指定ありの
パターンです。

　第3引数はパスがコンテントURIとマッチしたときに返す値です。クラスの先頭で定数宣言したint型
のJOGRECORD（=10）とJOGRECORD_ID（=20）を指定しています。

　query()メソッドに進みましょう（❸）。query()メソッドはCursor（カーソル）を返します。SQLite
QueryBuilderクラスでクエリー（問い合わせ）文字列を作っていきます（❹）。setTables()メソッドで
jogrecordテーブルを指定します。

　UriMatcherのmatch()メソッドで与えられたコンテントURIがどのパスとマッチしているかを判断し
ます（❺）。

　JOGRECORD_IDを返した場合は、レコードを選択するためにappendWhere()メソッドでSQLの
WHERE句を追加します（❻）。getLastPathSegment()メソッドは"/"以降のレコードの_id指定を取得し
ます。

　❼でクエリーを発行します。そして、return cursorでカーソルを返します。その下にあるinsert()メ
ソッドでは、SQLiteDatabaseクラスのinsert()メソッドを実行します（❽）。

　ここでもう一度、MapsActivityクラスのsaveJogViaCTP()メソッド（リスト10-2❹29）に戻りま
しょう。

　コンテンツURIとContentValuesを渡して、getContentResolver()でコンテンツリゾルバを介して、
insert()メソッドを実行します。

　コンテンツリゾルバを介することで、他のアプリからでもコンテンツURIがわかれば、コンテンツプロ
バイダにアクセスできるようになるわけです。

コンテンツプロバイダの利用設定

　コンテンツプロバイダを利用できるようにするためには、マニフェストファイル（リスト10-9）に
providerタグを追加します（❶）。

providerタグのname属性には、コンテンツプロバイダのクラス名を指定します。

authorities属性には、コンテンツプロバイダを識別するための文字列、JogRecordContentProviderの定数AUTHORITYの値を指定します。

他のアプリに公開するか否かは、android:exportedの指定でコントロールできます。trueを指定すると外部から使用できますが、falseを指定すると外部からは利用できません。

リスト10-9　AndroidManifest.xml

```xml
<?xml version="1.0" encoding="utf-8"?>
<manifest xmlns:android="http://schemas.android.com/apk/res/android"
    package="com.example.kanehiro.jogrecord">

    <uses-permission android:name="android.permission.INTERNET" />
    <uses-permission android:name="android.permission.ACCESS_NETWORK_STATE" />
    <uses-permission android:name="android.permission.WRITE_EXTERNAL_STORAGE" />
    <uses-permission android:name="com.google.android.providers.gsf.permission.READ_GSERVICES" />

    <uses-permission android:name="android.permission.ACCESS_COARSE_LOCATION" />
    <uses-permission android:name="android.permission.ACCESS_FINE_LOCATION" />

    <!-- WIFIの状態を知り、変更するためのパーミッションを追加する -->
    <uses-permission android:name="android.permission.ACCESS_WIFI_STATE" />
    <uses-permission android:name="android.permission.CHANGE_WIFI_STATE" />

    <application
        android:allowBackup="true"
        android:icon="@mipmap/ic_launcher"
        android:label="@string/app_name"
        android:supportsRtl="true"
        android:theme="@style/AppTheme">

        <meta-data
            android:name="com.google.android.geo.API_KEY"
            android:value="@string/google_maps_key" />

        <activity
            android:name=".MapsActivity"
            android:screenOrientation="portrait"
            android:label="@string/title_activity_maps">
            <intent-filter>
                <action android:name="android.intent.action.MAIN" />

                <category android:name="android.intent.category.LAUNCHER" />
            </intent-filter>
        </activity>
        <activity
            android:name=".JogView"
            android:screenOrientation="landscape" >
            android:label="@string/title_activity_maps">
```

```
        </activity>
        <provider
            android:name="JogRecordContentProvider"
            android:authorities="com.example.kanehiro.jogrecord.JogRecordContentProvider"
            android:exported="false"  >
        </provider>

    </application>

</manifest>
```
❶

コンテンツプロバイダからCursorLoaderで非同期にデータを取得する

図10-10はデータが表示されるまでの流れです。

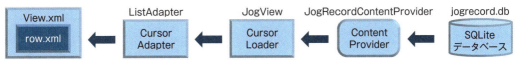

図10-10　データが表示されるまで

Cursorの取得

ListActivityを継承するJogViewクラスでは、LoaderManagerでCursorLoaderを読み込みます（リスト10-10）。

リスト10-10　JogView.java

```
package com.example.kanehiro.jogrecord;

import android.app.ListActivity;
import android.app.LoaderManager;
import android.content.CursorLoader;
import android.content.Loader;
import android.database.Cursor;
import android.os.Bundle;
import android.view.View;
import android.view.View.OnClickListener;
import android.widget.Button;

public class JogView extends ListActivity implements LoaderManager.LoaderCallbacks<Cursor> {
    private static final int CURSORLOADER_ID = 0;
    private ListAdapter mAdapter;
```
❶

第10章　ジョギングの友 ── ドロイド君と走ろう

```java
@Override
public void onCreate(Bundle savedInstanceState) {
    super.onCreate(savedInstanceState);
    setContentView(R.layout.view);

    Button btnView = (Button) this.findViewById(R.id.btnRet);
    btnView.setOnClickListener(new OnClickListener(){
        @Override
        public void onClick(View v) {
            finish();
        }
    });

    mAdapter = new ListAdapter(this, null, 0);
    setListAdapter(mAdapter);

    getLoaderManager().initLoader(CURSORLOADER_ID, null, this);  ─────────────────❷
}
@Override
public Loader<Cursor> onCreateLoader(int id, Bundle args) {
    return new CursorLoader(this, ─────────────────────────────────────────────
            JogRecordContentProvider.CONTENT_URI, null, null, null, "_id DESC");  ─❸
}

@Override
public void onLoadFinished(Loader<Cursor> loader, Cursor cursor) {
    mAdapter.swapCursor(cursor);  ───────────────────────────────────────────────❹
}

@Override
public void onLoaderReset(Loader<Cursor> loader) {
    mAdapter.swapCursor(null);
}
}
```

　CursorLoaderが実行された後の処理を記述するために、LoaderManager.LoaderCallbacksをインプリメントします（❶）。

　onCreate()で、initLoader()メソッドを実行すると（❷）、onCreateLoader()メソッドが呼びされます。

　onCreateLoader()メソッドでは、JogRecordContentProvider.CONTENT_URIとsortOrder（並べ替え）に_id DESC（_idの降順）、つまり、新しいものから表示を指定して、全レコードを取得します（❸）。

　ロードが終わったら、onLoadFinished()で、CursorAdapterのswapCursor()メソッドに取得したcursorを渡して、カーソルを置き換え、リスト表示を更新します（❹）。

ジョギング記録の表示

　データの表示の部分に進みましょう。CursorAdapterを継承するListAdapterクラスについて説明します（リスト10-11）。newView()メソッド（❸）で、row.xmlを使ってCursorのデータを表示するViewを生成します。

10-3 ジョギングの友を作ろう

リスト 10-11 ListAdapter.java

```java
package com.example.kanehiro.jogrecord;

import android.content.Context;
import android.database.Cursor;
import android.view.LayoutInflater;
import android.view.View;
import android.view.ViewGroup;
import android.widget.CursorAdapter;
import android.widget.TextView;

public class ListAdapter extends CursorAdapter {

    public ListAdapter(Context context, Cursor c, int flag) {
        super(context, c, flag);
    }

    @Override
    public void bindView(View view, Context context, Cursor cursor) { ─────────────❶
        // Cursorからデータを取り出す
        int id = cursor.getInt(cursor.getColumnIndexOrThrow(DatabaseHelper.COLUMN_ID));
        String date = cursor.getString(cursor.getColumnIndexOrThrow(DatabaseHelper.COLUMN_DATE));
        String elapsedTime = cursor.getString(cursor.getColumnIndexOrThrow(DatabaseHelper.COLUMN_↵
ELAPSEDTIME));
        double distance = cursor.getDouble(cursor.getColumnIndexOrThrow(DatabaseHelper.COLUMN_↵
DISTANCE));
        double speed = cursor.getDouble(cursor.getColumnIndexOrThrow(DatabaseHelper.COLUMN_SPEED));
        String address = cursor.getString(cursor.getColumnIndexOrThrow(DatabaseHelper.COLUMN_ADDRESS));

        TextView tv_id = (TextView) view.findViewById(R.id._id);
        TextView tv_date = (TextView) view.findViewById(R.id.date);
        TextView tv_elapsed_time = (TextView) view.findViewById(R.id.elapsed_time);
        TextView tv_distance = (TextView) view.findViewById(R.id.distance);
        TextView tv_speed = (TextView) view.findViewById(R.id.speed);
        TextView tv_place = (TextView) view.findViewById(R.id.address);

        tv_id.setText(String.valueOf(id));
        tv_date.setText(date);
        tv_elapsed_time.setText(elapsedTime);
        tv_distance.setText(String.format("%.2f",distance/1000)); ─────────────❷
        tv_speed.setText(String.format("%.2f",speed));
        tv_place.setText(address);
    }
    @Override
    public View newView(Context context, Cursor cursor, ViewGroup viewGroup) { ─────────────❸
        LayoutInflater inflater = (LayoutInflater) context.getSystemService(Context.LAYOUT_INFLATER_↵
SERVICE);
        View view = inflater.inflate(R.layout.row, null);
        return view;
    }
}
```

ジョギングの友 ── ドロイド君と走ろう

そして、bindView()メソッド（❶）で、CursorのデータをViewに連結します。row.xml（リスト10-12）の各ビューにsetText()でcursorから取得した各項目の値をセットしています。distanceとspeedはREAL型なので、フォーマットしています（❷）。

リスト10-12　row.xml

```
<?xml version="1.0" encoding="utf-8"?>
<LinearLayout xmlns:android="http://schemas.android.com/apk/res/android"
    android:layout_width="match_parent"
    android:layout_height="match_parent">
    <TextView
        android:id="@+id/_id"
        android:layout_width="wrap_content"
        android:layout_height="wrap_content"
        />
    <TextView
        android:id="@+id/date"
        android:paddingLeft="10dp"
        android:textSize= "16sp"
        android:layout_width="wrap_content"
        android:layout_height="wrap_content"
        />
    <TextView
        android:id="@+id/elapsed_time"
        android:paddingLeft="10dp"
        android:textSize= "16sp"
        android:layout_width="wrap_content"
        android:layout_height="wrap_content"
        />
    <TextView
        android:text="@string/second"
        android:textSize= "16sp"
        android:layout_width="wrap_content"
        android:layout_height="wrap_content"
        />
    <TextView
        android:id="@+id/distance"
        android:paddingLeft="10dp"
        android:textSize= "16sp"
        android:layout_width="wrap_content"
        android:layout_height="wrap_content"
        />
    <TextView
        android:text="@string/km"
        android:textSize= "16sp"
        android:layout_width="wrap_content"
        android:layout_height="wrap_content"
        />
    <TextView
        android:text="@string/speed"
        android:textSize= "16sp"
        android:paddingLeft="10dp"
```

10-3 ジョギングの友を作ろう

```
            android:layout_width="wrap_content"
            android:layout_height="wrap_content"
            />
        <TextView
            android:id="@+id/speed"
            android:paddingLeft="4dp"
            android:textSize= "16sp"
            android:layout_width="wrap_content"
            android:layout_height="wrap_content"
            />
        <TextView
            android:text="@string/km"
            android:textSize= "16sp"
            android:layout_width="wrap_content"
            android:layout_height="wrap_content"
            />
        <TextView
            android:id="@+id/address"
            android:paddingLeft="10dp"
            android:textSize= "16sp"
            android:layout_width="wrap_content"
            android:layout_height="wrap_content"
            />
    </LinearLayout>
```

　リスト10-13のview.xmlにはListViewを定義し、idをlistとしています。1件もデータがないときに
はTextViewに「表示するデータがありません」と表示したいので（図10-11）、textに@string/emptyを
指定し、idをemptyとしています。

リスト10-13　view.xml

```xml
<?xml version="1.0" encoding="utf-8"?>
<LinearLayout xmlns:android="http://schemas.android.com/apk/res/android"
    android:orientation="vertical"
    android:layout_width="match_parent"
    android:layout_height="match_parent"
    android:paddingLeft="@dimen/activity_horizontal_margin"
    android:paddingRight="@dimen/activity_horizontal_margin"
    android:paddingTop="@dimen/activity_vertical_margin"
    android:paddingBottom="@dimen/activity_vertical_margin">
    <LinearLayout
        android:orientation="horizontal"
        android:layout_width="match_parent"
        android:layout_height="wrap_content">
        <Button
            android:layout_width="wrap_content"
            android:layout_height="wrap_content"
            android:text="@string/ret"
            android:id="@+id/btnRet"
            />
    </LinearLayout>
```

10

339

```xml
    <LinearLayout
        android:orientation="horizontal"
        android:layout_width="match_parent"
        android:layout_height="wrap_content">
        <!-- データ表示用のListView -->
        <ListView
            android:id="@android:id/list"
            android:choiceMode="singleChoice"
            android:layout_width="wrap_content"
            android:layout_height="wrap_content"
            />
        <!-- データが1件もないときに表示するTextView -->
        <TextView
            android:id="@android:id/empty"
            android:layout_width="wrap_content"
            android:layout_height="wrap_content"
            android:text="@string/empty"
            />
    </LinearLayout>

</LinearLayout>
```

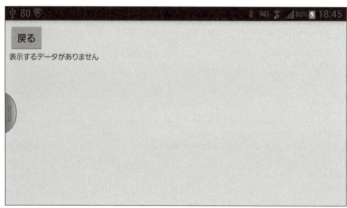

図10-11　1件もデータがないときの表示

第11章

マインドストーム EV3リモコン
── Android端末でロボットを操作しよう

ロボットや家電をスマホでコントロールすることが、一般的になりつつあります。でもロボットや家電との通信／制御には、プリミティブ（原始的）な技術が使われていることが多いようです。そんな世界をのぞいてみると、コンピュータへの理解が少し深まるかもしれません。

第11章 マインドストームEV3リモコン ── Android端末でロボットを操作しよう

11-1 作成するAndroidアプリ

最後に、LEGO MINDSTORMS EV3（以下、マインドストームEV3）で作ったロボットをAndroid端末から操作するアプリを作成してみましょう。

> **Memo　マインドストームEV3**
>
> 　2013年に発売されたマインドストームEV3は第3世代のマインドストームです。第1世代の黄色いRCX、第2世代の白いNXTと比較して、高速なプロセッサARM9を搭載し、メモリ容量もFlash16MBとRAM64MBと格段に増えました。OSはいわゆるLinuxです。そのせいか、起動と終了に時間がかかることが筆者は少し不満です。
> 　4つある出力ポート（A、B、C、D）にはサーボモーターを接続します。また、同様に4つある入力ポート（1、2、3、4）には、各種センサーを接続します。EV3ではカラーセンサーやタッチセンサー、超音波センサー、ジャイロセンサーなどを利用することができます。
> 　外部接続のインターフェイスとしてはUSBとBluetoothが標準で利用できます。プログラムは通常、グラフィカルなプログラミング環境であるEV3ソフトウェアや高級言語のJavaやC言語で作成します。PCで作成したプログラムをUSBケーブルでEV3に転送し、ロボットを自律式に動かします。ロボットは各種センサーで読み取った値をプログラムで判断し、出力ポートにつないだモーターを回して、目的の動作をします。

　ここでは、自律式ではなく、Bluetooth通信を使って、Android端末から、マインドストームEV3で作った車型ロボット"ローバー"（図11-1）をリモコン操作するアプリ（図11-2）を作成します。Android端末からダイレクトにEV3のバイトコードを送ることで、ローバーを操作します。
　Android端末とEV3をペアリングすることで、Android端末からダイレクトにコマンドを発行することができるようになります。

> **ペアリング**
>
> 　2台のBluetooth機器の接続設定を行ない、ペア（Pair）にすることをペアリングと呼びます。

この章で説明すること	
☑ Bluetooth通信	☑ LEGO MINDSTORMS EV3のバイトコード
☑ NumberPicker	☑ Thread（スレッド）

342

11-2 マインドストームEV3リモコンを作ろう

最初に、Android端末から操作するローバー（図11-1）とリモコンアプリ（図11-2）の動作を確認しましょう。

正面

背面

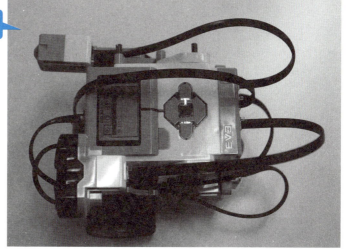
上から見たところ
（Android端末とは未接続の状態）

図11-1　マインドストームEV3
　　　　で作ったローバー

第11章 マインドストームEV3リモコン ── Android端末でロボットを操作しよう

　図11-1のように、出力ポートのポートAとポートCにサーボモーターを接続し、タイヤを回します。A、Cを同時に順方向に回転させるとローバーは前進します。逆転させるとローバーは後退します。

　A、Cいずれかのモーターだけを動かすとローバーは向きを変えます。

　また、EV3のモーターはサーボモーターなので、回転角度を指定して制御することができます。リモコンアプリの［Rotate by degree］ボタンを押したら、Rotationの下にあるNumberPickerで指定した数値に360（度）を掛けて、モーターを回転させます。

　それから、［Rotate by time］ボタンを押したら、指定した秒数モーターを回します。

　入力ポートには、超音波センサー（ポート2）とカラーセンサー（ポート3）、そしてタッチセンサー（ポート4）を接続します。

　2つの目のような超音波センサー（Ultrasonic Sensor）を使うと、センサーの手前に障害物があるとき、障害物までの距離を知ることができます。［Read USonic Sensor］ボタンを押したら、障害物までの距離をcm単位で表示します。

　カラーセンサーは、色を読み取ることもできますが、反射光の強さ読み取って、暗いところにいるか、明るいところにいるかを判断できるため、黒い線を読み取って走るライントレースに使うことができます。ここでは、［Read Color Sensor］ボタンをクリックしたら、下向きに取り付けたカラーセンサーで床の明るさを取得して、パーセンテージで表示するようにします。

　赤い突起のあるタッチセンサーは押されているか（1.0）、押されていないか（0.0）の二値を返します（図11-3）。

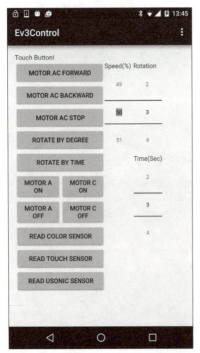

図11-2　「マインドストームEV3リモコン」完成イメージ

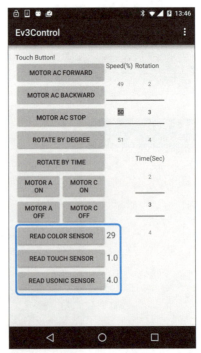

図11-3　壁にぶつかった状態で、センサー値を読み取った

11-2 マインドストームEV3リモコンを作ろう

 プロジェクトの作成

さっそく、表11-1の設定でEV3リモコンプロジェクトを作成します。

表11-1　EV3リモコンプロジェクト

指定した項目	指定した値
Application Name（プロジェクト名）	Ev3Control
Company Domain（組織のドメイン）	kanehiro.example.com
Package Name（パッケージ名）※1	com.example.kanehiro.ev3control
Project location（プロジェクトの保存場所）	C:¥Android¥AndroidStudioProjects¥Ev3Control
Minimum SDK（最小SDK）	API 16 Android 4.1
アクティビティの種類	Empty Activity
Activity Name（アクティビティ名）	MainActivity
Layout Name（レイアウト名）	activity_main

※1　パッケージ名は自動で表示される。

 クラスの構成

このプロジェクトではMainActivityクラスに加えて、4つのクラスを追加します（図11-4）。

参照　クラスの作成手順➡クラスの作成：86ページ

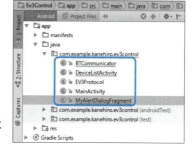

図11-4
MainActivityクラスの他に
4つのクラスを追加する

表11-2　クラスの構成

クラス名	スーパークラス	主な役割	
MainActivity	AppCompatActivity	メインアクティビティ。リモコン操作をする	プロジェクトウィザードで生成
DeviceListActivity	Activity	Bluetoothデバイスをダイアログにリスト表示するアクティビティ	クラスを新規作成
BTCommunicator	Thread	Bluetooth通信を行なう	
MyAlertDialogFragment	DialogFragment	接続できないときにダイアログを表示する	
EV3Protocol	ー	EV3に送るコマンドやパラメータを定義	

EV3をリモコン操作するまではかなり多くの手順が必要になるため、以降で順を追って見ていきましょう。

Memo Android 6.0（SDK23）で削除されたApache HTTP Client

SDK22で非推奨になっていたAndroid HttpClientは、SDK23で削除されました。android.net.http.AndroidHttpClientやorg.apache.httpパッケージがなくなってしまいました。

本章のサンプルにはAndroidHttpClientは関係ありませんが、org.apache.http.utilパッケージのByteArrayBufferクラスを使っていました。クラスをインポートしようとしても、クラスがないのでビルド（build）ができません。

このようなときには、いくつかの対応が考えられます。

● 対応策① よく似た機能のクラスを探す

HttpURLConnectionクラスを使ってHTTP通信を行なうことができます。

● 対応策② クラスのソースコードを利用する

ByteArrayBufferクラスのソースコードはGitHubなどに公開されているので、自分のプロジェクトに取り込んだり、参考にしたりすることができます。ByteArrayBufferクラスのコードは難しくないので、勉強目的なら一度読んでみて、必要な部分だけ自分で書いてみるのも良い経験になるかもしれません。

● 対応策③ それでも使い続けたい

build.gradleにuseLibraryで追加することで、使い続けることもできます。この場合、Android Studioのエディタ上では非推奨であることが取り消し線などで示されます。

ここでは、③の方法を選択します。それには、build.gradleにuseLibraryでorg.apache.http.legacyライブラリを追加します（リストA❶）。

リストA　app/build.gradle

```
apply plugin: 'com.android.application'

android {
    compileSdkVersion 23
    buildToolsVersion "23.0.2"
    useLibrary 'org.apache.http.legacy'                                              ❶
    defaultConfig {
        applicationId "com.example.kanehiro.ev3control"
        minSdkVersion 16
        targetSdkVersion 23
        versionCode 1
        versionName "1.0"
    }
    buildTypes {
        release {
            minifyEnabled false
            proguardFiles getDefaultProguardFile('proguard-android.txt'), 'proguard-rules.pro'
        }
    }
}

dependencies {
    compile fileTree(dir: 'libs', include: ['*.jar'])
    testCompile 'junit:junit:4.12'
    compile 'com.android.support:appcompat-v7:23.+'
}
```

11-3 EV3とのBluetooth通信

Android端末とマインドストームEV3間のBluetooth通信を確立するところから始めましょう。

 Bluetooth通信の利用設定

まず、マニフェストファイルで、Bluetooth通信を使うために必要な設定を行ないます（リスト11-1）。

リスト11-1　Ev3ControlのAndroidManifest.xml

```xml
<?xml version="1.0" encoding="utf-8"?>
<manifest xmlns:android="http://schemas.android.com/apk/res/android"
    package="com.example.kanehiro.ev3control">
    <uses-permission android:name="android.permission.BLUETOOTH" />　――❶
    <uses-permission android:name="android.permission.BLUETOOTH_ADMIN" />　――❷
    <uses-feature android:name="android.hardware.bluetooth" />　――❸

    <application
        android:allowBackup="true"
        android:icon="@mipmap/ic_launcher"
        android:label="@string/app_name"
        android:supportsRtl="true"
        android:theme="@style/AppTheme">
        <activity android:name=".MainActivity"　――❹
            android:screenOrientation="portrait">
            <intent-filter>
                <action android:name="android.intent.action.MAIN" />

                <category android:name="android.intent.category.LAUNCHER" />
            </intent-filter>
        </activity>
        <activity android:name=".DeviceListActivity"　――❺
            android:screenOrientation="portrait"
            android:label="@string/select_device"
            android:theme="@android:style/Theme.Dialog">　――❻
        </activity>
    </application>

</manifest>
```

❶のandroid.permission.BLUETOOTHは、ペアリングしたBluetoothデバイスとの通信を許可します。Bluetooth機器を検索し、ペアリングする許可を与えるには、❷のandroid.permission.BLUETOOTH_ADMINのパーミッションも必要です。

また、タブレットの一部はBluetooth機能がないので、❸のuses-featureでBluetooth機能のない機

種をインストールの対象外にします。

　マニフェストファイルにアクティビティ（activity）として、MainActivityとDeviceListActivityを指定していますが（❹❺）、この他にも先の表11-2のようにBluetooth通信を受け持つBTCommunicatorクラスとダイアログを表示するMyAlertDialogFragmentクラス、EV3に送信するコマンドやパラメータを定義したEV3Protocolクラスを作成します。

　それらのコマンドを使いやすくするために、BTCommunicatorクラスはThreadを継承するだけでなく、EV3Protocolをインプリメントします。

Bluetoothの確認と有効化

　Bluetooth通信を始めるにあたって、まずやるべきことは、Android端末がBluetoothに対応しているかどうかを確認することです。

　対応しているときは、Android端末のBluetoothの設定が有効であるかどうかを確認します。もし、有効でないときはACTION_REQUEST_ENABLEインテントを発行して、有効化します。

　これが図11-5の❸**Android端末側の設定**の部分です。プログラムコードはMainActivity.javaに記述します（リスト11-2）。

リスト11-2　MainActivity.java

```
package com.example.kanehiro.ev3control;

import android.app.Activity;
import android.app.DialogFragment;
import android.app.ProgressDialog;
import android.bluetooth.BluetoothAdapter;
import android.content.Intent;
import android.os.Bundle;
import android.os.Handler;
import android.os.Message;
import android.support.v7.app.AppCompatActivity;
import android.util.Log;
import android.view.Menu;
import android.view.MenuItem;
import android.view.View;
import android.view.WindowManager;
import android.widget.Button;
import android.widget.NumberPicker;
import android.widget.TextView;
import android.widget.Toast;

public class MainActivity extends AppCompatActivity implements View.OnClickListener {
    private static final int REQUEST_CONNECT_DEVICE = 1000; // 識別用
    private static final int REQUEST_ENABLE_BT = 2000;
    public static final int MENU_TOGGLE_CONNECT = Menu.FIRST;
    public static final int MENU_QUIT = Menu.FIRST + 1;
    public static final int COLOR_SENSOR_PORT = 3 - 1;
```

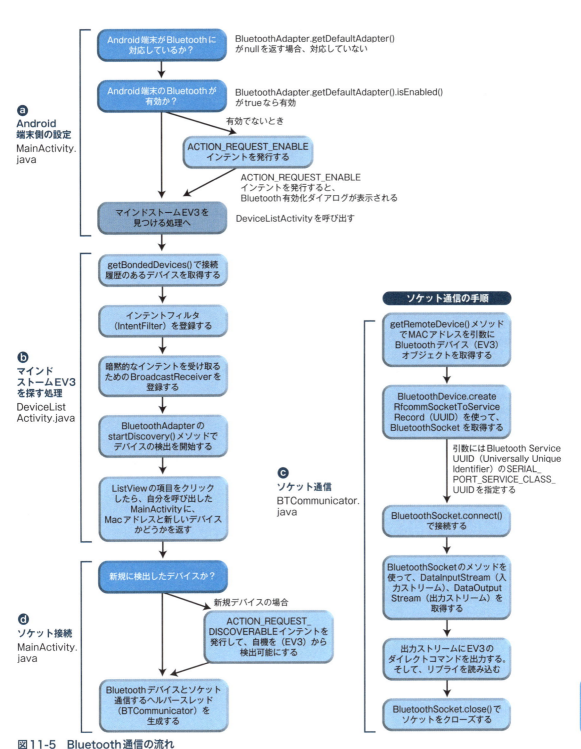

図11-5　Bluetooth通信の流れ

第11章 マインドストームEV3リモコン —— Android端末でロボットを操作しよう

```java
public static final int TOUCH_SENSOR_PORT = 4 - 1;
public static final int USONIC_SENSOR_PORT = 2 - 1;

boolean newDevice;
private ProgressDialog connectingProgressDialog;
private boolean connected = false;
private boolean bt_error_pending = false;
private Handler btcHandler;
private BTCommunicator myBTCommunicator = null;

private Toast mLongToast;
private Toast mShortToast;

@Override
protected void onCreate(Bundle savedInstanceState) {
    super.onCreate(savedInstanceState);
    setContentView(R.layout.activity_main);
    getWindow().addFlags(WindowManager.LayoutParams.FLAG_KEEP_SCREEN_ON);

    mLongToast = Toast.makeText(this, "", Toast.LENGTH_LONG);
    mShortToast = Toast.makeText(this, "", Toast.LENGTH_SHORT);

    Button motorACon = (Button)findViewById(R.id.motorACon);
    motorACon.setOnClickListener(this);
    Button motorACback = (Button)findViewById(R.id.motorACback);
    motorACback.setOnClickListener(this);
    Button motorACoff = (Button)findViewById(R.id.motorACoff);
    motorACoff.setOnClickListener(this);

    Button motorAon = (Button)findViewById(R.id.motorAon);
    motorAon.setOnClickListener(this);
    Button motorAoff = (Button)findViewById(R.id.motorAoff);
    motorAoff.setOnClickListener(this);

    Button motorCon = (Button)findViewById(R.id.motorCon);
    motorCon.setOnClickListener(this);
    Button motorCoff = (Button)findViewById(R.id.motorCoff);
    motorCoff.setOnClickListener(this);

    Button readColorSensor = (Button)findViewById(R.id.readColorSensor);
    readColorSensor.setOnClickListener(this);
    Button readTouchSensor = (Button)findViewById(R.id.readTouchSensor);
    readTouchSensor.setOnClickListener(this);
    Button readUSonicSensor = (Button)findViewById(R.id.readUltrasonicSensor);
    readUSonicSensor.setOnClickListener(this);

    Button rotateByDegree = (Button)findViewById(R.id.rotatebydegree);
    rotateByDegree.setOnClickListener(this);
    Button rotateByTime = (Button)findViewById(R.id.rotatebytime);
    rotateByTime.setOnClickListener(this);

    NumberPicker speedPicker = (NumberPicker)findViewById(R.id.speedPicker);  ───── ⓐ1
    speedPicker.setMaxValue(100);
```

11-3 EV3との Bluetooth 通信

```java
        speedPicker.setMinValue(0);
        speedPicker.setValue(50);
        NumberPicker degreePicker = (NumberPicker)findViewById(R.id.degreePicker);
        degreePicker.setMaxValue(10);
        degreePicker.setMinValue(0);
        degreePicker.setValue(3);
        NumberPicker timePicker = (NumberPicker)findViewById(R.id.timePicker);
        timePicker.setMaxValue(10);
        timePicker.setMinValue(0);
        timePicker.setValue(3);
    }
    @Override
    protected void onStart() {
        super.onStart();

        if(!BluetoothAdapter.getDefaultAdapter().equals(null)){  ──────────────────●2
            // Bluetooth対応端末の場合の処理
            Log.v("Bluetooth", "Bluetooth is supported");
        }else{
            // Bluetooth非対応端末の場合の処理
            Log.v("Bluetooth","Bluetooth is not supported");
            finish();
        }
        if (!BluetoothAdapter.getDefaultAdapter().isEnabled()) {  ──────────────────●3
            showToastShort(getResources().getString(R.string.wait_till_bt_on));
            // Bluetooth有効化ダイアログを表示
            Intent enableIntent = new Intent(BluetoothAdapter.ACTION_REQUEST_ENABLE);
            startActivityForResult(enableIntent, REQUEST_ENABLE_BT);  ──────────────●4

        } else {
            Log.v("Bluetooth","Bluetooth is On");
            selectEV3();  ─────────────────────────────────────────────────────────●5
        }
    }
    @Override
    public void onActivityResult(int requestCode, int resultCode, Intent data) {  ─●6
        switch (requestCode) {
            case REQUEST_CONNECT_DEVICE:

                if (resultCode == Activity.RESULT_OK) {
                    String address = data.getExtras().getString(DeviceListActivity.EXTRA_DEVICE_⤶
ADDRESS);  ─────────────────────────────────────────────────────────────────────●7
                    newDevice = data.getExtras().getBoolean(DeviceListActivity.PAIRING);
                    if (newDevice == true) {
                        enDiscoverable();
                    }
                    startBTCommunicator(address);  ───────────────────────────────●8
                }
                break;
            case REQUEST_ENABLE_BT:  ─────────────────────────────────────────────●9

                switch (resultCode) {
                    case Activity.RESULT_OK:  ────────────────────────────────────●10
```

```
                    selectEV3();
                    break;
                case Activity.RESULT_CANCELED:
                    showToastShort(getResources().getString(R.string.bt_needs_to_be_enabled));
                    finish();
                    break;
                default:
                    showToastShort(getResources().getString(R.string.problem_at_connecting));
                    finish();
                    break;
            }
        }
    }
    public void startBTCommunicator(String mac_address) {                          ⓐ11

        connectingProgressDialog = ProgressDialog.show(this, "", getResources().getString(R.string.↵
connecting_please_wait), true);

        if (myBTCommunicator == null) {
            createBTCommunicator();
        }

        switch (((Thread) myBTCommunicator).getState()) {                          ⓐ12
            case NEW:
                myBTCommunicator.setMACAddress(mac_address);
                myBTCommunicator.start();
                break;
            default:
                connected=false;
                myBTCommunicator = null;
                createBTCommunicator();
                myBTCommunicator.setMACAddress(mac_address);
                myBTCommunicator.start();
                break;
        }
        // optionMenuの更新
        updateButtonsAndMenu();
    }
    // BTCommunicatorからmessagesを受け取る
    final Handler myHandler = new Handler() {                                      ⓐ13
        @Override
        public void handleMessage(Message myMessage) {
            switch (myMessage.getData().getInt("message")) {
                case BTCommunicator.STATE_CONNECTED:
                    connected = true;
                    connectingProgressDialog.dismiss();
                    // optionMenu
                    updateButtonsAndMenu();
                    // 接続の音を鳴らす
                    startTone();
                    // 接続した
                    showToastLong(getResources().getString(R.string.connected));
                    showPicture();
```

11-3 EV3とのBluetooth通信

```java
                            break;
                    case BTCommunicator.STATE_CONNECTERROR:
                            connectingProgressDialog.dismiss();
                            break;
                    case BTCommunicator.READED_COLOR:
                            int light = myMessage.getData().getInt("value1");
                            TextView textColor = (TextView)findViewById(R.id.textColor);
                            textColor.setText(""+ light);
                            break;
                    case BTCommunicator.READED_TOUCH:
                            float touch = myMessage.getData().getFloat("value1");
                            TextView textTouch = (TextView)findViewById(R.id.textTouch);
                            textTouch.setText(String.format("%.1f", touch));
                            break;
                    case BTCommunicator.READED_USONIC:
                            float ultrasonic = myMessage.getData().getFloat("value1");
                            TextView textUSonic = (TextView)findViewById(R.id.textUSonic);
                            textUSonic.setText(String.format("%.1f", ultrasonic));
                            break;

                    case BTCommunicator.STATE_RECEIVEERROR:
                    case BTCommunicator.STATE_SENDERROR:
                            destroyBTCommunicator();

                            if (bt_error_pending == false) {
                                bt_error_pending = true;
                                DialogFragment newFragment = MyAlertDialogFragment.newInstance(
                                        R.string.bt_error_dialog_title, R.string.bt_error_dialog_⏎
message);
                                newFragment.show(getFragmentManager(), "dialog");
                            }

                            break;
                }
            }
        };
    public void doPositiveClick() {
        bt_error_pending = false;
        selectEV3();
    }

    public void createBTCommunicator() {
        myBTCommunicator = new BTCommunicator(this, myHandler, BluetoothAdapter.getDefault⏎
Adapter());
        btcHandler = myBTCommunicator.getHandler();
    }

    private void enDiscoverable() {
        Intent discoverableIntent = new Intent(BluetoothAdapter.ACTION_REQUEST_DISCOVERABLE);
        discoverableIntent.putExtra(BluetoothAdapter.EXTRA_DISCOVERABLE_DURATION, 120);
        startActivity(discoverableIntent);
    }
    public void destroyBTCommunicator() {
```

ⓐ14

ⓐ15

ⓐ16

ⓐ17

第11章 マインドストームEV3リモコン —— Android端末でロボットを操作しよう

```java
        if (myBTCommunicator != null) {
            sendBTCmessage(BTCommunicator.NO_DELAY, BTCommunicator.DISCONNECT);
            myBTCommunicator = null;
        }

        connected = false;
    }
    public void sendBTCmessage(int delay, int message) {                          ⓐ18
        Bundle myBundle = new Bundle();
        myBundle.putInt("message", message);
        Message myMessage = myHandler.obtainMessage();
        myMessage.setData(myBundle);

        if (delay == 0)
            btcHandler.sendMessage(myMessage);

        else
            btcHandler.sendMessageDelayed(myMessage, delay);
    }
    public void sendBTCmessage(int delay, int message, int value1) {              ⓐ19
        Bundle myBundle = new Bundle();
        myBundle.putInt("message", message);
        myBundle.putInt("value1", value1);
        Message myMessage = myHandler.obtainMessage();
        myMessage.setData(myBundle);

        if (delay == 0)
            btcHandler.sendMessage(myMessage);

        else
            btcHandler.sendMessageDelayed(myMessage, delay);
    }

    public void sendBTCmessage(int delay, int message, int value1, int value2) {  ⓐ20
        Bundle myBundle = new Bundle();
        myBundle.putInt("message", message);
        myBundle.putInt("value1", value1);
        myBundle.putInt("value2", value2);
        Message myMessage = myHandler.obtainMessage();
        myMessage.setData(myBundle);

        if (delay == 0)
            btcHandler.sendMessage(myMessage);

        else
            btcHandler.sendMessageDelayed(myMessage, delay);
    }

    private void selectEV3() {
        Intent serverIntent = new Intent(this, DeviceListActivity.class);
        startActivityForResult(serverIntent, REQUEST_CONNECT_DEVICE);             ⓐ21
    }
```

354

11-3 EV3とのBluetooth通信

```java
@Override
public void onClick(View v) {                                              22
    NumberPicker speedPicker = (NumberPicker)findViewById(R.id.speedPicker);
    int speed = speedPicker.getValue();
    NumberPicker degreePicker = (NumberPicker)findViewById(R.id.degreePicker);
    int degree = degreePicker.getValue();
    NumberPicker timePicker = (NumberPicker)findViewById(R.id.timePicker);
    int time = timePicker.getValue();

    switch (v.getId()) {
        case R.id.motorACon:
            goForward(speed);
            break;
        case R.id.motorACback:
            goBackward(speed);
            break;
        case R.id.motorACoff:
            stopMove();
            break;
        case R.id.motorAon:
            motorAon(speed);
            break;
        case R.id.motorAoff:
            motorAoff();
            break;
        case R.id.motorCon:
            motorCon(speed);
            break;
        case R.id.motorCoff:
            motorCoff();
            break;
        case R.id.rotatebydegree:
            rotateByDegree(speed, degree);
            break;
        case R.id.rotatebytime:
            rotateByTime(speed,time);
            break;
        case R.id.readColorSensor:
            readColorSensor(COLOR_SENSOR_PORT);
            break;
        case R.id.readTouchSensor:
            readTouchSensor(TOUCH_SENSOR_PORT);
            break;
        case R.id.readUltrasonicSensor:
            readUltrasonicSensor(USONIC_SENSOR_PORT);
            break;
    }

}

private Menu myMenu;
```

```java
    @Override
    public boolean onCreateOptionsMenu(Menu menu) {                                    ⓐ23
        myMenu = menu;
        myMenu.add(0, MENU_QUIT, 2, getResources().getString(R.string.quit));

        updateButtonsAndMenu();
        return true;
    }


    @Override
    protected void onStop() {                                                          ⓐ24
        super.onStop();
        // 切断し忘れの対処
        destroyBTCommunicator();
    }


    @Override
    public boolean onOptionsItemSelected(MenuItem item) {                              ⓐ25
        switch (item.getItemId()) {
            case MENU_TOGGLE_CONNECT:
                if (myBTCommunicator == null || connected == false) {
                    selectEV3();
                } else {
                    endTone();
                    destroyBTCommunicator();
                    updateButtonsAndMenu();
                }
                return true;
            case MENU_QUIT:
                endTone();
                destroyBTCommunicator();
                finish();
                return true;
        }
        return false;
    }
    private void updateButtonsAndMenu() {                                              ⓐ26
        if (myMenu == null) return;
        myMenu.removeItem(MENU_TOGGLE_CONNECT);

        if (connected) {
            myMenu.add(0, MENU_TOGGLE_CONNECT, 1, getResources().getString(R.string.disconnect));
        } else {
            myMenu.add(0, MENU_TOGGLE_CONNECT, 1, getResources().getString(R.string.connect));
        }
    }
    private void startTone() {                                                         ⓐ27
        playTone(1319, 500);     // E
        playTone(1568, 500);     // G
        playTone(1760, 500);     // A
    }
```

11-3 EV3とのBluetooth通信

```java
private void endTone() {                                                        ⓐ28
    if (connected) {
        playTone(1568, 1000);
        playTone(1319, 500);
    }
}
private void playTone(int frequency, int duration){
    sendBTCmessage(BTCommunicator.NO_DELAY, BTCommunicator.PLAYTONE,frequency, duration);   ⓐ29
}
private void showPicture(){
    sendBTCmessage(BTCommunicator.NO_DELAY, BTCommunicator.SHOWPICTURE);
}
private void stopMove(){
    sendBTCmessage(BTCommunicator.NO_DELAY, BTCommunicator.STOP_MOVE);
}
private void goForward(int speed){
    sendBTCmessage(BTCommunicator.NO_DELAY, BTCommunicator.GO_FORWARD,speed);   ⓐ30
}
private void goBackward(int speed){
    sendBTCmessage(BTCommunicator.NO_DELAY, BTCommunicator.GO_BACKWARD,speed);
}
private void motorAon(int speed){
    sendBTCmessage(BTCommunicator.NO_DELAY, BTCommunicator.ROTATE_MOTOR_A,speed);
}
private void motorAoff(){
    sendBTCmessage(BTCommunicator.NO_DELAY, BTCommunicator.STOP_MOTOR_A);
}
private void motorCon(int speed){
    sendBTCmessage(BTCommunicator.NO_DELAY, BTCommunicator.ROTATE_MOTOR_C,speed);
}
private void motorCoff(){
    sendBTCmessage(BTCommunicator.NO_DELAY, BTCommunicator.STOP_MOTOR_C);
}
private void rotateByDegree(int speed,int degree){
    sendBTCmessage(BTCommunicator.NO_DELAY, BTCommunicator.GO_FORWARD_DEGREE,speed,degree);
}
private void rotateByTime(int speed,int time){
    sendBTCmessage(BTCommunicator.NO_DELAY, BTCommunicator.GO_FORWARD_TIME,speed,time);
}
private void readColorSensor(int port){
    sendBTCmessage(BTCommunicator.NO_DELAY, BTCommunicator.READ_COLOR_SENSOR,port);
}
private void readTouchSensor(int port){
    sendBTCmessage(BTCommunicator.NO_DELAY, BTCommunicator.READ_TOUCH_SENSOR,port);
}
private void readUltrasonicSensor(int port){
    sendBTCmessage(BTCommunicator.NO_DELAY, BTCommunicator.READ_USONIC_SENSOR,port);
}
private void showToastShort(String textToShow) {
    mShortToast.setText(textToShow);
```

```
        mShortToast.show();
    }
    private void showToastLong(String textToShow) {
        mLongToast.setText(textToShow);
        mLongToast.show();
    }

}
```

onStart()メソッドで、BluetoothAdapter.getDefaultAdapter()メソッドを実行しています（❶2）。このメソッドの戻り値がnullなら、Bluetoothがサポートされていないと判断できます。その場合はfinish()でアクティビティを終了します。

サポートされているときは、BluetoothAdapterのisEnabled()でBluetoothが有効かどうかを確認します（❶3）。

このメソッドがfalseを返した場合はBluetoothは無効です。Bluetoothを有効にするには、ACTION_REQUEST_ENABLEアクションインテントを使用して、startActivityForResult()を呼び出します（❶4）。すると、端末の設定でBluetoothがオフになっているときは、Bluetooth有効化のダイアログ（図11-6）が表示されます。

else側の処理はBluetoothがONになっていた場合の処理で、selectEV3()メソッドを呼び出します（❶5）。

selectEV3()メソッドでは、DeviceListActivityクラスをstartActivityForResult()メソッドで呼び出します（❶21）。

selectEV3()メソッドを呼び出しているところはもう一箇所あります。startActivityForResult()メソッドは結果コードを返すので、onActivityResult()メソッドでリクエストコードとリザルト（結果）コードにより処理を分岐します。

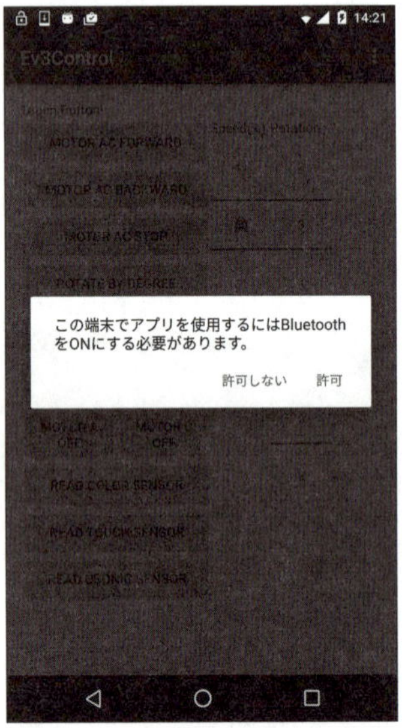

リクエストコードがREQUEST_ENABLE_BT（❶9）で、結果コードがRESULT_OKなら（❶10）、Bluetoothが有効になったということなので、最初から有効になっている場合と同じようにselectEV3()メソッドを呼び出します。

**図11-6　Bluetooth 有効化の
ダイアログ**

接続可能なデバイスの検出と一覧表示

selectEV3()メソッドではDeviceListActivityアクティビティを呼び出します。

図11-5の❺**マインドストームEV3を探す処理**を開始するわけです。

DeviceListActivityの処理は接続可能なマインドストームEV3をリストに一覧表示することですが、それにはまず、Android端末から見て、Bluetoothデバイスを2種類に分けて考えます。一方は、接続履歴のあるデバイス情報の取得であり、もう一方は接続したことのないデバイスの検出です。

一度ペアになったデバイスのデバイス名やMACアドレスは、BluetoothAdapterが覚えているので、

●11-3 EV3とのBluetooth通信

BluetoothAdapterのgetBondedDevices()メソッドで取得します。

　接続したことのないデバイスは、BroadcastReceiverを登録して、暗黙的なインテントを受け取って取得します。

　ListViewの項目をクリックしたら（つまり、マインドストームEV3を選択したら）、次の処理に進んでいきます。

一覧表示用レイアウトの定義

　DeviceListActivityアクティビティは、Bluetoothデバイスを画面レイアウトactivity_device_list.xml（リスト11-3）を使って一覧表示します。

　values/strings.xml（リスト11-4）には表示用の文字列を記述しています。

リスト11-3　activity_device_list.xml

```
<LinearLayout xmlns:android="http://schemas.android.com/apk/res/android"
    android:orientation="vertical"
    android:layout_width="match_parent"
    android:layout_height="wrap_content"
    >
    <!-- invisibleは消えるが, goneはなくなる -->
    <TextView android:id="@+id/title_paired_devices" ─────────────────❶
        android:layout_width="match_parent"
        android:layout_height="wrap_content"
        android:text="@string/title_paired_devices" ─────────────────❷
        android:visibility="gone" ─────────────────❸
        android:background="#666"
        android:textColor="#fff"
        android:paddingLeft="5dp"
        />
    <ListView android:id="@+id/paired_devices" ─────────────────❹
        android:layout_width="match_parent"
        android:layout_height="wrap_content"
        android:stackFromBottom="true"
        android:layout_weight="1"
        android:background="@android:color/white"
        />
    <TextView android:id="@+id/title_new_devices" ─────────────────❺
        android:layout_width="match_parent"
        android:layout_height="wrap_content"
        android:text="@string/title_other_devices" ─────────────────❻
        android:visibility="gone" ─────────────────❼
        android:background="#666"
        android:textColor="#fff"
        android:paddingLeft="5dp"
        />
    <ListView android:id="@+id/new_devices" ─────────────────❽
        android:layout_width="match_parent"
        android:layout_height="wrap_content"
        android:stackFromBottom="true"
        android:layout_weight="2"
```

```
        android:background="@android:color/white"
        />
    <Button android:id="@+id/button_scan"                                              ⑨
        android:layout_width="match_parent"
        android:layout_height="wrap_content"
        android:text="@string/button_scan"
        />
</LinearLayout>
```

リスト11-4　strings.xml

```
<resources>

    <string name="app_name">Ev3Control</string>
    <string name="touch_button">Touch Button!</string>
    <string name="action_settings">Settings</string>
    <string name="wait_till_bt_on">Bluetoothを有効にします</string>
    <string name="bt_needs_to_be_enabled">Bluetoothを有効にする必要があります</string>
    <string name="problem_at_connecting">Bluetoothが接続を開始できません</string>
    <string name="select_device">デバイスを選択</string>
    <string name="title_paired_devices">接続履歴のあるEV3</string>
    <string name="title_other_devices">その他のデバイス</string>
    <string name="button_scan">デバイスをスキャン</string>
    <string name="none_paired">接続履歴のある機器はありません</string>
    <string name="none_found">デバイスが見つかりません</string>
    <string name="scanning">スキャン中</string>
    <string name="connecting_please_wait">接続中です ¥nしばらくお待ちください</string>
    <string name="pairing_message">ペアリングしてから，接続してください</string>
    <string name="current_position">現在位置：</string>
    <string name="no_paired_ev3">ペアリングされたEV3がありません</string>
    <string name="bt_error_dialog_title">Bluetoothエラー</string>
    <string name="bt_error_dialog_message">ロボットに接続できません</string>
    <string name="problem_at_closing">接続を閉じるときに問題が発生しました</string>
    <string name="connect">Connect</string>
    <string name="disconnect">Disconnect</string>
    <string name="quit">Quit</string>
    <string name="connected">接続しました</string>
    <string name="title_activity_device_list">DeviceListActivity</string>
    <string name="motorACon">Motor AC Forward</string>
    <string name="motorACback">Motor AC Backward</string>
    <string name="motorACoff">Motor AC Stop</string>
    <string name="motorAon">Motor A On</string>
    <string name="motorAoff">Motor A Off</string>
    <string name="motorCon">Motor C On</string>
    <string name="motorCoff">Motor C Off</string>
    <string name="speed">Speed(%)</string>
    <string name="rotatebydegree">Rotate by degree</string>
    <string name="rotatebytime">Rotate by time</string>
    <string name="degree">Rotation</string>
    <string name="time">Time(Sec)</string>
    <string name="readColorSensor">Read Color Sensor</string>
    <string name="readTouchSensor">Read Touch Sensor</string>
```

```
    <string name="readUltrasonicSensor">Read USonic Sensor</string>

</resources>
```

　activity_device_list.xmlには、まずTextView（❶）があり、表示するtextには@string/title_paired_devicesを指定しています（❷）。strings.xmlに記述したtitle_paired_devicesの値は「接続履歴のあるEV3」です。

　次のListViewに接続履歴のあるデバイス情報をリストします（❹）。ListViewは、複数の項目を一覧表示するためViewで、表示する項目はListAdapterインターフェイスを実装したクラスを使って別途準備します。

　ListViewは、その内部にレイアウトを持ちます。それが、device_name.xml（リスト11-5）です。これがListView内の一項目のレイアウトを担当するわけです。

リスト11-5　device_name.xml

```
<TextView xmlns:android="http://schemas.android.com/apk/res/android"
    android:layout_width="match_parent"
    android:layout_height="wrap_content"
    android:textSize="18sp"
    android:padding="5dp"
 />
```

　device_name.xmlにはTextViewが1つ定義してあり、取得したBluetoothデバイスの個々の名前とアドレスを表示します。ListViewはそれを一覧表示するわけです。

　リスト11-3のactivity_device_list.xmlに戻りましょう。このListViewの下のTextViewに表示される@string/title_other_devicesの値は「その他のデバイス」です（❻）。

> **Memo** android:visibilityの"gone"
>
> 　activity_device_list.xmlの2つのTextViewには、android:visibility="gone"とコンポーネントの表示属性が指定されています（リスト11-3❸と❼）。
> 　visibilityにはvisible、invisible、goneの3種類の属性を指定することができますが、invisibleとgoneの違いはなんでしょうか。
> 　invisibleはそこに存在するけれど見えない状態です。つまり、その部分に空白の領域ができるわけです。goneは存在自体がなくなってしまいます。もともとの領域は詰まってしまうわけです。

　「その他のデバイス」と表示したTextView（❻）の下のListView（❽）には、新たに検出した接続履歴のないデバイスを表示します。このListViewも内部にはdevice_name.xmlをレイアウトとして持ちます。

　activity_device_list.xmlの最後には、ボタンがあります（❾）。このボタンのtextは「デバイスをスキャン」です。

マインドストームEV3リモコン ── Android端末でロボットを操作しよう

接続履歴のあるマインドストームEV3がない状態のDevice ListActivityアクティビティの表示は図11-7のようになります。

［デバイスをスキャン］ボタンをタップすると、新たなデバイスの検出を開始します。なぜDeviceListActivityアクティビティが、ダイアログ上に表示されているかというと、AndroidManifest.xmlでandroid:theme属性に"@android:style/Theme.Dialog"と指定しているからです（リスト11-1❻）。

図11-7
接続履歴のあるデバイスが
ないとき

DeviceListActivityによるデバイスの検出

では、DeviceListActivityアクティビティの内容を順に見ていきましょう（リスト11-6）。

リスト11-6　DeviceListActivity.java

```
package com.example.kanehiro.ev3control;

import android.app.Activity;
import android.bluetooth.BluetoothAdapter;
import android.bluetooth.BluetoothDevice;
import android.content.BroadcastReceiver;
import android.content.Context;
import android.content.Intent;
import android.content.IntentFilter;
import android.os.Bundle;
import android.util.Log;
import android.view.View;
import android.view.Window;
import android.widget.AdapterView;
import android.widget.ArrayAdapter;
import android.widget.Button;
import android.widget.ListView;
import android.widget.TextView;

import java.util.Set;

public class DeviceListActivity extends Activity {

    static final String PAIRING = "pairing";
```

11-3　EV3とのBluetooth通信

```java
private static final String TAG = "DeviceListActivity";
// this is the only OUI registered by LEGO
public static final String OUI_LEGO = "00:16:53";
public static String EXTRA_DEVICE_ADDRESS = "device_address";

private BluetoothAdapter mBtAdapter;
private ArrayAdapter<String> mPairedDevicesArrayAdapter;
private ArrayAdapter<String> mNewDevicesArrayAdapter;

@Override
protected void onCreate(Bundle savedInstanceState) {
    super.onCreate(savedInstanceState);

    // アクションバーにProgressアイコンを表示させる
    requestWindowFeature(Window.FEATURE_INDETERMINATE_PROGRESS); ────────────────ⓑ1
    setContentView(R.layout.activity_device_list);

    setResult(Activity.RESULT_CANCELED); ──────────────────────────ⓑ2
    // RESULT_CANCELED Value: 0(0x00000000)
    // RESULT_OK Value: -1 (0xffffffff)

    // デバイスをスキャンボタンが押されたときの処理
    Button scanButton = (Button) findViewById(R.id.button_scan); ─────────────ⓑ3
    scanButton.setOnClickListener(new View.OnClickListener() {
        @Override
        public void onClick(View v) {
            // デバイスをスキャンする処理
            doDiscovery();
            v.setVisibility(View.GONE);
        }
    });

    mPairedDevicesArrayAdapter = new ArrayAdapter<String>(this, R.layout.device_name); ──ⓑ4
    mNewDevicesArrayAdapter = new ArrayAdapter<String>(this, R.layout.device_name); ───ⓑ5

    ListView pairedListView = (ListView) findViewById(R.id.paired_devices);
    pairedListView.setAdapter(mPairedDevicesArrayAdapter);
    pairedListView.setOnItemClickListener(mDeviceClickListener);

    ListView newDevicesListView = (ListView) findViewById(R.id.new_devices);
    newDevicesListView.setAdapter(mNewDevicesArrayAdapter);
    newDevicesListView.setOnItemClickListener(mDeviceClickListener);

    IntentFilter filter = new IntentFilter(); ─────────────────────ⓑ6
    filter.addAction(BluetoothDevice.ACTION_FOUND);
    filter.addAction(BluetoothDevice.ACTION_NAME_CHANGED);
    filter.addAction(BluetoothAdapter.ACTION_DISCOVERY_FINISHED);
    this.registerReceiver(mReceiver, filter);

    mBtAdapter = BluetoothAdapter.getDefaultAdapter(); ──────────────────ⓑ7

    Set<BluetoothDevice> pairedDevices = mBtAdapter.getBondedDevices(); ──────────ⓑ8

    boolean legoDevicesFound = false;
```

11

```
        if (pairedDevices.size() > 0) {                                                    ⓑ9
            findViewById(R.id.title_paired_devices).setVisibility(View.VISIBLE);
            for (BluetoothDevice device : pairedDevices) {
                // OUI registered by LEGO
                if (device.getAddress().startsWith(OUI_LEGO)) { // startsWith "00:16:53"   ⓑ10
                    legoDevicesFound = true;
                    mPairedDevicesArrayAdapter.add(device.getName() + "¥n" + device.getAddress());
                }
            }
        }

        if (legoDevicesFound == false) {
            String noDevices = getResources().getText(R.string.none_paired).toString();     ⓑ11
            mPairedDevicesArrayAdapter.add(noDevices);
        }
    }
    private AdapterView.OnItemClickListener mDeviceClickListener = new AdapterView.OnItemClickListener() {
        public void onItemClick(AdapterView<?> av, View v, int arg2, long arg3) {          ⓑ12

            mBtAdapter.cancelDiscovery();
            String info = ((TextView) v).getText().toString();
            String address = info.substring(info.length() - 17);                           ⓑ13

            Intent intent = new Intent();
            Bundle data = new Bundle();
            data.putString(EXTRA_DEVICE_ADDRESS, address);
            data.putBoolean(PAIRING,av.getId() == R.id.new_devices);
            intent.putExtras(data);

            setResult(Activity.RESULT_OK, intent);
            finish();
        }
    };


    @Override
    public void onDestroy() {
        super.onDestroy();
        unregisterReceiver(mReceiver);
    }

    private final BroadcastReceiver mReceiver = new BroadcastReceiver() {                   ⓑ14
        @Override
        public void onReceive(Context context, Intent intent) {
            String action = intent.getAction();
            String dName = null;

            if (BluetoothDevice.ACTION_FOUND.equals(action)) {
                BluetoothDevice device = intent.getParcelableExtra(BluetoothDevice.EXTRA_DEVICE);

                // 名前不明はまだ登録しない
                if((dName = device.getName()) != null){
                    if (device.getBondState() != BluetoothDevice.BOND_BONDED) {
                        mNewDevicesArrayAdapter.add(device.getName() + "¥n" + device.getAddress());
```

● 11-3　EV3とのBluetooth通信

```
            }
        }
    }

    // 名前が検出された
    if (BluetoothDevice.ACTION_NAME_CHANGED.equals(action)) {
        // インテントからデバイスを取得
        BluetoothDevice device = intent.getParcelableExtra(BluetoothDevice.EXTRA_DEVICE);
        if (device.getBondState() != BluetoothDevice.BOND_BONDED) {
            mNewDevicesArrayAdapter.add(device.getName() + "\n" + device.getAddress());
        }
    }
    // 発見終了
    if (BluetoothAdapter.ACTION_DISCOVERY_FINISHED.equals(action)) {
        setProgressBarIndeterminateVisibility(false);
        setTitle(R.string.select_device);
        if (mNewDevicesArrayAdapter.getCount() == 0) {
            String noDevices = getResources().getText(R.string.none_found).toString();
            mNewDevicesArrayAdapter.add(noDevices);
        }
    }
    }
};
private void doDiscovery() {                                                    ⓑ15

    setProgressBarIndeterminateVisibility(true);
    setTitle(R.string.scanning);

    findViewById(R.id.title_new_devices).setVisibility(View.VISIBLE);

    if (mBtAdapter.isDiscovering()) {
        mBtAdapter.cancelDiscovery();
    }

    mBtAdapter.startDiscovery();
}

}
```

requestWindowFeature(Window.FEATURE_INDETERMINATE_PROGRESS)はアクションバー
にProgressアイコンを表示させる設定です（ⓑ1）。

setResult(Activity.RESULT_CANCELED)は、Bluetoothデバイスを選択せずに、MainActivityに
戻ったときの戻り値の指定です（ⓑ2）。

次に、デバイスをスキャンするボタンをIDで見つけて（ⓑ3）、リスナーを仕掛けます。［デバイスをス
キャン］ボタンがタップされたときは、デバイスを検出するdoDiscovery()メソッドを実行して、ボタン
のVisibilityにView.GONEをセットすることで、ボタンを消滅させます。

ⓑ4とⓑ5がListViewに項目をセットするためのAdapterの初期化です。mPairedDevicesArray
Adapterは接続履歴のあるデバイスのためのアダプタで、mNewDevicesArrayAdapterは新たに検出し
たデバイスのためのアダプタです。

11

365

第11章 マインドストームEV3リモコン —— Android端末でロボットを操作しよう

そして、setAdapterでそれぞれのListViewにセットします。また、同時にそれぞれのListViewにイベントリスナーを仕掛けています。

❻6からは、新しいデバイスを検出するための仕掛けです。インテントフィルタ（IntentFilter）を作成し、フィルタしたいACTIONを設定し、ブロードキャストレシーバmReceiverを登録します。

BroadcastReceiverは検出されたデバイスからのブロードキャストを受け、そのデバイス名とMACアドレスを取得してリストを生成します。

> Androidのインテントは非同期メッセージです。ブロードキャストされたメッセージをブロードキャストレシーバが受け取ります。

次に、getDefaultAdapter()でBluetoothアダプタを取得して（❻7）、getBondedDevices()でBondedな（結合したことのある）デバイス、つまり、接続履歴のあるデバイスを取得します（❻8）。

pairedDevices.size()が0より大きいとき（❻9）、つまり、接続履歴のあるデバイスが存在するときに、「接続履歴のあるEV3」という文字列を表示するTextViewを可視化します。

接続履歴のあるデバイスのうち、EV3だけをListViewに表示したいので（図11-8）、デバイスのアドレスがOUI_LEGO("00:16:53")で始まるかを確認して（❻10）、mPairedDevicesArrayAdapterに名前とMACアドレスを追加しています。

Memo OUI

OUI（Organizationally Unique Identifier）とは、イーサネットLAN内で使われるMAC（Medium Access Control）アドレスの前半部分を指します。LEGOのOUIが「00-16-53」であることはIEEEのページで確認できます。以下のURLを参照してください。

http://standards.ieee.org/develop/regauth/oui/oui.txt

ですから、当然ですが、新しいEV3も1世代前のNXTも同じOUIを持つわけです。

図11-8 接続履歴のあるEV3を1台表示した状態

ペアリング済みのデバイスがない場合、R.string.none_paired（接続履歴のある機器はありません）をListViewに追加します（❻11）。

ListViewの各項目をタップしたときに実行するonItemClick()メソッド（❻12）は、後ほど説明することにして、ブロードキャストレシーバmReceiver（❻14）の処理を見ていきます。mReceiverは新たに検出されたデバイスからのブロードキャストを受け、そのデバイス名とMACアドレスを取得してリストを生成します。

インテントフィルタに設定したアクション（表11-3）がブロードキャストされたタイミングで処理をします。

表11-3　インテントフィルタに設定したアクション

アクション	アクションがブロードキャストされるタイミング
ACTION_FOUND	デバイス検出時
ACTION_NAME_CHANGED	デバイス名の判明時（新規検出のとき）
ACTION_DISCOVERY_FINISHED	デバイス検出終了時
ACTION_DISCOVERY_STARTED	デバイス検出の開始時（※今回は使用していない）

　mReceiverで扱うアクションは、デバイスが見つかったときのACTION_FOUND、名前が検出されたときのACTION_NAME_CHANGED、検出が終わったときのACTION_DISCOVERY_FINISHEDです。デバイスが見つかったときは、インテントからデバイスを取得しますが新しいデバイスを検出したときに、名前がnullの場合があるので、そのときはまだ、mNewDevicesArrayAdapterに追加しないようにします。

　また、接続履歴のあるデバイスも検出するので、接続状態がBOND_BONDED（接続履歴あり）だったら、追加しません。getBondState()メソッドで取得できる接続状態は表11-4のとおりです。

　名前が検出されたときの処理も同様です。検出が終了したときに1つもデバイスが見つからなかったら、R.string.none_found（デバイスが見つかりません）をListViewに表示します。

表11-4　getBondState()で取得できる接続状態

BondState（接続状態）	説明
BOND_BONDED	デバイスは接続履歴あり
BOND_BONDING	デバイスは接続中
BOND_NONE	デバイスは接続履歴なし

　続いて、doDiscovery()メソッド（❺15）の処理を見ていきましょう。setProgressBarIndeterminateVisibility(true)でTitleBarにProgressアイコンを表示させます。setTitle(R.string.scanning)でタイトルを「スキャン中」にします。setVisibility()メソッドでR.id.title_new_devices（その他のデバイス）という文字列をTextViewに表示します。

　isDiscovering()で検出プロセスがすでに実行中か調べて、実行中ならcancelDiscovery()でキャンセルしています。

　そして、startDiscovery()でデバイスの検出を開始します。図11-9はデバイスを検出したところです。

　ここで、ListViewに表示したデバイスをタップしたときに実行するonItemClick()メソッド（❺12）に戻りましょう。表示したデバイスのどれかを選択したわけですから、もう検出を続ける必要はありません。cancelDiscovery()で検出をキャンセルします。

図11-9　EV3を検出した

次にListView上のTextViewからMACアドレスを取得します（ⓑ13）。取得した文字列の後方17文字がMACアドレスです。

結果を渡すインテントを生成し、Bundleオブジェクトdataにキーと値をセットし、putExtras(data)でインテントに渡します。渡している内容は、MACアドレスと新しいデバイスかどうかの真偽値です。

setResult()メソッドで結果をセットし、finish()でアクティビティを終了します。これで、呼び出し元のMainActivityに戻っていきます。

Bluetoothデバイスへのソケット接続

再びリスト11-2のMainActivityに戻り、ⓐ6（351ページ）のonActivityResult()メソッドを見てください。

requestCodeがREQUEST_CONNECT_DEVICEで、resultCodeがActivity.RESULT_OKなら、デバイスが選択された状態なので、インテントからgetExtras()メソッドで付加されたMacアドレスを得ます（ⓐ7）。newDeviceがtrueなら、新規に検出したデバイスなので、enDiscoverable()メソッドを呼び出し、自機を検出可能にします。

図11-5のⓓソケット接続にあたる部分です。

ソケット
特定の機器の特定のサービスと通信するために指定するネットワークの受け口のことです。

enDiscoverable()メソッド（ⓐ16）では、アクションにACTION_REQUEST_DISCOVERABLEを、EXTRA_DISCOVERABLE_DURATIONに120（秒）を指定して、システムインテントを呼び出します（図11-10）。制限時間を指定するのはセキュリティ上の配慮です。

そして、取得したMACアドレスを引数にstartBTCommunicator()メソッドを呼び出します（ⓐ8）。

startBTCommunicator()メソッド（ⓐ11）では、Bluetoothデバイスへの接続に少し時間がかかるので、図11-11のようにプログレスダイアログ（Progress Dialog）を表示します。

図11-10 この端末をBluetoothデバイスに公開する

図11-11「接続中です」のプログレスダイアログ

11-3 EV3とのBluetooth通信

> **Memo 文字列の改行**
> R.string.connecting_please_waitでは、「接続中です¥nしばらくお待ちください」というように¥nを挿入することで改行しています。

そして、BTCommunicatorクラスのインスタンスmyBTCommunicatorを作成していなかったら、createBTCommunicator()で作成します。

> **Memo PIN（Passkey）の入力**
> 図Aのように、ペアリング時にPIN（Passkey）の入力を求められますが、EV3には通常1234が設定されているので、「1234」と入力すればペアリングできます。
> また、ペアリング時にはマインドストームEV3側にも1234とPasskeyが表示されるので、中央のボタンを押すと、接続状態になります。
>
>
>
> 図A　PINの入力画面

BTCommunicatorクラスはBluetoothデバイスと通信するヘルパースレッド（バックグラウンドスレッド）です。BTCommunicatorクラスのコンストラクタにthis、HandlerクラスのインスタンスmyHandler、getDefaultAdapter()で取得したBluetoothアダプタを渡してインスタンスを生成します（ⓐ15）。それから、myBTCommunicatorオブジェクトのgetHandler()メソッドを呼び出して、BTCommunicatorクラスのmyHandlerをbtcHandlerに得ます。これで、myBTCommunicatorオブジェクトへメッセージを送信できるようになります。

コードを少し戻って、ThreadクラスのgetState()はスレッドの状態を返します（ⓐ12）。NEWのときは、myBTCommunicatorオブジェクトのsetMACAddress()メソッドでMACアドレスをセットします。そして、startでmyBTCommunicatorスレッドをスタートします。NEWでないときは、myBTCommunicatorをいったん破棄してから生成し直し、MACアドレスのセット、スレッドのスタートと順に実行します。

第**11**章　マインドストーム**EV3**リモコン ── **Android**端末でロボットを操作しよう

11-4 EV3にダイレクトコマンドを送信する

　ここからはBTCommunicatorクラス（リスト11-7）によるソケット通信に進んでいきます。図11-5の
◉**ソケット通信**の部分です。

　いよいよAndroid端末からEV3が理解できるバイトコードをダイレクトコマンドとして発行していき
ます。

リスト11-7　BTCommunicator.java

```java
package com.example.kanehiro.ev3control;

import android.bluetooth.BluetoothAdapter;
import android.bluetooth.BluetoothDevice;
import android.bluetooth.BluetoothSocket;
import android.os.Bundle;
import android.os.Handler;
import android.os.Message;
import android.util.Log;

import org.apache.http.util.ByteArrayBuffer;

import java.io.DataInputStream;
import java.io.DataOutputStream;
import java.io.IOException;
import java.nio.ByteBuffer;
import java.nio.ByteOrder;
import java.util.Arrays;
import java.util.UUID;

public class BTCommunicator extends Thread
                            implements EV3Protocol {
    public static final int ROTATE_MOTOR_A = 0;
    public static final int ROTATE_MOTOR_B = 1;
    public static final int ROTATE_MOTOR_C = 2;
    public static final int ROTATE_MOTOR_D = 3;
    public static final int STOP_MOTOR_A = 5;
    public static final int STOP_MOTOR_B = 6;
    public static final int STOP_MOTOR_C = 7;
    public static final int STOP_MOTOR_D = 8;

    public static final int PLAYTONE = 10;
    public static final int SHOWPICTURE = 20;

    public static final int READ_COLOR_SENSOR = 30;
    public static final int READ_TOUCH_SENSOR = 31;
```

11-4 EV3にダイレクトコマンドを送信する

```java
    public static final int READ_USONIC_SENSOR = 32;

    public static final int GO_FORWARD = 52;
    public static final int GO_BACKWARD = 53;
    public static final int GO_FORWARD_DEGREE = 54;
    public static final int GO_FORWARD_TIME = 55;
    public static final int STOP_MOVE = 60;

    public static final int DISCONNECT = 99;

    public static final int DISPLAY_TOAST = 1000;
    public static final int STATE_CONNECTED = 1001;
    public static final int STATE_CONNECTERROR = 1002;
    public static final int STATE_RECEIVEERROR = 1004;
    public static final int STATE_SENDERROR = 1005;
    public static final int NO_DELAY = 0;

    public static final int READED_COLOR = 1010;
    public static final int READED_TOUCH = 1011;
    public static final int READED_USONIC = 1012;

    private static final UUID SERIAL_PORT_SERVICE_CLASS_UUID = UUID.fromString("00001101-0000-↵
1000-8000-00805F9B34FB");
    // OUI registered by LEGO
    public static final String OUI_LEGO = "00:16:53";

    BluetoothAdapter btAdapter;
    private BluetoothSocket ev3BTsocket = null;
    private DataOutputStream ev3Dos = null;
    private DataInputStream ev3Din = null;
    private boolean connected = false;

    private Handler uiHandler;
    private String mMACaddress;
    private MainActivity myMainActivity;

    public BTCommunicator(MainActivity myMainAct, Handler uiHandler, BluetoothAdapter btAdapter) {
        this.myMainActivity = myMainAct;
        this.uiHandler = uiHandler;
        this.btAdapter = btAdapter;
    }

    public Handler getHandler() {
        return myHandler;
    }

    @Override
    public void run() {                                                             ──①

        createEV3connection();

    }
    private void createEV3connection() {                                            ──②
```

第11章 マインドストームEV3リモコン ── Android端末でロボットを操作しよう

```java
        try {

            BluetoothSocket ev3BTsocketTEMPORARY;
            BluetoothDevice ev3Device = null;
            ev3Device = btAdapter.getRemoteDevice(mMACaddress);                     ───── ●3

            if (ev3Device == null) {
                sendToast(myMainActivity.getResources().getString(R.string.no_paired_ev3));
                sendState(STATE_CONNECTERROR);
                return;
            }

            ev3BTsocketTEMPORARY = ev3Device.createRfcommSocketToServiceRecord(SERIAL_⏎ ─
PORT_SERVICE_CLASS_UUID);                                                            ─┤●4
            ev3BTsocketTEMPORARY.connect();
            ev3BTsocket = ev3BTsocketTEMPORARY;

            ev3Din = new DataInputStream(ev3BTsocket.getInputStream());
            ev3Dos = new DataOutputStream(ev3BTsocket.getOutputStream());

            connected = true;

        } catch (IOException e) {
            Log.d("BTCommunicator", "error createEV3Connection()", e);
            if (myMainActivity.newDevice) {
                sendToast(myMainActivity.getResources().getString(R.string.pairing_message));
                sendState(STATE_CONNECTERROR);

            } else {
                sendState(STATE_CONNECTERROR);
            }

            return;
        }

        sendState(STATE_CONNECTED);                                                 ───── ●5
    }
    private void destroyEV3connection() {                                           ───── ●6
        try {
            if (ev3BTsocket != null) {
                connected = false;
                ev3BTsocket.close();
                ev3BTsocket = null;
            }
            ev3Din = null;
            ev3Dos = null;

        } catch (IOException e) {
            sendToast(myMainActivity.getResources().getString(R.string.problem_at_closing));
        }
    }
    private void playTone(int frequency,int duration) {                             ───── ●7
        byte[] message = new byte[13];
```

372

11-4 EV3にダイレクトコマンドを送信する

```java
        message[0] = DIRECT_COMMAND_NOREPLY;
        message[1] = 0x00;
        message[2] = 0x00;
        message[3] = OP_SOUND;        // 0x94
        message[4] = 0x01;
        message[5] = (byte)0x81;      // Volumeは1byte
        message[6] = 30;              // Volume
        message[7] = (byte) 0x82;     // frequencyは2byte
        message[8] = (byte) frequency;
        message[9] = (byte) (frequency >> 8);
        message[10] = (byte)0x82;     // durationは2byte
        message[11] = (byte) duration;
        message[12] = (byte)(duration >> 8);

        sendMessage(message);
        waitSomeTime(duration);

    }
    private void showPicture() {                                                    ─●8
        ByteArrayBuffer buffer = new ByteArrayBuffer(42);
        byte[] message = new byte[22];

        message[0] = DIRECT_COMMAND_NOREPLY;
        message[1] = 0x00;
        message[2] = 0x00;
        message[3] = OP_UI_DRAW;        // 0x84
        message[4] = 0x13;
        message[5] = 0x00;
        message[6] = (byte) 0x82;
        message[7] = 0x00;
        message[8] = 0x00;
        message[9] = (byte) 0x82;
        message[10] = 0x00;
        message[11] = 0x00;
        message[12] = OP_UI_DRAW;
        message[13] = 0x1C;
        message[14] = 0x01;
        message[15] = (byte) 0x82;
        message[16] = 0x00;
        message[17] = 0x00;
        message[18] = (byte) 0x82;
        message[19] = 0x32;
        message[20] = 0x00;
        message[21] = OP_UI_DRAW;

        buffer.append(message,0,message.length);

        byte[] filename = {'u','i','/','m','i','n','d','s','t','o','r','m','s','.','r','g','f'};
        buffer.append(filename,0,filename.length);

        byte[] message2 = new byte[3];
```

11

373

第11章 マインドストームEV3リモコン —— Android端末でロボットを操作しよう

```java
        message2[0] = 0x00;
        message2[1] = OP_UI_DRAW;
        message2[2] = 0x00;
        buffer.append(message2, 0, message2.length);

        sendMessage(buffer.toByteArray());

    }
    private void moveMotorAC(int speed) {                                    ⓒ9
        byte[] message = new byte[11];

        message[0] = DIRECT_COMMAND_NOREPLY;
        message[1] = 0x00;
        message[2] = 0x00;
        message[3] = OP_OUTPUT_SPEED;        // 0xA5
        message[4] = LAYER_MASTER;
        message[5] = MOTOR_A+MOTOR_C;
        message[6] = (byte)0x81;
        message[7] = (byte)speed;            // speed 1 to 100
        message[8] = OP_OUTPUT_START;        // 0xA6
        message[9] = LAYER_MASTER;
        message[10] = MOTOR_A+MOTOR_C;
        sendMessage(message);

    }

    private void moveBackwardMotorAC(int speed) {                            ⓒ10
        byte[] message = new byte[11];
        message[0] = DIRECT_COMMAND_NOREPLY;
        message[1] = 0x00;
        message[2] = 0x00;
        message[3] = OP_OUTPUT_SPEED;        // 0xA5
        message[4] = LAYER_MASTER;
        message[5] = MOTOR_A+MOTOR_C;
        message[6] = (byte)0x81;
        message[7] = (byte)-speed;           // speed -1 to -100
        message[8] = OP_OUTPUT_START;        // 0xA6
        message[9] = LAYER_MASTER;
        message[10] = MOTOR_A+MOTOR_C;
        sendMessage(message);

    }
    private void stopMotorAC() {
        byte[] message = new byte[7];

        message[0] = DIRECT_COMMAND_NOREPLY;
        message[1] = 0x00;
        message[2] = 0x00;
        message[3] = OP_OUTPUT_STOP;
        message[4] = LAYER_MASTER;
        message[5] = MOTOR_A+MOTOR_C;
        message[6] = 1;                      // break
        sendMessage(message);
```

11-4 EV3にダイレクトコマンドを送信する

```java
    }
    private void moveMotorA(int speed) {
        byte[] message = new byte[11];
        message[0] = DIRECT_COMMAND_NOREPLY;
        message[1] = 0x00;
        message[2] = 0x00;
        message[3] = OP_OUTPUT_SPEED;        // 0xA5
        message[4] = LAYER_MASTER;
        message[5] = MOTOR_A;
        message[6] = (byte)0x81;
        message[7] = (byte)speed;            // speed
        message[8] = OP_OUTPUT_START;        // 0xA6
        message[9] = LAYER_MASTER;
        message[10] = MOTOR_A;
        sendMessage(message);

    }

    private void stopMotorA() {
        byte[] message = new byte[7];
        message[0] = DIRECT_COMMAND_NOREPLY;
        message[1] = 0x00;
        message[2] = 0x00;
        message[3] = OP_OUTPUT_STOP;
        message[4] = LAYER_MASTER;
        message[5] = MOTOR_A;
        message[6] = 1;             // break
        sendMessage(message);
    }
    private void moveMotorC(int speed) {
        byte[] message = new byte[11];
        message[0] = DIRECT_COMMAND_NOREPLY;
        message[1] = 0x00;
        message[2] = 0x00;
        message[3] = OP_OUTPUT_SPEED;        // 0xA5
        message[4] = LAYER_MASTER;
        message[5] = MOTOR_C;
        message[6] = (byte)0x81;
        message[7] = (byte)speed;            // speed
        message[8] = OP_OUTPUT_START;        // 0xA6
        message[9] = LAYER_MASTER;
        message[10] = MOTOR_C;
        sendMessage(message);

    }

    private void stopMotorC() {
        byte[] message = new byte[7];
        message[0] = DIRECT_COMMAND_NOREPLY;
        message[1] = 0x00;
        message[2] = 0x00;
        message[3] = OP_OUTPUT_STOP;
```

第11章 マインドストームEV3リモコン ── Android端末でロボットを操作しよう

```java
    message[4] = LAYER_MASTER;
    message[5] = MOTOR_C;
    message[6] = 1;              // break
    sendMessage(message);
}
private void moveMotorACbyDegree(int speed, int degree) {
    degree *= 360;
    int degree1 = 0;
    int degree2 = 0;

    if (degree > 360) {
        degree2 = 180;
        degree1 = degree - degree2;
    } else {
        degree1 = degree;
    }
    byte[] message = new byte[16];
    message[0] = DIRECT_COMMAND_NOREPLY;
    message[1] = 0x00;
    message[2] = 0x00;
    message[3] = OP_OUTPUT_STEP_SPEED;       // 0xAE
    message[4] = LAYER_MASTER;
    message[5] = MOTOR_A+MOTOR_C;
    message[6] = (byte)0x81;
    message[7] = (byte)speed;
    message[8] = 0x00;
    message[9] = (byte)0x82;
    message[10] = (byte)degree1;
    message[11] = (byte)(degree1 >> 8);
    message[12] = (byte)0x82;
    message[13] = (byte)degree2;
    message[14] = (byte)(degree2 >> 8);
    message[15] = 1;
    sendMessage(message);
}


private void moveMotorACbyTime(int speed, int time) {
    // TODO 時間指定でモーターを回す
    time *= 1000;
    int time1 = 0;
    int time2 = 0;
    if (time > 2000) {
        time2 = 1000;
        time2 = time - time2;
    } else {
        time1 = time;
    }

    byte[] message = new byte[16];
    message[0] = DIRECT_COMMAND_NOREPLY;
    message[1] = 0x00;
    message[2] = 0x00;
    message[3] = OP_OUTPUT_TIME_SPEED;       // 0xAE
```

◉11

11-4 EV3にダイレクトコマンドを送信する

```java
        message[4] = LAYER_MASTER;
        message[5] = MOTOR_A+MOTOR_C;
        message[6] = (byte)0x81;
        message[7] = (byte)speed;      // speed
        message[8] = 0x00;
        message[9] = (byte)0x82;
        message[10] = (byte)time1;     // 8秒 3000 + 1000
        message[11] = (byte)(time1 >> 8);
        message[12] = (byte)0x82;
        message[13] = (byte)time2;
        message[14] = (byte)(time2 >> 8);
        message[15] = 1;
        sendMessage(message);
    }
    private void readColorSensor(int port) {                                    Ⓒ12
        byte[] message = new byte[9];
        message[0] = DIRECT_COMMAND_REPLY;  // 00
        message[1] = 0x01;
        message[2] = 0x00;
        message[3] = OP_INPUT_READ;
        message[4] = 0x00;            // Layer
        message[5] = (byte) port;     // port
        message[6] = COLOR;           // type
        message[7] = COL_REFLECT;     // mode
        message[8] = 0x60;
        sendMessage(message);

        byte[] reply = readData();

        if (reply[2] == DIRECT_COMMAND_SUCCESS) {
            int percentValue = reply[3];
            sendState(READED_COLOR, percentValue);
        }
    }
    private void readTouchSensor(int port) {
        // Touch SensorはSi Unit Valueを取得する
        // 1.0と0.0が返ってくる
        byte[] message = new byte[9];
        message[0] = DIRECT_COMMAND_REPLY;  // 00
        message[1] = 0x04;
        message[2] = 0x00;
        message[3] = OP_INPUT_READSI;
        message[4] = 0x00;            // Layer
        message[5] = (byte)port;      // port
        message[6] = TOUCH;           // type
        message[7] = TOUCH_TOUCH;     // mode
        message[8] = 0x60;
        sendMessage(message);

        byte[] reply = readData();

        if (reply[2] == DIRECT_COMMAND_SUCCESS) {
            byte[] data = Arrays.copyOfRange(reply, 3, reply.length);
```

第11章 マインドストームEV3リモコン —— Android端末でロボットを操作しよう

```java
            float siUnitValue = ByteBuffer.wrap(data).order(ByteOrder.LITTLE_ENDIAN).getFloat();
            sendState(READED_TOUCH, siUnitValue);
        }
    }
    private void UltrasonicSensor(int port) {                                            ●13
        byte[] message = new byte[9];

        // Direct command telegram, no response
        message[0] = DIRECT_COMMAND_REPLY;
        message[1] = 0x04;
        message[2] = 0x00;
        message[3] = OP_INPUT_READSI;
        message[4] = 0x00;           // Layer
        message[5] = (byte) port;    // port
        message[6] = ULTRASONIC;     // type
        message[7] = US_CM;          // mode
        message[8] = 0x60;
        sendMessage(message);

        byte[] reply = readData();

        if (reply[2] == DIRECT_COMMAND_SUCCESS) {
            byte[] data = Arrays.copyOfRange(reply, 3, reply.length);
            float siUnitValue = ByteBuffer.wrap(data).order(ByteOrder.LITTLE_ENDIAN).getFloat();
            sendState(READED_USONIC,siUnitValue);
        }
    }

    public byte[] readData() {                                                           ●14
        byte[] buffer = new byte[2];
        byte[] result;
        int numBytes;
        try {
            ev3Din.read(buffer, 0, buffer.length);
            // Reply size
            numBytes = (int) buffer[0] + (buffer[1] << 8);

            result = new byte[numBytes];
            ev3Din.read(result, 0, numBytes);
        }
        catch (IOException e) {
            Log.e("readdata", "Read failed.", e);
            throw new RuntimeException(e);
        }
        return result;
    }
    private boolean sendMessage(byte[] message) {                                        ●15
        if (ev3Dos == null) {
            return false;
        }

        int bodyLength = message.length + 2;
        byte[] header = {
```

378

11-4 EV3にダイレクトコマンドを送信する

```java
                    (byte) (bodyLength & 0xff), (byte) ((bodyLength >>> 8) & 0xff),
                    0x00, 0x00
        };
        try {
            ev3Dos.write(header);
            ev3Dos.write(message);
            ev3Dos.flush();
        } catch (IOException ioe) {
            sendState(STATE_SENDERROR);
            return false;
        }
        return true;
    }
    private String byteToStr(byte[] mess) {
        StringBuffer strbuf = new StringBuffer();
        for(int i = 0; i < mess.length; i++) {
            strbuf.append(String.format("%02x", (mess[i])));
        }
        return strbuf.toString();

    }

    private void waitSomeTime(int millis) {                                 ●16
        try {
            Thread.sleep(millis);

        } catch (InterruptedException e) {
        }
    }

    private void sendToast(String toastText) {
        Bundle myBundle = new Bundle();
        myBundle.putInt("message", DISPLAY_TOAST);
        myBundle.putString("toastText", toastText);
        sendBundle(myBundle);
    }
    private void sendState(int message) {                                   ●17
        Bundle myBundle = new Bundle();
        myBundle.putInt("message", message);
        sendBundle(myBundle);
    }
    private void sendState(int message,int value) {                         ●18
        Bundle myBundle = new Bundle();
        myBundle.putInt("message", message);
        myBundle.putInt("value1", value);
        sendBundle(myBundle);
    }
    private void sendState(int message, float value) {                      ●19
        Bundle myBundle = new Bundle();
        myBundle.putInt("message", message);
        myBundle.putFloat("value1", value);
        sendBundle(myBundle);
    }
```

第11章 マインドストームEV3リモコン —— Android端末でロボットを操作しよう

```java
private void sendBundle(Bundle myBundle) {                                    ●20
    Message myMessage = myHandler.obtainMessage();
    myMessage.setData(myBundle);
    uiHandler.sendMessage(myMessage);
}

// UI から messages を受け取る
final Handler myHandler = new Handler() {
    @Override
    public void handleMessage(Message myMessage) {                            ●21

        switch (myMessage.getData().getInt("message")) {
            case ROTATE_MOTOR_A:
                moveMotorA(myMessage.getData().getInt("value1"));
                break;
            case ROTATE_MOTOR_C:
                moveMotorC(myMessage.getData().getInt("value1"));
                break;
            case STOP_MOTOR_A:
                stopMotorA();
                break;
            case STOP_MOTOR_C:
                stopMotorC();
                break;
            case PLAYTONE:
                playTone(myMessage.getData().getInt("value1"), myMessage.getData().getInt("value2"));
                break;
            case SHOWPICTURE:
                showPicture();
                break;
            case READ_COLOR_SENSOR:
                readColorSensor(myMessage.getData().getInt("value1"));
                break;
            case READ_TOUCH_SENSOR:
                readTouchSensor(myMessage.getData().getInt("value1"));
                break;
            case READ_USONIC_SENSOR:
                UltrasonicSensor(myMessage.getData().getInt("value1"));
                break;
            case GO_FORWARD:
                moveMotorAC(myMessage.getData().getInt("value1"));
                break;
            case GO_BACKWARD:
                moveBackwardMotorAC(myMessage.getData().getInt("value1"));
                break;
            case GO_FORWARD_DEGREE:
                moveMotorACbyDegree(myMessage.getData().getInt("value1"), myMessage.getData().↵
getInt("value2"));
                break;
            case GO_FORWARD_TIME:
                moveMotorACbyTime(myMessage.getData().getInt("value1"), myMessage.getData().↵
getInt("value2"));
                break;
```

```
                case STOP_MOVE:
                    stopMotorAC();
                    break;
                case DISCONNECT:
                    destroyEV3connection();
                    break;
            }
        }
    };

    public void setMACAddress(String mMACaddress) {
        this.mMACaddress = mMACaddress;
    }

}
```

スレッドによるEV3との通信

　スレッドをスタートさせると、myBTCommunicatorのrun()メソッドが実行されます（**ⓒ1**）。run()メソッドはcreateEV3connection()メソッドを実行します。

　createEV3connection()メソッド（**ⓒ2**）では、まず、getRemoteDevice(mMACaddress)でMACアドレスを引数にEV3デバイスを取得します（**ⓒ3**）。ev3Deviceがnullだったら、エラー処理をします。

　それからcreateRfcommSocketToServiceRecord()メソッドを使って、BluetoothSocketを生成します。引数にはBluetooth Service UUID（Universally Unique Identifier）のSERIAL_PORT_SERVICE_CLASS_UUIDを指定します（**ⓒ4**）。ev3BTsocketTEMPORARY.connect()で接続します。

　ev3DinにこのBluetoothSocketの入力ストリームを得ます。ev3Dosには、このBluetoothSocketの出力ストリームを得ます。ev3Dosでダイレクトコマンドを発行し、ev3Dinでリプライ（返答）を読み込みます。

　connectedをtrueにしたら、sendState()メソッドで状態（STATE_CONNECTED）を返します（**ⓒ5**）。

　sendState（**ⓒ17**）はmessage、この場合は、STATE_CONNECTEDを"message"というキーとともにBundleにセットして、sendBundle()を呼び出します。sendBundle()（**ⓒ20**）では、myMessageにmyBundleをセットして、uiHandlerのsendMessage()メソッドを呼び出します。

　uiHandlerとは、MainActivityクラスのmyHandlerです。ですから、このメッセージを扱うのはMainActivityクラスのmyHandlerのhandleMessageです。

　再びリスト11-2のMainActivityに戻り、**ⓐ13**（352ページ）を見てください。handleMessage()では、messageがBTCommunicator.STATE_CONNECTEDなら、connectedをtrueにし、connectingProgressDialog.dismiss()でプログレスダイアログを消します。それから、updateButtonsAndMenu()でオプションメニューを更新します。

　つながったことを知らせるために、startTone()でEV3に音をいくつか鳴らします。その後はshow

第11章　マインドストームEV3リモコン ── Android端末でロボットを操作しよう

ToastLong()メソッドで、R.string.connected（接続しました）とAndroidの画面にToast表示したら、今度は、showPicture()でEV3のディスプレイにMINDSTORMSの画像を表示します。

startTone()（ⓐ27）では、playTone()に周波数と長さ（ミリ秒）を渡して音を鳴らします。playTone()では、sendBTCmessage()を引数にBTCommunicator.NO_DELAY、BTCommunicator.PLAYTONE、frequency、durationを指定して実行します（ⓐ29）。sendBTCmessage()にはいくつかオーバーロードがあります（ⓐ18〜20）。引数として、delayとmessageだけをとるものと、delayとmessageに加え、1つの値をvalue1としてとるものとvalue1、value2として2つの値をとるものです。playTone()はDELAY、messageと周波数と長さを渡すので、ⓐ20のsendBTCmessage()が呼び出されます。

sendBTCmessage()では、BundleオブジェクトにPLAYTONEというmessageと周波数と長さをセットしてbtcHandlerのsendMessageを実行します。btcHandlerはBTCommunicatorクラスのmyHandlerです。

再びBTCommunicatorクラス（リスト11-7）に戻ってください。ⓒ21（380ページ）のhandleMessageでは、messageがPLAYTONEの場合、myMessageオブジェクトから周波数と長さを取り出し、playtone()を実行します。

ⓒ7のplayTone()では、周波数と長さを受け取り、byte列にEV3が理解してくれるダイレクトコマンドを組み立てていきます。

ダイレクトコマンドの組み立て

ダイレクトコマンドの構成（図11-12）ですが、最初にこれから送るコマンドのサイズを2バイトで指定します。この2バイトにはリトルエンディアンでコマンド長を指定しますが、自身のバイト数は含めません。ですから、3バイト目からの長さを指定することになります。

3、4バイト目（byte[2]、byte[3]）には0x00を埋めます。ここまでは各コマンドで共通なので、sendMessage()で処理します。

5バイト目には、コマンドタイプを入れます。0x00がREPLYありで、0x80がREPLYなしです。その後、2バイト0x00が続きます。

その後に、オペコード（オペレーションコード：操作コード）から始まるコマンドを入れます。複数のコマンドを続けて指定することもできるので、バイト列を長くして、1つのプログラムを送信することも可能です。

では、音を鳴らすダイレクトコマンドを見ていきましょう（図11-13）。

最初の4バイト（byte[0]からbyte[3]）はsendMessage()で付加するので、5バイト目（byte[4]）から編集していきます。DIRECT_COMMAND_NOREPLYは0x80です。OP_SOUNDは0x94です。これらのコマンドやパラメータ値は、リスト11-8で定数宣言しています。BTCommunicatorクラスはEV3Protocolインターフェイスをインプリメントしているので、簡単にこれらの定数を使うことができます。

11-4 EV3にダイレクトコマンドを送信する

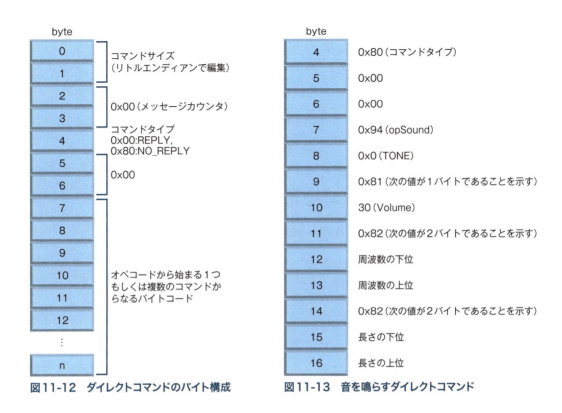

図11-12 ダイレクトコマンドのバイト構成　　図11-13 音を鳴らすダイレクトコマンド

リスト11-8　EV3Protocol.java

```java
package com.example.kanehiro.ev3control;

public interface EV3Protocol {
    // Command Types
    public static byte DIRECT_COMMAND_REPLY = (byte) 0x00;
    public static byte DIRECT_COMMAND_NOREPLY = (byte) 0x80;

    public static byte DIRECT_COMMAND_SUCCESS = 0x02;
    // opCode
    public static byte OP_UI_DRAW = (byte)0x84;
    // Direct Commands INPUT
    public static byte OP_INPUT_DEVICE_LIST = (byte) 0x98;
    public static byte OP_INPUT_DEVICE = (byte) 0x99;
    public static byte OP_INPUT_READ = (byte) 0x9A;      // %値（最小1バイト）
    public static byte OP_INPUT_TEST = (byte) 0x9B;
    public static byte OP_INPUT_READY = (byte) 0x9C;
    public static byte OP_INPUT_READSI = (byte) 0x9D;    // SI値（最小4バイト）
    public static byte OP_INPUT_READEXT = (byte) 0x9E;
    public static byte OP_INPUT_WRITE = (byte) 0x9F;

    public static byte OP_SOUND = (byte) 0x94;
```

```
    // Direct Commands OUTPUT
    public static byte OP_OUTPUT_SET_TYPE = (byte) 0xA1;
    public static byte OP_OUTPUT_RESET  = (byte) 0xA2;
    public static byte OP_OUTPUT_STOP = (byte) 0xA3;
    public static byte OP_OUTPUT_POWER = (byte) 0xA4;
    public static byte OP_OUTPUT_SPEED = (byte) 0xA5;
    public static byte OP_OUTPUT_START = (byte) 0xA6;
    public static byte OP_OUTPUT_POLARITY = (byte) 0xA7;
    public static byte OP_OUTPUT_READ = (byte) 0xA8;
    public static byte OP_OUTPUT_TEST = (byte) 0xA9;
    public static byte OP_OUTPUT_READY = (byte) 0xAA;
    public static byte OP_OUTPUT_POSITION = (byte) 0xAB;
    public static byte OP_OUTPUT_STEP_POWER = (byte) 0xAC;
    public static byte OP_OUTPUT_TIME_POWER = (byte) 0xAD;
    public static byte OP_OUTPUT_STEP_SPEED = (byte) 0xAE;
    public static byte OP_OUTPUT_TIME_SPEED = (byte) 0xAF;

    public static byte MOTOR_A = (byte) 0x01;
    public static byte MOTOR_B = (byte) 0x02;
    public static byte MOTOR_C = (byte) 0x04;
    public static byte MOTOR_D = (byte) 0x08;
    public static byte LAYER_MASTER = (byte) 0x00;
    public static byte LAYER_SLAVE = (byte) 0x01;

    // input device type
    public static byte TOUCH = (byte) 0x10;
    public static byte COLOR = (byte) 0x1D;
    public static byte ULTRASONIC = (byte) 0x1E;

    // Touch mode
    public static byte TOUCH_TOUCH = (byte) 0x00;
    public static byte TOUCH_BUMPS = (byte) 0x01;

    // Color mode
    public static byte COL_REFLECT = (byte) 0x00;
    public static byte COL_AMBIENT = (byte) 0x01;
    public static byte COL_COLOR = (byte) 0x02;

    // Ultrasonic mode
    public static byte US_CM = (byte) 0x00;
    public static byte US_INCH = (byte) 0x01;
    public static byte US_LISTEN = (byte) 0x02;

}
```

OP_SOUNDの次のバイトの0x01はTONEを鳴らすことを指定します。次の0x81がその後のボリュームを指定するデータの長さが1バイトであることを示しています。

frequency(周波数)とduration(長さ)は2バイトなので、その前には0x82を付けています。周波数や長さもリトルエンディアンで指定します。

11-4 EV3にダイレクトコマンドを送信する

> **Memo シフト演算子**
>
> `>>`や`>>>`はJavaのシフト演算子です。`x >>> y`はxのビットをyビットだけ右にシフトします。逆に`x <<< y`はxのビットをyビットだけ左にシフトします。`>>`と`>>>`の違いですが、`>>`は符号ありシフトと呼ばれ、負数の場合に符号を維持します。`>>>`は符号なしシフトなので、一番左のビットには0が埋められるため符号がなくなります。
>
> ここでは、上位ビットを取得するために右に8ビットずらしています。

> **Memo リトルエンディアンとビックエンディアン**
>
> スウィフトのガリバー旅行記では、リリパット国とブレフスキュ国がゆで卵をどちらの側（とがったほうか、丸いほう）から割るかという違いを原因に戦争をしていますが、これに由来するIT用語がリトルエンディアンとビックエンディアンであり、メモリにデータを配置するときの並べ方を表わします（図A）。
>
>
>
> 図A　エンディアン
>
> 複数バイトにわたる大きさの数値データはバイト単位に分割してメモリに記憶したり、転送したりしますが、そのときに最上位のバイトから記録／送信する方式をビックエンディアンと呼びます。逆に最下位バイトから記録／送信する方式をリトルエンディアンと呼びます。

さて、リスト11-7のBTCommunicator.javaに戻り、❻15のsendMessage()に進みましょう。引数messageのバイト長に2を足して、2（コマンドの長さをリトルエンディアンで）+2（0x00、0x00）の4バイトをheaderとして出力ストリームに書き込み、次にmessageを書き込んでいます。これで音が鳴ります。

playTone()では、sendMessage()を実行した後、duration（長さ）を引数にwaitSomeTime()を実行しています（❻16）。waitSomeTime()ではThread.sleep()で指定した時間スレッドをスリープさせています。こうしないと複数の音が同時になってしまうからです。

❻8のshowPicture()はEV3の液晶画面に画像を表示します（図11-14）。

showPicture()では、OP_UI_DRAWから始まる複数のコマンドを送信しています。OP_UI_DRAWに続くmessage[4]に代入している0x13はFILLWINDOWを示し、message[13]の0x1CはBMP_FILEを意味します。mindstorms.rgfという画像ファイルを表示します。

第11章 マインドストームEV3リモコン ── Android端末でロボットを操作しよう

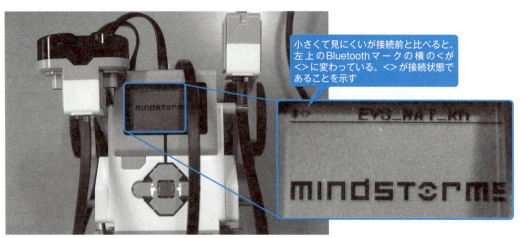

図11-14　MINDSTORMSという画像が表示されている

ソケット接続を閉じる

　ここでもう一度、リスト11-2のMainActivityに戻りましょう。接続を閉じるときに使う、ⓐ17（353ページ）のdestroyBTCommunicator()は、sendBTCmessage(BTCommunicator.NO_DELAY,BTCommunicator.DISCONNECT)を実行します。

　すると、BTCommunicatorクラスのmyHandlerがDISCONNECTメッセージを受け取り（ⓐ20）、destroyEV3connection()メソッドを実行します。

　destroyEV3Connection()は、Bluetoothソケットを閉じて、破棄します（372ページのⓒ6）。入出力ストリームにもnullを代入して破棄します。

　以上、ここまでがBluetoothデバイスを検出して、ソケット接続し、出力ストリームを使ってコマンドを発行して、接続を閉じるまでの手順です。

オプションメニューの更新

　次にオプションメニューについて説明します。オプションメニューでは、接続状態の変更と終了を選択できるようにします。接続中であれば、Disconnect（切断）と表示し、未接続の状態ならば、Connect（接続）とトグルで表示します（図11-15）。

　オプションメニューを作成するのは、MainActivityのonCreateOptionsMenu()メソッド（ⓐ23）です。MENU_TOGGLE_CONNECTとMENU_QUITをメニューに追加します。この時点で表示する文字列はR.string.connect(Connect)とR.string.quit(Quit)です。そして、updateButtonsAndMenu()メソッドを実行します。

● 11-4　EV3にダイレクトコマンドを送信する

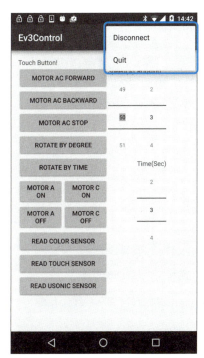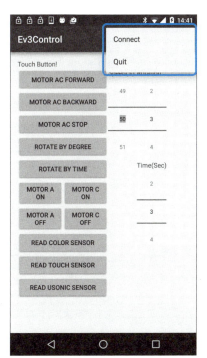

図11-15　接続状態をトグル表示する

　updateButtonsAndMenu()（❷26）では、myMenu.removeItem()で、MENU_TOGGLE_CONNECTをいったん削除し、if (connected)で接続状態を判断して、文字列R.string.disconnectかR.string.connectをメニューに追加しています。boolean変数connectedには、接続すればtrueを、接続状態でなければ、falseを入れるようにしています。

　onOptionsItemSelected()（❷25）はオプションメニューが選ばれたときの処理です。接続状態によって、selectEV3()を実行して接続するかdestroyBTCommunicator()で切断するか処理を分岐します。endTone()（❷28）は終了時に音を鳴らします。

　接続の状態が変わったタイミングで、updateButtonsAndMenu()メソッドを呼び出すことでメニューをトグルさせています。onStop()メソッド（❷24）でdestroyBTCommunicator()を呼び出しているのは、切断し忘れの対処のためです。

Memo　Android StudioのTODO機能を活用しよう

　　プログラムを作成していて、次はここを直そうとか、ここにもっと機能を追加しようと思いつつ、他のことをしているとつい忘れてしまうことがあります。一晩寝て、次の日になると、さてどこから始めようかと思考が復帰するまでに時間がかかりますよね。
　　Android Studioでは、コメント行の最初に「TODO」と書いておくことによって、度忘れを防いでくれます（図A）。画面左下の「TODO」タブをクリックすることで、TODOを集めて表示してくれます（図B）。活用しましょう。

第11章 マインドストームEV3リモコン ── Android端末でロボットを操作しよう

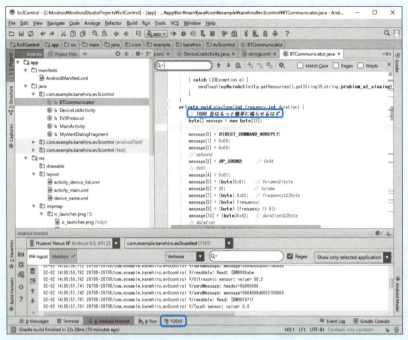

図A TODOコメント

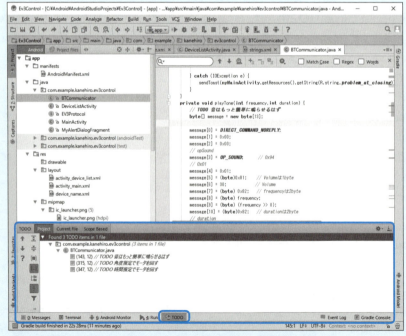

図B 画面左下のTODOをクリックするとTODOを一覧表示できる

11-4 EV3にダイレクトコマンドを送信する

EV3をリモコン操作する

リスト11-9のactivity_main.xmlがリモコン操作をする画面です（図11-16）。各ボタンを押すと対応するコマンドを実行します。

たとえば、[Motor AC Forward]ボタンをタップすると、AとCのモーターを順回転させるコマンドをEV3に送信します。

また、ボタンの他にNumberPickerを3つ配置しています。speedをパーセントで指定するspeedPickerと、Rotation（回転数）を指定するdegreePicker、そして、回転時間を指定するtimePickerです。NumberPickerを使うとクルクルとダイヤルを回すようなインターフェイスで数値を指定できます。

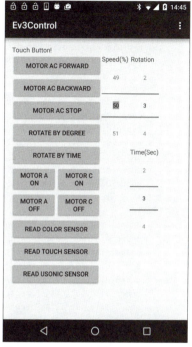

図11-16　リモコン画面

リスト11-9　activity_main.xml

```
<?xml version="1.0" encoding="utf-8"?>
<RelativeLayout xmlns:android="http://schemas.android.com/apk/res/android"
    xmlns:tools="http://schemas.android.com/tools" android:layout_width="match_parent"
    android:layout_height="match_parent" android:paddingLeft="@dimen/activity_horizontal_margin"
    android:paddingRight="@dimen/activity_horizontal_margin"
    android:paddingTop="@dimen/activity_vertical_margin"
    android:paddingBottom="@dimen/activity_vertical_margin" tools:context=".MainActivity"
    android:id="@+id/layout">

    <TextView android:text="@string/touch_button" android:layout_width="wrap_content"
        android:layout_height="wrap_content"
        android:id="@+id/textView" />

    <Button
        android:layout_width="200dp"
        android:layout_height="wrap_content"
        android:text="@string/motorACon"
        android:id="@+id/motorACon"
        android:layout_below="@+id/textView"
        android:layout_alignParentLeft="true"
        android:layout_alignParentStart="true" />
```

```
<Button
    android:layout_width="200dp"
    android:layout_height="wrap_content"
    android:text="@string/motorACback"
    android:id="@+id/motorACback"
    android:layout_below="@+id/motorACon"
    android:layout_alignParentLeft="true"
    android:layout_alignParentStart="true" />

<Button
    android:layout_width="200dp"
    android:layout_height="wrap_content"
    android:text="@string/motorACoff"
    android:id="@+id/motorACoff"
    android:layout_below="@+id/motorACback"
    android:layout_alignParentLeft="true"
    android:layout_alignParentStart="true" />

<Button
    android:layout_width="200dp"
    android:layout_height="wrap_content"
    android:text="@string/rotatebydegree"
    android:id="@+id/rotatebydegree"
    android:layout_below="@+id/motorACoff"
    android:layout_alignParentLeft="true"
    android:layout_alignParentStart="true" />

<Button
    android:layout_width="200dp"
    android:layout_height="wrap_content"
    android:text="@string/rotatebytime"
    android:id="@+id/rotatebytime"
    android:layout_below="@+id/rotatebydegree"
    android:layout_alignParentLeft="true"
    android:layout_alignParentStart="true" />

<Button
    android:layout_width="100dp"
    android:layout_height="wrap_content"
    android:text="@string/motorAon"
    android:id="@+id/motorAon"
    android:layout_below="@+id/rotatebytime"
    android:layout_alignParentLeft="true"
    android:layout_alignParentStart="true" />

<Button
    android:layout_width="100dp"
    android:layout_height="wrap_content"
    android:text="@string/motorAoff"
    android:id="@+id/motorAoff"
    android:layout_below="@+id/motorAon"
    android:layout_alignParentLeft="true"
    android:layout_alignParentStart="true" />
```

11-4　EV3にダイレクトコマンドを送信する

```xml
<Button
    android:layout_width="100dp"
    android:layout_height="wrap_content"
    android:text="@string/motorCon"
    android:id="@+id/motorCon"
    android:layout_below="@+id/rotatebytime"
    android:layout_toRightOf="@+id/motorAon"
    android:layout_toEndOf="@+id/motorAon" />

<Button
    android:layout_width="100dp"
    android:layout_height="wrap_content"
    android:text="@string/motorCoff"
    android:id="@+id/motorCoff"
    android:layout_below="@+id/motorCon"
    android:layout_toRightOf="@+id/motorAoff"
    android:layout_toEndOf="@+id/motorAoff" />


<TextView
    android:layout_width="wrap_content"
    android:layout_height="wrap_content"
    android:text="@string/speed"
    android:id="@+id/textView2"
    android:layout_alignTop="@+id/motorACon"
    android:layout_toRightOf="@+id/motorCoff"
    android:layout_toEndOf="@+id/motorCoff" />

<NumberPicker
    android:layout_width="wrap_content"
    android:layout_height="wrap_content"
    android:id="@+id/speedPicker"
    android:layout_below="@+id/textView2"
    android:layout_toRightOf="@+id/motorACon"
    android:layout_toEndOf="@+id/motorACon" />

<NumberPicker
    android:layout_width="wrap_content"
    android:layout_height="wrap_content"
    android:id="@+id/degreePicker"
    android:layout_below="@+id/textView3"
    android:layout_toRightOf="@+id/speedPicker"/>

<TextView
    android:layout_width="wrap_content"
    android:layout_height="wrap_content"
    android:text="@string/degree"
    android:id="@+id/textView3"
    android:layout_alignTop="@+id/textView2"
    android:layout_toRightOf="@+id/speedPicker"
    android:layout_toEndOf="@+id/speedPicker" />
```

```
<NumberPicker
    android:layout_width="wrap_content"
    android:layout_height="wrap_content"
    android:id="@+id/timePicker"
    android:layout_below="@+id/textView4"
    android:layout_alignLeft="@+id/degreePicker" />

<TextView
    android:layout_width="wrap_content"
    android:layout_height="wrap_content"
    android:text="@string/time"
    android:id="@+id/textView4"
    android:layout_below="@+id/degreePicker"
    android:layout_alignLeft="@+id/timePicker"
    android:layout_alignStart="@+id/timePicker" />
<Button
    android:layout_width="200dp"
    android:layout_height="wrap_content"
    android:text="@string/readColorSensor"
    android:id="@+id/readColorSensor"
    android:layout_below="@+id/motorAoff"
    android:layout_alignParentLeft="true"
    android:layout_alignParentStart="true" />

<Button
    android:layout_width="200dp"
    android:layout_height="wrap_content"
    android:text="@string/readTouchSensor"
    android:id="@+id/readTouchSensor"
    android:layout_below="@+id/readColorSensor"
    android:layout_alignParentLeft="true"
    android:layout_alignParentStart="true" />

<Button
    android:layout_width="200dp"
    android:layout_height="wrap_content"
    android:text="@string/readUltrasonicSensor"
    android:id="@+id/readUltrasonicSensor"
    android:layout_below="@+id/readTouchSensor"
    android:layout_alignParentLeft="true"
    android:layout_alignParentStart="true" />

<TextView
    android:layout_width="100dp"
    android:layout_height="wrap_content"
    android:textAppearance="?android:attr/textAppearanceMedium"
    android:text=""
    android:id="@+id/textColor"
    android:layout_alignBaseline="@+id/readColorSensor"
    android:layout_toRightOf="@+id/readTouchSensor"
    android:layout_toEndOf="@+id/readTouchSensor" />
```

11-4　EV3にダイレクトコマンドを送信する

```xml
<TextView
    android:layout_width="100dp"
    android:layout_height="wrap_content"
    android:textAppearance="?android:attr/textAppearanceMedium"
    android:text=""
    android:id="@+id/textTouch"
    android:layout_alignBaseline="@+id/readTouchSensor"
    android:layout_toRightOf="@+id/readColorSensor"
    android:layout_toEndOf="@+id/readColorSensor" />

<TextView
    android:layout_width="100dp"
    android:layout_height="wrap_content"
    android:textAppearance="?android:attr/textAppearanceMedium"
    android:text=""
    android:id="@+id/textUSonic"
    android:layout_alignBaseline="@+id/readUltrasonicSensor"
    android:layout_toRightOf="@+id/readUltrasonicSensor"
    android:layout_toEndOf="@+id/readUltrasonicSensor" />
</RelativeLayout>
```

モーター回転の指定

再びリスト11-2のMainActivityに戻り、onCreate()メソッドの❶1（350ページ）を見てください。NumberPickerにはMaxValue（最大値）とMinValue（最小値）、そして、Value（デフォルト値）を指定します。speedPickerはパーセントなので、それぞれ100、0、50を指定しています。

degreePickerには、10、0、3を指定していますが、［Rotate by degree］ボタンが押されたら、degreePickerの値に360度を掛けた数値をEV3に送ります。

timePickerも10、0、3を指定していますが、EV3の時間の単位はミリ秒なので、［Rotate by time］ボタンが押されたら、timePickerの値に1000を掛けた数値をEV3に送ります。

onClick()メソッドに進みましょう（❶22）。まず、各NumberPickerの値をgetValue()で取得します。たとえば、［Motor AC Forward］ボタンのidは、motorAConなので、タップされたときはspeedを引数にgoForward()を呼び出します。

goForward()ではsendBTCmessage()を引数にBTCommunicator.NO_DELAY、BTCommunicator.GO_FORWARD、speedを指定して実行します（❶30）。

sendBTCmessage()では、先ほど説明したように、Bundleオブジェクトに引数をセットしてbtcHandlerのsendMessage()を実行します。

リスト11-7のBTCommunicatorクラスに戻りましょう。❸21（380ページ）のhandleMessageがメッセージを処理します。メッセージがGO_FORWARDのときはvalue1のspeedを引数にmoveMotorAC()を呼び出します。

モーターを回転させる基本パターンとして、moveMotorAC()を見ていきましょう（❸9）。2つのコマンドを実行します。OP_OUTPUT_SPEEDはスピード指定です。AとCの2つのモーターにスピードを設定したいので、MOTOR_A+MOTOR_Cのように足し算でモーターを指定します。

MOTOR_Aが0x01、MOTOR_Bが0x02、MOTOR_Cが0x04、MOTOR_Dが0x08なので、足し算で指定できるのです。すべてのモーターを指定する場合は0x0fとなります。2進数で考えると簡単ですね。1111がA、B、C、Dがオンの状態です。OP_OUTPUT_STARTでモーターの回転を開始します。

moveMotorAC()の下にあるmoveBackwardMotorAC()はA、Cモーターを逆回転させ、ローバーをバックさせます（❸10）。-speedのようにspeedの符号を反転させることで逆回転させています。

次に、角度指定でモーターを回すmoveMotorACbyDegree()を見てみましょう（❸11）。まず、引数degreeに360を掛けて、回転数を角度に変換しています。そして、角度をdegree1とdegree2に分けてセットしています。オペコードはOP_OUTPUT_STEP_SPEEDです。

degree2に角度全体の一部（180度）を分けていますが、degree1の分回転した後、少しゆっくりdegree2に指定した分だけ回転します。これで角度制御の精度が上がるようです。

センサーの値の表示

今度は、センサーの値を読み取り、TextViewに表示する処理を見ていきます（図11-17）。

readColorSensor()はカラーセンサーの反射光の大きさをパーセンテージで求める処理です（❸12）。値を返してほしいので、message[0]にはDIRECT_COMMAND_REPLYを指定します。オペコードはOP_INPUT_READで、message[5]にportを指定します。typeにCOLOR（カラーセンサーの定数値0x1D）、modeにCOL_REFLECT(0x00)をセットしてmessageを送ります。

DIRECT_COMMAND_REPLYの場合は、この後にリプレイの読み込みをします。それはreadData()で行なっています（❸14）。

readData()の内容を見ていきましょう。リプライ長が最初の2バイトに入ってくるので、numBytesに求めます。そして、numBytes分バイト列をresultに読み込んで返しています。

readColorSensor()に戻ります。resultをreplyで受けます。reply[2]にDIRECT_COMMAND_SUCCESS(0x02)が入っていると、センサー値が返ってきています。OP_INPUT_READで読み込んだ場合はreply[3]にパーセンテージの値が入っています。

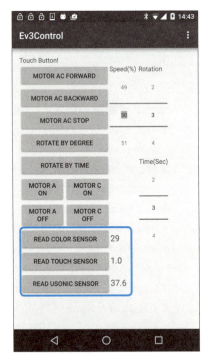

図11-17　センサーの値を表示

次に超音波センサーの返す値を読み込むUltrasonicSensor()の説明をします（❸13）。超音波センサーは、センチメートル（CM）やインチで障害物までの距離を返してくれます。ですから、パーセンテージで値を取得することはできません。ULTRASONICの場合、message[3]にOP_INPUT_READSIを指定すると、単精度浮動小数点数（float）で距離が返ってきます。モードにはUS_CMを指定しています。

reply配列の3からreply.lengthまで読み込むと32ビット（4バイト）の値を取得できます。そのdata配列からByteBuffer.wrap(data).order(ByteOrder.LITTLE_ENDIAN).getFloat()でリトルエンディアンを指定してfloat値を取得します。

sendState(READED_USONIC,siUnitValue)で、UI側に渡します。❻17から始まるsendState()にはいくつかオーバーロードがありますが、いずれもsendBundle()を呼び出します。sendBundle()はUI側のハンドラuiHandlerでメッセージを送ります。

sendState()の第2引数がintのときは❻18が、floatのときは❻19が呼び出されます。

 スレッドとハンドラ

　Androidアプリには、メインスレッド（UIスレッド）と呼ばれるスレッドが必ず存在します（図A）。メインスレッドがプログラムコードを実行します。別スレッドを生成しなければ、処理はすべてメインスレッドで実行されます。

　しかし、重たい処理や実行に時間がかかる処理をメインスレッドで行なうとANR（Application Not Responding）が発生します。たとえば、メインスレッドが5秒以上反応しないときにANRが発生します。ANRは反応の遅いアプリを作らないための仕組みです。

　そこで、時間がかかる処理は別スレッドを生成して、実行します。この別途生成したスレッドをバックグラウンドスレッドと呼びます。

　Viewを直接操作できるのはメインスレッドだけですが、メインスレッドから生成したバックグラウンドスレッドはHandlerクラスを使って、メインスレッドに対して、メッセージを送信して画面の更新処理などを依頼することができます。バックグラウンドスレッドから、HandlerのsendMessage()メソッドを実行して、メインスレッドにメッセージを送信することができるわけです。

　また、メインスレッドはLooperを利用したメッセージループで動作しています。Handlerクラスのデフォルトコンストラクタはそれを呼び出したスレッドのLooperと関連付けられるので、Handlerインスタンスの生成をメインスレッドで行ないます。

　こうすることで、sendMessage()メソッドで送ったメッセージをLooperがメッセージキューから取り出し、実行してくれるようになります。この仕組みを使って、本章のアプリでは、センサーが取得した値をTextViewに表示しています。

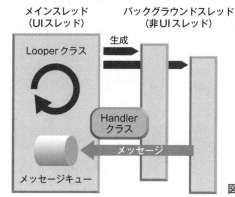

図A　スレッドとハンドラ

第11章 マインドストームEV3リモコン —— Android端末でロボットを操作しよう

接続できないときのエラーダイアログ

　Bluetoothで接続できないときにエラーダイアログを表示するのがMyAlertDialogFragmentクラスです（リスト11-10）。

　MainActivityクラスでBTCommunicatorがエラーを返したときにMyAlertDialogFragmentのインスタンスを生成し、表示します（353ページの◉14）。

　MyAlertDialogFragmentでは、❶のように［OK］ボタンが押されたときにMainActivityのdoPositiveClick()メソッドを実行します。

　doPositiveClick()ではselectEV3()を呼び出すので、デバイスの再取得が始まります。

リスト11-10　MyAlertDialogFragment.java

```java
package com.example.kanehiro.ev3control;

import android.app.AlertDialog;
import android.app.Dialog;
import android.app.DialogFragment;
import android.content.DialogInterface;
import android.os.Bundle;

public class MyAlertDialogFragment extends DialogFragment {
    public static MyAlertDialogFragment newInstance(int title,int message) {
        MyAlertDialogFragment frag = new MyAlertDialogFragment();
        Bundle args = new Bundle();
        args.putInt("title", title);
        args.putInt("message", message);
        frag.setArguments(args);
        return frag;
    }
    @Override
    public Dialog onCreateDialog(Bundle savedInstanceState) {
        int title = getArguments().getInt("title");
        int message = getArguments().getInt("message");

        return new AlertDialog.Builder(getActivity())
                .setTitle(title)
                .setMessage(message)
                .setPositiveButton("OK",
                        new DialogInterface.OnClickListener() {
                            @Override
                            public void onClick(DialogInterface dialog, int whichButton) {
                                ((MainActivity)getActivity()).doPositiveClick();         ──❶
                            }
                        }
                )
                .create();
    }
}
```

参考資料
LEGO MINDSTORMS EV3 Firmware Developer Kit
LEGO MINDSTORMS EV3 Communication Developer Kit

索 引

記号

...	253
@Override	49
<!-- ～ -->	40
<intent-filter> 要素	64

A

abs()	196
abstract修飾子	98
Accelerometer	174, 176
Action（インテント）	66
ACTION_BATTERY_CHANGED	105
ACTION_BOOT_COMPLETED	105
ACTION_PACKAGE_ADDED	105
ACTION_PACKAGE_CHANGED	105
ACTION_PACKAGE_DATA_CLEARED	105
ACTION_PACKAGE_REMOVED	105
ACTION_POWER_CONNECTED	105
ACTION_POWER_DISCONNECTED	105
ACTION_SHUTDOWN	105
ACTION_TIME_CHANGED	105
ACTION_TIME_TICK	105
ACTION_TIMEZONE_CHANGED	105
ACTION_UID_REMOVED	105
ActionBar	41
ActionBarActivity	69
ActionBarDrawerToggle	154, 155
Activity	49
activity_main.xml	46, 48, 58
Adapter	85
addFlags()	195, 209
addItem()	140
addRect()	218
ADT	15
AlarmManager	104, 115
ALARMサービス	120
AlertDialog	323
Android	2
APIレベル	3
データ保存	129
バージョン	3
レイアウト	46
Android 5.0	6
Android 6.0	4, 18, 69
Runtime Permission	254
指紋認証	197
～で削除されたApache HTTP Client	346
マテリアルデザイン	6
Android HttpClient	346
Android SDK	16
インストールを確認	23
Android Studio	15
Designビュー	72, 172
Instant Run	224
JDKやAndroid SDKが正しく使われているか確認	26
TODO機能	387
色見本の表示	44
インストール	20
エミュレータの起動	35
画像ファイルの追加	88
画面構成	39
クラスの作成	86
スタイルの編集	39
テーマの変更	42
ファイルの構成	46
フォルダ名の変更	138
プロジェクトの作成	30
文字列の定義元	65
クラウド関連のAPI	230
再生可能なサウンドファイル	189
実機でアプリを実行	124
android:inputType	162
android:screenOrientation	187
android:visibility	361
AndroidManifest.xml	46, 50
アクティビティの宣言	64
Androidアプリ	
スマートフォン／タブレット対応	130
Android端末	
画面の解像度	89
画面の向きを固定	187
実機でアプリを実行	124
センサー一覧の取得	173
投げ上げの感知	244
Androidビュー	39
Apache v2ライセンス	2
APIレベル（Android）	3
App Standby	5
AppBarLayout	14
AppCompatActivity	49, 69
apply()	149
ArithmeticException	92
AssetManager	278
open()	279
AsyncTaskLoader	310
メソッドの実行順	327
AsyncTask	251
制限	252
パラメータ	251
メソッド	252
authenticate()	4, 201
AuthenticationCallback	201, 202
AVD Manager	35
起動	35
AVD（Android Virtual Device）	35
Azimuth（アジマス）	183, 186, 188

B

beginTransaction()	141
Bluetooth通信	347
接続可能なデバイスの検出	358
接続できないときの処理	396
デバイスへのソケット接続	368
～の流れ	349
有効化	358
利用設定	347
boolean	30
Broadcast Intent	105
BroadcastReceiver	105, 107
BufferedReader()	279
build.gradle	16, 51, 52

Index

指定するバージョン ･･････････ 52
Bundle ･････････････････････････ 49
Button ･････････････････････････ 72
ByteArrayBuffer ･･････････････ 346

C

Calendar ･･･････････････････････ 109
camera2 API ･･･････････････････ 258
cancel()（AlarmManager）･･･ 122
Canvas ･････････････････････････ 216
cardBackgroundColor属性 ･･･ 95
cardCornerRadius属性 ･･･････ 95
cardElevation属性 ･････････････ 95
CardView ･････････････ 85, 86, 95
　ライブラリの設定 ･･････････ 96
checkSelfPermission() ･･ 255, 258
Chronometer ･･････････････････ 307
class ･･･････････････････････････ 49
clone() ････････････････････････ 186
close() ････････････････････････ 304
CollapsingToolbarLayout ･･ 14, 147
colorPrimary ･････････････････ 43
colorPrimaryDark ････････････ 43
colors.xml ････････････････････ 43
commit() ･････････････････ 141, 149
compileSdkVersion ･･････････ 52
ConnectionCallbacks ･･･････ 305
contains() ････････････････････ 221
ContentProvider ････････････ 303
ContentValues ･･･････････････ 304
content ･･････････････････ 148, 174
Context ･･･････････････････････ 174
CoordinatorLayout ･･･ 13, 14, 147
Created() ･････････････････････ 144
CSVの読み込み ･･･････････････ 277
currentTimeMillis() ･････････ 218
CursorLoader ･･･････････ 303, 310
Cursorインターフェイス ･････ 304

D

Dangerous Permission ･･･････ 254
DataSet ･･･････････････････････ 85
decodeResource() ･･･････････ 216
delete() ･･････････････････････ 304
dependencies ･･･ 16, 52, 69, 96
Deprecated ･･･････････････････ 69
Design Support library ･･･････ 7

Designビュー ･････････････････
　配置した部品の属性を設定
　　　　　　　　　　　　 171, 172
Destroyed() ･･････････････････ 144
dip ･･････････････････････ 46, 89
doInBackground() ･･･････････ 252
double ･･･････････････････････ 30
Doze ･･･････････････････････････ 5
dp ･･････････････････････ 46, 89
dpi ･････････････････････････････ 89
dp解像度の指定 ･･････････････ 137
drawableフォルダ ･･････････････ 89
drawBitmap() ･･･････････････ 221
DrawerLayout ･･････････････ 12
drawPath() ･･････････････････ 220
drawText() ･･････････････････ 220
Dropbox API ･･･････････････ 230
Dropbox ･･････････････････････
　appの作成 ･･･････････････ 232
　画像ファイルのアップロード ･･ 247
　ユーザー認証の設定 ･･･････ 237
　ログイン処理 ･･･････････････ 242

E

Editorビュー ･････････････････ 39
EditText ･･････････････････ 74, 116
execSQL() ･･･････････････････ 304
execute() ･･････････････････････
　AsyncTask ･････････････････ 252
Explicit Intents 　→明示的なインテント
extends ･･･････････････ 29, 49, 80

F

final修飾子 ･･･････････････････ 111
findViewById() ･････ 60, 97, 121
fingerAuth() ･･･････････････ 200
FingerprintManager ･･･ 4, 201
FloatingActionButton ･･･････ 9
Fragment ･･･････････････････ 130
FragmentManager ･･･････ 141
FrameLayout ･････････････ 46
FusedLocationProviderApi ･･ 305

G

Generics 　　　　→ジェネリクス
Geocoder ･･････････････ 308, 309
getAction() ･･･････････････ 108
getAssets() ･･･････････････ 279

getAttributeValue() ･･････････ 284
getBroadcast() ･･･････ 120, 121
getCheckedRadioButtonId() ･･ 76
getHeight() ･･･････････････････ 216
getHolder() ･･････････････････ 216
getInstance() ･･･････････････ 121
getInt() ･･･････････････････････ 165
getIntExtra() ･･･････････････ 109
getItemCount() ･････････ 98, 100
getName() ･･･････････････････ 174
getNumber() ･･･････････････ 100
getOrientation() ･･ 183, 186, 187, 188
　方位角と傾斜角を求める ･･ 192
　方位センサーによる3軸の角度の取得
　　　　　　　　　　　　 184
getResourceId() ･････････････ 196
getResources() ････････ 196, 279
getRotationMatrix() ･･･････ 186
getSensorList() ･･･････････ 174
getSharedPreferences() ･･ 148, 165
getString() ･･･････････････････ 77
getSupportFragmentManager() ･･ 141
getSystemService() ･･････ 173, 174, 201
getter ･････････････････････ 92, 294
getTimeInMillis() ･･････････ 121
getType() ････････････････････ 174
getVendor() ･････････････････ 175
getWidth() ･････････････････ 216
getWindow() ･･･････････ 195, 209
getメソッド ･･････････････････ 148
Googleマップ（Google Maps）････ 261
　Android APIの利用手順 ･･･････ 261
　Map要素 ･････････････････ 270
　アプリのRuntime Permissionへの対応
　　　　　　　　　　　　 272
　現在地の表示 ･･････････････ 272
　現在地表示で使うクラス ･･････ 305
　住所の取得 ･･･････････････ 325
　走行記録の保存 ･･･････････ 328
　走行ルートの描画 ･･･････････ 328
　マーカーの作成 ･･･････････ 299
　マップの設定 ･････････ 268, 298
Google Maps APIキー ･････････ 262
　〜の取得 ･･･････････ 262, 264
GoogleApiClient.Builder ･･････ 305
GoogleApiClient ･･･････････ 305
GPL ･･････････････････････････ 2
Gradle ････････････････････ 16, 51

●索 引

GridLayout	46
GridLayoutManager	102

H

hasEnrolledFingerprints()	201
HAXM	36
hdpi（高解像度）	89
hideSoftInputFromWindow()	120

I

ic_launcher.png	88
ImageView	93
implements	29, 80, 81
Implicit Intents	→暗黙的なインテント
import	29
～文の作成	60
in	46
inflate()	100
initLoader()	326
InputMethodManager	120
InputStream	279
InputStreamReader	279
inputType属性	162
insert()	304
Instant Run	224
int	30
Intel VT-x	38
Intent.ACTION_SENDTO	76
Intent.ACTION_VIEW	66
IntentFilter	108
isHardwareDetected()	201
ItemDetailFragment	141, 147
Itemタグ（マテリアルテーマのカスタマイズ）	43

J

Java	
アクセス修飾子	30
～入門	29
Java SE	17
JAVA_HOME	19
JDK	16
インストール	17
JRE	17

K

keytoolコマンド	265
Key-Value形式データ	129

L

layout:width	
Designビュー	172
layout_alignParentTop	72
layout_below	72
layout_centerHorizontal	72
layout_height	46
layout_marginTop	72
layout_width	46
LayoutManager	85, 97
Layoutリソースファイル	94
LEGO MINDSTORMS EV3	342
LinearLayout	46, 160
LinearLayoutManager	101
LinearLayoutManager.HORIZONTAL	101
LinearLayoutManager.VERTICAL	101
ListView	85
LoaderCallbacksインターフェイス	
～のコールバックメソッド	326
LocationListener	305
LocationServices	320
lockCanvas()	220, 221
Log.d()	110
Log.e()	110
Log.i()	110
Log.v()	106, 110
書式	111
Log.w()	110
LogCatビュー	109, 110
Lollipop	6

M

m/s2乗	176
MainActivity	46, 48
Marshmallow	4
Master/Detail Flow	131
match_parent	46
mBaaS	129
mdpi（中解像度）	89
MediaPlayer	195
create()	196
start()	196
Minimum SDK	32, 52, 68
mipmap-hdpi	88
mipmap-mdpi	88

mipmap-xhdpi	88
mipmap-xxhdpi	88
mipmap-xxxhdpi	88
mm	46
MotionEvent.ACTION_DOWN	78
MotionEvent.ACTION_UP	78

N

Navigation Drawer	166
Navigation Drawer Activity	148, 149
navigationBarColor	43
NavigationDrawer	
ひな形を修正	166
NavigationView	12
NestedScrollView	147
new View.OnClickListener()	74
NewPullParer()	284
new演算子	91
next()	284
nextInt()	219
nextText()	285
nextToken()	279
Notification.Builder	115
NotificationManager	115
Notifications	104, 110
notify()	122
NumberFormatException	165

O

obtainTypedArray()	196
OHA	2
onAccuracyChanged()	177
フラグメント	144
onActivityResult()	243
onAttach()	
フラグメント	144
onBindViewHolder()	98, 100
onClick()	74, 81
OnClickListener	59, 79, 100
OnConnectionFailedListener	305
onCreate()	49, 57
フラグメント	143, 144
onCreateOptionsMenu()	386
onCreateView()	
フラグメント	144
onCreateViewHolder()	98, 100
onDestroy()	57

399

Index

フラグメント 144
onDestroyView() 144
onDetach()
　フラグメント 144
OneDrive API 230
onLongClick() 81
OnLongClickListener 79
OnLongClickイベント 78, 79
onNavigationDrawerItemSelected()
.... 167
onOptionsItemSelected() 387
onPause() 56, 57
　フラグメント 144
onPostExecute() 252
onPreExecute() 252
onProgressUpdate() 252
onReceive() 107, 108, 115
onRequestPermissionsResult()
.... 255, 258
onRestart() 57
onRestoreInstanceState() 244
onResume() 57, 107
　フラグメント 144
onSaveInstanceState() 244
onSensorChanged() 177
onStart() 57
　フラグメント 144
onStop()メソッド 56, 57
　フラグメント 144
onTouchEvent() 117
OnTouchListener 79
OnTouchイベント 78, 79
onViewStateRestored()
　フラグメント 144
OUI 366

P

package 29
　～文 49
Packagesビュー 39
parent属性（styleタグ） 40
parseInt() 165
Path 218
Paused() 144
PendingIntent 115
Permission 4
permission.USE_FINGERPRINT 201
PIN（Passkey） 369

Pitch（ピッチ） 183, 186, 188
PlaceholderFragment 167
Platform and Plugin Updatesの表示
.... 25
Preference 129
private 30, 91
ProgressDialog 252
Projectビュー 39
　切り替え 81
protected 30, 209
pt 46
public 30, 92, 209
putExtra() 77, 121, 142
putInt() 165
put 149
px 46

Q

query() 304

R

R.id.container 167
R.Java 81
R.layout.activity_main 49
R.mipmap.ic_launcher 216
RadioButton 74
RadioGroup 74
Random 218
readLine() 279
recycle() 221
RecyclerView 85, 86, 93
　～に一覧を表示 139
　横スクロールに設定 101
　ライブラリの設定 96
RecyclerView.Adapter 98
Region 218
registerListener() 177, 179
RelativeLayout 46
remapCoordinateSystem() 186, 188
replace() 141
requestPermissions() 255, 258
Resources 77
restartLoader() 326
Resumed() 144
Roll（ロール） 183, 186, 188
Runnableインターフェイス 215
Runtime Permission 4, 254
　アプリに適用するコード 256

～で使うメソッド 255
Rクラス 81

S

ScrollView 278
seekTo() 196
SensorEventListenerインターフェイス
.... 177, 209
SensorEvent 183
SensorManager 173, 174, 178, 179
Sensor 174
set()（AlarmManager） 121
setAction() 11
setAdapter() 139
setContentIntent() 122
setContentText() 113, 115
setContentTitle() 113
setContentView() 49, 137, 200
setHasFixedSize() 97
setInput() 284
setIs24HourView() 117
setLayoutManager() 97
setMyLocationEnabled() 305
setNavigationItemSelectedListener
.... 167
setOnClickListener() 73, 100
setOrientation() 101
setPath() 218
setPriority() 112, 123, 320
　～で指定する優先度 111
setSmallIcon() 113
setter 92, 294
setText() 165, 175
setupRecyclerView() 139
setWhen() 113
SHA1 fingerprint 264
　～の作成 264
SharedPreferencesオブジェクト 148
shouldShowRequestPermissionRatio
nale() 255, 258
show() 100
SimpleItemRecyclerViewAdapterクラス
.... 139
sip 46, 89
smoothScrollToPosition() 97
Snackbar 10
sp 46, 89
SQLite 129

400

索 引

Androidで利用するクラス ……… 304
コンテンツプロバイダとして公開
……………………………………… 330
データ型 ……………………………… 303
データベースとテーブルの作成
……………………………………… 321
データベースの削除 ……………… 330
SQLiteDatabase ……………………… 304
SQLiteOpenHelper …………………… 304
Stable ………………………………… 25
StaggeredGridLayoutManager …… 102
startActivity() ……………………… 60
startActivityForResult() ………… 243
Started() …………………………… 144
staticイニシャライザ ……………… 140
StatusBar …………………………… 41
Stopped() …………………………… 144
StringBuilder ……………………… 175
strings.xml ………………… 46, 47, 59
StringTokenizer …………………… 279
String ………………………………… 175
styles.xml …………………………… 39
styleタグ …………………………… 39
support-v7-appcompatライブラリ
……………………………………… 40
surfaceChanged() ………… 215, 216
surfaceCreated() ………………… 215
surfaceDestroyed() ……………… 215
SurfaceHolder ……………………… 216
SurfaceHolder.Callbackインターフェイス
……………………………………… 215
SurfaceView ……………………… 205
ダブルバッファリング …… 219, 210

T

TabLayout …………………………… 11
TableLayout ………………………… 46
textAppearance …………………… 76
textColorPrimary ………………… 43
TextInputLayout …………………… 7
textPassword属性 ………………… 163
TextView …………………………… 46
CSVデータの表示 ……………… 278
Theme.AppCompat ………………… 40
Theme.AppCompat.Light ………… 40
Theme.AppCompat.Light.DarkActionBar
……………………………………… 41
Theme.Material …………………… 41

Theme.Material.Light …………… 41
Theme.Material.Light.DarkActionBar
……………………………………… 41
this ……………………………… 81, 91
TimePicker ………………………… 116
Toast.LENGTH_LONG …………… 100
Toast.LENGTH_SHORT …………… 100
Toast ……………………………… 100
Toast表示 ………………… 100, 244
toDegrees() ……………………… 187
ToggleButton ……………………… 307
try～catch文 ……………………… 92
TYPE_ACCELEROMETER ………… 174
TYPE_LIGHT ……………………… 174
TYPE_MAGNETIC_FIELD ………… 180
TYPE_ORIENTATION ……………… 183
TypedArray ………………………… 196

U

UIスレッド ………………………… 205
unlockCanvasAndPost() ………… 221
unregisterListener() ……………… 179
unregisterReceiver() ……………… 108
update() …………………………… 304
URI ………………………………… 66
uriパラメータ（インテント）…… 66
USE_FINGERPRINT ……………… 197

V

v7 Support Library ………………… 86
Values XML File …………………… 190
View.OnClickListener ……………… 80
View.OnLongClickListener ……… 80
ViewHolder ………………………… 85
View ………………………………… 85
void ………………………………… 30

W

Wi-Fi
オフにするかの確認 …………… 322
オンにする ……………………… 329
windowBackground ……………… 43
wrap_content ……………………… 46
WYSIWYGエディタ ……………… 15

X

xhdpi（超高解像度）……………… 89
XML

Tool属性 …………………………… 134
Values XML File …………………… 190
コメント …………………………… 40
～データの読み込み ……………… 280
要素（element）とタグ ………… 280
XmlPullParserException ………… 285
XmlPullParser …………………… 284
イベントタイプ ………………… 284
xxhdpi（超超高解像度）…………… 89
xxxhdpi（超超超高解像度）……… 89

あ

アクションバー …………………… 41
アクセサメソッド ………………… 92
アクセス修飾子 ……………… 30, 49
アクティビティ …………… 49, 55
アプリ起動時に表示される～ … 64
～とフラグメントのライフサイクル
メソッドの対応 …………… 144
～の追加 ………………… 62, 71
～のライフサイクル …………… 56
向きの固定 ……………………… 187
アダプタ（Adapter）……………… 139
アフォーダンス …………………… 6
アプリ起動時に実行されるアクティビティ
の画面 …………………………… 71
アプリの定義情報 ………………… 50
暗黙的なインテント ……………… 57
書式 ……………………………… 66

い

一覧／詳細表示 …………… 130, 131
イベント …………………………… 60
イベントハンドラ ………………… 60
イベントリスナー ………… 59, 60
インスタンス ……………………… 30
インスタンス化 …………………… 91
インターフェイス ……… 30, 80, 81
インテント ………………… 55, 57
～の代表的なActionとUri …… 66
ブロードキャスト～ …………… 105
インテントフィルタ（IntentFilter）108
インナークラス …………………… 30
インプリメント ………… 29, 80
インポート ………………………… 29

え

エミュレータ ……………………… 35

401

Index

起動 ·········· 35

お

オーバーライド ·········· 49
　～するメソッドを追加 ·········· 108
　～不可 ·········· 111
オーバーロード ·········· 179
オープンデータの利用 ·········· 276
オプションメニューの更新 ·········· 386
オフスクリーンバッファ ·········· 220
親クラス ·········· 30

か

回転角 ·········· 183, 186, 188
　～の取得 ·········· 205
開発環境 ·········· 15
　～の構築（Mac） ·········· 27
　～の構築（Windows） ·········· 17
画像ファイル
　Dropboxへのアップロード ·········· 247
　～の追加 ·········· 88
加速度 ·········· 176
　～の取得 ·········· 177
加速度センサー ·········· 176
可変長引数 ·········· 252
カメラアプリの起動 ·········· 243
画面
　スリープ状態にさせない ·········· 195
　～の解像度 ·········· 89
　～の高速描画 ·········· 205
　～の定義 ·········· 46
　～非依存ピクセル ·········· 89
　～密度 ·········· 89
　～レイアウトの編集 ·········· 58
環境変数 ·········· 19
関数 ·········· 29

く

クラウドの利用 ·········· 230
クラス ·········· 29, 91
　継承 ·········· 30
　～の作成 ·········· 86
　～のフィールド（メンバ変数） ·········· 91
クリックイベント ·········· 79
クロノメーター ·········· 307

け

傾斜角 ·········· 183, 186, 188

～と方位角の数値で音を鳴らす
·········· 192
　～の取得 ·········· 205
継承 ·········· 30, 40, 49

こ

コールバック ·········· 269
国際化対応 ·········· 48
子クラス ·········· 30
コメント ·········· 40
コンストラクタ ·········· 91
コンテンツプロバイダ ·········· 303
　～から非同期にデータ取得 ·········· 335
　～の利用設定 ·········· 333

さ

サウンドファイルの再生 ·········· 195
サブクラス ·········· 30
サポートライブラリのバージョン指定
·········· 70
算術例外 ·········· 92

し

ジェネリクス ·········· 174
実機でアプリを実行 ·········· 124
実装 ·········· 29
シフト演算子 ·········· 385
指紋認証 ·········· 4, 197
詳細／一覧表示 ·········· 130, 131
衝突の判定 ·········· 220
真偽値 ·········· 30

す

スーパークラス ·········· 30
スコープ ·········· 30
スタイル ·········· 39
　～の編集 ·········· 40
　～ファイル（styles.xml） ·········· 39, 40
ステータスバー ·········· 41
スマートフォン／タブレット対応 ····· 130
スレッド ·········· 56, 205, 395
　run() ·········· 219
　start() ·········· 219
　～によるマインドストームEV3との
　　通信 ·········· 381

せ

整数 ·········· 30

静的メンバ ·········· 140
センサー
　加速度～ ·········· 176
　地磁気～ ·········· 180
　～の取得 ·········· 173
　～の精度 ·········· 177
　～のタイプ ·········· 174
　方位～ ·········· 183
　利用手順 ·········· 178
　レート（データ取得の間隔） ·········· 179
センサーマネージャー ·········· 178, 179

そ

ソケット ·········· 368
ソケット接続 ·········· 368
　～を閉じる ·········· 386
ソフトキーボード ·········· 117
　～を非表示にする ·········· 117

た

大圏コース ·········· 289
タッチイベント ·········· 79
ダブルバッファリング ·········· 219, 210
タブレイアウト ·········· 11
単位 ·········· 46

ち

地磁気 ·········· 180
　～の取得 ·········· 181
地磁気センサー ·········· 180
抽象メソッド ·········· 98

て

データ配列 ·········· 92
データバインド ·········· 98
データベース ·········· 129
電池の状態をウォッチする ·········· 105

と

トースト ·········· 10
トグルボタン ·········· 307
トランザクション処理 ·········· 141
トレース情報の出力 ·········· 111
ドロイド君の画像 ·········· 88
ドロワー ·········· 12, 150

な

内部クラス ·········· 30

● 索 引

匿名（無名）の〜 ················· 74

の

ノーティフィケーション ········ 104, 110
　作成／発行 ···························· 115
　〜の動作 ······························· 123
　ベースレイアウト ··················· 113
　〜優先度 ······························· 111
　〜を通知 ······························· 122

は

パーミッション ·························· 4
倍率非依存ピクセル ··················· 46
バックグラウンドスレッド ······ 205, 395
パッケージ ······························· 29
パラメータ ······························· 29
ハンドラ ································· 395

ひ

引数 ······································ 29
ピクセル ································· 46
ビックエンディアン ··················· 385
非同期処理 ····························· 251
ビュー（View） ························ 85
　〜の生成 ······························· 98
　〜の保持 ······························ 100
ビルド ···································· 51

ふ

ファイルの構成（Android プロジェクト）
······································· 46
フィールド ·························· 29, 91
フィルタ ································ 109
フォアグラウンド ······················ 55
フォルダ名の変更 ····················· 138
浮動小数点数 ··························· 30
フラグメント ··························· 130
　Map 要素の指定 ···················· 270
　更新 ·································· 141
　〜とアクティビティのライフサイク
　ルメソッドの対応 ·················· 144
　トランザクション ··················· 141
　〜の追加 ······························ 159
プリファレンス（Preference） ······· 129
　〜の共通モード ····················· 148
フローティングアクションボタン ········ 9
フローティングラベル ··················· 7
ブロードキャスト ····················· 105

レシーバの登録 ······················· 124
ブロードキャストインテント ·········· 105
プロジェクトの作成 ···················· 30
　指定項目 ······························· 34
プロセス ··························· 56, 205

へ

ペアリング ······························ 342
ペイン ··································· 130
変数 ····································· 29

ほ

方位角 ······················ 183, 186, 188
　〜と傾斜角の数値で音を鳴らす
······································· 192
方位センサー ··························· 183
　〜による 3 軸の角度の取得 ·········· 184
ポートレイト ··························· 187
ボタン ···································· 72
　押すと発生するイベント ······· 78, 79
　送信〜 ·································· 79

ま

マージン ·································· 72
マイクロテスラ（μT） ··············· 180
マインドストーム EV3 ················ 342
　Bluetooth 接続 ······················ 347
　センサーの値の表示 ················· 394
　ダイレクトコマンドの組み立て
······································· 382
　モーター回転の指定 ················· 393
　〜へダイレクトコマンドを送信
······································· 370
　〜をリモコン操作する ·············· 389
マテリアルテーマ ······················ 39
　カスタマイズ ························· 43
マテリアルデザイン ····················· 6
　ガイドライン ························· 44
マニフェストファイル ·················· 46
マルチスレッド ························ 205

み

密度非依存ピクセル ···················· 46

め

明示的なインテント ··············· 57, 58
　書式 ···································· 60
メインアクティビティ ·················· 48

メインスレッド ···················· 205, 395
メソッド ································· 29
メンバ変数 ····························· 91
　〜が初期化されてしまうことへの対処
······································· 244

も

文字列
　〜の改行 ······························ 369
　〜の定義 ······························· 47
　〜の登録 ······························· 71
　〜の連結 ······························ 175

ら

ライフサイクルメソッド ················ 56
ライブラリの設定 ······················ 96

り

リトルエンディアン ··················· 385
琉球音階 ······························· 190

れ

レイアウト ······························ 46
レイアウト XML ファイル ·············· 16
　〜の編集 ······························· 72
レイアウトファイルの作成 ·············· 94
レイアウトマネージャー ················ 97
例外処理 ································· 92

ろ

ローダ（Loader） ····················· 308
ローダ API ····························· 309
　〜のクラスとインターフェイス
······································· 310
ログ出力 ·························· 109, 110
ログレベル ························ 109, 110
ロングクリックイベント ················ 79

わ

ワーカースレッド ····················· 205

403

著者紹介

金宏 和實（かねひろ かずみ）

1961年生まれ、富山県高岡市出身で在住、3児の父、関西学院大学卒、第一種情報処理技術者、株式会社イーザー。
アプリケーション開発とライター活動をしている。NPO法人NATで、小中学生を相手にロボット・プログラミングを教えたりもしている。中高生のプログラミング教育に踏み込んでみたいと考えている。
主な著書は『作ればわかる！ Androidプログラミング』（初版、第2版、第3版）、『VS 2010で作るWeb-DBアプリ入門』、『ベテランが丁寧に教えてくれる データベースの知識と実務』（ともに翔泳社刊）。
ブログは http://wpa.exe.jp/~kanehiro/
Twitter は @kanehiro

- 装丁　　森裕昌（森デザイン室）
- DTP　　株式会社シンクス

作ればわかる！ Androidプログラミング 第4版
SDK5/6　Android Studio対応
10の実践サンプルで学ぶAndroidアプリ開発入門

2016年5月9日　初版第1刷発行

著　者　　金宏 和實（かねひろ かずみ）
発行人　　佐々木 幹夫
発行所　　株式会社 翔泳社（http://www.shoeisha.co.jp）
印刷・製本　大日本印刷株式会社

©2016 KAZUMI KANEHIRO

本書は著作権法上の保護を受けています。本書の一部または全部について、株式会社翔泳社から文書による許諾を得ずに、いかなる方法においても無断で複写、複製することは禁じられています。
本書のお問い合わせについては、iiページに記載の内容をお読みください。
乱丁・落丁はお取り替えいたします。03-5362-3705までご連絡ください。

ISBN978-4-7981-4580-8　　　　　　　　　　　Printed in Japan